BIBLIOTHÈQUE DU *PROGRÈS AGRICOLE ET VITICOLE*

MILLE VARIÉTÉS

DE

VIGNES

DESCRIPTION & SYNONYMIES

Par V. PULLIAT

Professeur de Viticulture à l'Institut agronomique, Secrétaire général de la Société de Viticulture de Lyon.

———

TROISIÈME ÉDITION

REVUE, CORRIGÉE ET CONSIDÉRABLEMENT AUGMENTÉE

Aux Bureaux du *Progrès agricole et viticole*, a Villefranche (Rhône).

MONTPELLIER

CAMILLE COULET, Libraire-Éditeur

Libraire de la Bibliothèque universitaire, de l'École nationale d'Agriculture de Montpellier, Grand'Rue, 5.

PARIS

A. DELAHAYE et E. LECROSNIER, Libraires-Éditeurs

Place de l'École de Médecine, 23.

1888

MILLE VARIÉTÉS

DE VIGNES

DESCRIPTION & SYNONYMIES

MACON, IMP. TYP. ET LITH. PROTAT FRÈRES

BIBLIOTHÈQUE DU *PROGRÈS AGRICOLE ET VITICOLE*

MILLE VARIÉTÉS

DE

VIGNES

DESCRIPTION & SYNONYMIES

Par V. PULLIAT

Professeur de Viticulture à l'Institut agronomique, Secrétaire
général de la Société de Viticulture de Lyon.

TROISIÈME ÉDITION

REVUE, CORRIGÉE ET CONSIDÉRABLEMENT AUGMENTÉE

AUX BUREAUX DU *Progrès agricole et viticole*, A VILLEFRANCHE (Rhône).

MONTPELLIER

CAMILLE COULET, LIBRAIRE-ÉDITEUR

Libraire de la Bibliothèque universitaire, de l'École nationale d'Agriculture de Montpellier,
Grand'Rue, 5.

PARIS

A. DELAHAYE ET E. LECROSNIER, LIBRAIRES-ÉDITEURS
Place de l'École de Médecine, 23.

1888

INTRODUCTION

Parmi les influences dominantes dont doivent tenir grand compte les planteurs de vignes, le choix des cépages doit être pris en très grande considération. C'est de la bonne sélection des variétés de vignes que dépendent, pour une large part, la qualité du vin, la fertilité et la durée d'un vignoble.

C'est avec beaucoup de raison que le docteur Guyot a formulé ce principe en disant : « *Que le grand problème à résoudre pour nos différents crûs, c'est de trouver la variété de vigne la mieux appropriée à un sol et à un climat donnés.* »

Si ce problème a été résolu pour plusieurs de nos vignobles en renom, il en est beaucoup encore qui sont loin d'obtenir leur maximum de rendement et de qualité, faute de cultiver des variétés de vignes bien appropriées aux conditions climatériques où elles doivent vivre.

C'est pour n'avoir pas tenu compte de l'époque de maturité de beaucoup de variétés de vignes cultivées dans nos régions du Centre et du Nord, et de la somme de chaleur indispensable à ces cépages pour arriver chaque année à une maturité convenable, que ces vignobles produisent trop souvent des vins sans réputation et sans valeur.

Il faut bien dire aussi que si l'on est resté plongé dans les vieux errements et la routine, sans se préoccuper de l'appropriation des cépages aux différents sols et surtout aux différents climats, c'est faute de renseignements précis et élémentaires pouvant faire connaître et apprécier nos diverses variétés de vignes.

Avant de se lancer dans des essais de cépages étrangers à leur région, les viticulteurs sérieux tiennent à savoir ce qu'ils valent et les résultats qu'ils ont donnés dans les sols et dans les régions où ils se cultivent.

Aucun planteur, en effet, ne peut faire des essais tant soit peu importants qu'autant qu'il est bien renseigné sur les variétés qu'il désire cultiver, et qu'il est bien sûr de leur valeur et de leur authenticité. Il est indispensable pour cela que chaque propriétaire de vignes de grande culture ou de collections puisse avoir le moyen de constater par lui-même quelles sont les variétés qu'il possède et s'assurer de l'identité des cépages qui lui sont vendus ou fournis.

Il existe plusieurs traités ampélographiques qui peuvent être consultés avec fruit, mais quelques-uns, par leur prix, leur dimension,

ne sont pas à la portée de tout le monde,
d'autres sont incomplets et ne fournissent
pas toutes les données nécessaires à une
détermination sûre; le plus grand nombre
enfin ne mentionne qu'un très petit nombre
de variétés connues ou recommandables.
Nous avons été prié souvent de donner une
dénomination (soit sur échantillons, soit
d'après des descriptions) à des raisins dont
on ne connaissait pas le nom. Le plus souvent
nous ne pouvons répondre au désir de nos
correspondants, soit parce que leurs descriptions ne sont pas suffisantes, soit parce que
les échantillons reçus ne présentent qu'une
partie des caractères déterminants. Le plus
souvent on ne peut se prononcer sûrement
sur une variété qu'en la voyant dans tout
son ensemble et qu'en étudiant toutes les
phases de son développement. Aussi nous
sommes persuadé que nos correspondants
arriveraient facilement à connaître les noms

des variétés qui leur sont inconnues, en suivant ces derniers pendant tout le cours de leur végétation et en recherchant, dans des descriptions ampélographiques complètes, celles qui peuvent convenir ou qui se rapportent le mieux au cépage qu'ils veulent connaître.

Pour arriver à recueillir les caractères qui doivent se rapporter à la variété que l'on veut étudier, il faut procéder par ordre et s'attacher surtout à ceux qui sont les plus importants, les plus déterminants. Pour nous, ces caractères sont, par ordre d'importance :

1° L'époque de Maturité ;

2° La forme et la grosseur de la Grappe ;

3° La forme, la couleur, la saveur et la qualité du Grain ;

4° Le Bourgeonnement ou pousse rudimentaire ;

5° Les principaux caractères de la Feuille.

Rechercher tous ces caractères dans un

nombre considérable de longues descriptions
n'est pas chose facile et nous croyons que,
pour faciliter l'étude des cépages, il est très
avantageux de réunir en quelques lignes les
caractères dont nous venons de parler.

Cette énumération des caractères principaux des cépages ne suffira pas toujours pour
définir sûrement une variété litigieuse ou
à caractère peu tranché, mais elle donnera
le plus souvent des indications suffisantes
pour reconnaître les variétés les plus généralement cultivées. Lorsqu'il s'agira d'étudier
une collection nombreuse, très variée, composée de raisins de tous les vignobles connus,
il faudra avoir recours à un ouvrage plus
complet, dont le texte très étendu et accom-
pagné de planches coloriées, guidera plus
sûrement le collectionneur et lui indiquera
non seulement le nom du cépage qu'il désire
connaître, mais lui donnera encore l'historique de ce plant, lui indiquera ses qualités

ou ses défauts, la manière de le conduire et de le cultiver.

Nous croyons pouvoir recommander pour ces études le *Vignoble* qui est le traité le plus complet existant sur la matière, celui qui a publié le plus grand nombre de raisins parmi les plus cultivés et les plus recommandables. Dans cet ouvrage, nous nous sommes préoccupé tout particulièrement du côté pratique et nous indiquons avec soin le mode de culture, de taille, le sol et l'exposition qui conviennent à chaque cépage. L'historique et la description sont aussi traités avec le plus grand soin, et nous leur accordons tout le développement que comporte chaque variété.

Autant que nous le pouvons, nous cherchons à débrouiller le chaos de l'immense nomenclature des cépages en en diminuant le nombre par l'application de toutes les synonymies que nous reconnaissons, en

rejetant comme variété tout ce qui n'est que
le résultat de la culture et de la sélection,
et tous les sujets qui n'ont pas des caractères
bien fixes et bien tranchés. Ainsi, dans la
longue liste des Gamays à grain allongé,
publiée par nos prédécesseurs, nous n'ad-
mettons qu'une seule variété, celle connue
sous le nom de petit Gamay ou Gamay beaujolais. Tous les différents *plants* obtenus
par le choix des boutures ne sont pour nous
que des améliorations et non des variétés.
Il en sera de même de toutes les prétendues
variétés qui auront une origine de ce genre.
Grâce à cette élimination, nous écarterons
un nombre considérable de noms qui ne
font qu'embrouiller l'ampélographie et in-
duisent en erreur les vignerons trop crédules.

LES CARACTÈRES AMPÉLOGRAPHIQUES.

Pour étudier les cépages, soit avec des descriptions abrégées, soit dans un traité complet et très développé, il faut être un peu familiarisé avec le langage spécial usité pour la description des organes extérieurs de la vigne. Nous allons donner très brièvement l'explication des termes ampélographiques en suivant la vigne dans tous ses développements, depuis sa première poussée jusqu'à la maturité du fruit et à la chute des feuilles.

BOURGEONNEMENT. — Le débourrement du bourgeon, le premier épanouissement des jeunes feuilles, se nomme *bourgeonnement*. Cette première végétation offre dans la couleur de la jeune pousse et des jeunes feuilles des nuances très tranchées et très persistantes qui peuvent souvent à elles seules caractériser un groupe de vignes ou une variété. Il est très important de les étudier, de les signaler, surtout quand elles sont bien accusées et bien apparentes.

Le bourgeonnement est précoce, de moyenne saison ou tardif, glabre ou presque glabre, fortement ou faiblement duveteux, avec des nuances très variées sur la feuille naissante ou seulement sur son pourtour. La durée de ce signe caractéristique est malheureusement très courte; il doit être étudié à partir du moment où la jeune feuille sort de son enveloppe duveteuse jusqu'au moment où elle s'écarte pour montrer à découvert la grappe rudimentaire. Après cette époque, les nuances n'existent plus ou sont moins tranchées, moins apparentes, par conséquent plus difficiles ou impossibles à saisir.

FEUILLE. — La feuille de la vigne, lors de son complet développement, est ordinairement marquée ou divisée par cinq échancrures, plus ou moins profondes, que l'on connaît sous le nom de *sinus*. Chaque division de la feuille séparée par un sinus s'appelle *lobe*. Les sinus sont de trois sortes : les sinus supérieurs, toujours les plus profonds, sont ceux qui séparent le lobe terminal opposé au pétiole des deux lobes qui sont au dessous; les sinus secondaires sont ceux qui se trouvent au dessous des deux premiers, enfin, le sinus pétiolaire est l'échancrure où s'implante le pétiole, point de départ des cinq nervures qui forment les cinq lobes ou cinq divisions de la feuille.

Pour distinguer les deux faces des feuilles, nous emploierons les abréviations *infer*. et *super*. pour désigner les faces supérieures ou inférieures ou en remplacement des mots inférieurement ou supérieurement.

**

Les deux faces de cet organe de la vigne sont tantôt lisses, glabres, c'est-à-dire dénuées de duvet, tantôt boursouflées, *chagrinées* et plus ou moins duveteuses.

Le duvet se rencontre, sauf quelques exceptions, seulement sur la face inférieure : il offre des nuances, des caractères variés que l'on distingue par des termes spéciaux. Lorsque ce duvet ressemble aux poils doux et moelleux du drap, il est dit lanugineux ; lorsque, au contraire, il s'étend par filaments entrecroisés, comme les toiles d'une araignée, il devient aranéeux, et, si ces filaments sont réunis par petits paquets ou flocons, on le dit floconneux. Lorsque ce duvet est formé de petits poils courts et raides, dressés et non couchés sur les nervures ou sur le parenchyme, on le dit poileux ou pileux.

Le *pétiole* ou queue de la feuille est plus ou moins long, plus ou moins fort suivant les variétés. Lorsqu'il n'atteint que la longueur des nervures inférieures, il est dit petit ; moyen, lorsqu'il est aussi long ou presque aussi long que les nervures supérieures ; long ou très long, lorsqu'il dépasse ou qu'il atteint la longueur de la nervure médiane.

GRAPPE. — La grappe est courte, moyenne, longue, cylindrique, cylindro-conique, ailée ou rameuse. Elle est dite cylindrique, lorsqu'elle a sur sa longueur la forme d'un cylindre ou à peu près ; cylindro-conique, lorsque la forme cylindrique s'élargit un peu vers le pédoncule ; ailée, lorsqu'elle porte des grappillons ; rameuse, lorsque ces grappillons sont plus ou moins longuement détachés et forment des ramifications bien séparées.

GRAIN. — Le grain est globuleux, ellipsoïde, olivoïde, ovoïde ou obovoïde. Il est dit globuleux, lorsqu'il est sphérique ou presque sphérique ; ellipsoïde, lorsqu'il s'allonge en s'arrondissant régulièrement par ses deux

extrémités; olivoïde, lorsqu'il prend la forme
d'une olive, c'est-à-dire lorsqu'il s'amincit
un peu plus que l'ovale sur ses deux bouts;
ovoïde, lorsqu'il est plus large à sa base qu'à
son extrémité; obovoïde, lorsqu'il affecte la
forme contraire.

PÉDONCULE. — L'appendice par lequel le
raisin est attaché au sarment se nomme
pédoncule; celui plus petit auquel est sus-
pendu chaque grain de raisin se nomme
pédicelle. Les *pédoncules* et les *pédicelles*
varient de forme, de longueur, de grosseur
et de couleur.

PINCEAU. — Le pinceau ou vestige du grain
arraché, qui reste adhérent au pédicelle offre
souvent un caractère distinctif. Sur quelques
variétés, il est incolore ou blanchâtre; sur
d'autres, rose ou jaunâtre, et sur quelques-
unes d'un rouge foncé ou noirâtre.

Epoque de maturité. — L'époque de maturité du raisin étant différente suivant la latitude, le climat, le sol et surtout suivant l'année plus ou moins chaude, l'indication de cette maturité par mois et par date nous semble tout à fait défectueuse et inexacte. Nous préférons former cinq séries de maturité ayant pour terme de comparaison une variété de vigne cultivée et connue dans tous les pays viticoles, le Chasselas doré ou Chasselas de Fontainebleau.

Sous la désignation de *raisins précoces*, nous classons à part les variétés hâtives qui sont peu nombreuses et qui n'entrent qu'exceptionnellement dans la grande culture.

Nous plaçons à la première époque de maturité tous les raisins mûrissant en même temps on cinq ou six jours avant ou après le Chasselas doré ; à la deuxième époque, ceux qui mûrissent, à douze ou quinze jours près, plus tard que ce dernier, et ainsi de suite en établissant les séries de maturité, par dix ou quinze jours de différence, jusqu'à la quatrième époque.

DÉFEUILLAISON. — La défeuillaison ou chute des feuilles est précoce, de moyenne saison ou tardive, suivant les variétés. Ce caractère très persistant est des plus déterminants, lorsqu'il est bien tranché. Il s'applique souvent à tout un groupe, à toute une série de vignes ayant de l'affinité entre elles : ainsi, tous les Pineaux défeuillent de très bonne heure ; les Chasselas, au contraire, perdent tardivement leurs feuilles, qui restent longtemps jaunes et suspendues au cep, pendant que celles du Gamay (qui défeuille un peu plus tard que le Pineau) sont déjà tombées.

Il est facile de comprendre que, par la réunion et la combinaison de tous ces caractères, on peut arriver à déterminer toutes les variétés de vignes. Chez les végétaux comme chez les animaux, chaque individualité se distingue par des caractères spéciaux qui peuvent et doivent la faire reconnaître si la description sait les saisir et les appliquer à propos. Pour pouvoir connaître tous ces caractères, il est de toute nécessité que celui qui fait de l'ampélographie descriptive suive chaque variété dans toutes les phases de sa végétation, qu'il la compare avec toutes celles qui paraissent lui ressembler et reconnaisse toutes les synonymies qui doivent lui être appliquées.

Ce travail n'est possible qu'au milieu d'une collection nombreuse, exactement étiquetée et sévèrement contrôlée : le possesseur de cette collection, pour ne pas s'exposer à des erreurs, ne doit publier une description, établir une synonymie, qu'autant qu'il est bien sûr de l'exactitude des variétés dont il parle. Toutes descriptions faites autrement, toutes synonymies établies dans d'autres conditions, risqueront bien souvent d'être incomplètes, inexactes et n'offriront jamais toutes les garanties désirables : nous dirons plus, elles ne pourront qu'induire en erreur les collectionneurs et les dégoûter de la culture des cépages.

L'étude attentive que nous faisons de notre collection depuis plus de trente ans, les renseignements nombreux qui nous arrivent par nos correspondants de tous les pays où se cultive la vigne, nous permettent de croire que la petite monographie que nous présentons aux viticulteurs remplira toutes les conditions que nous venons d'énoncer : nous espérons qu'elle pourra leur être de quelque utilité et leur rendre facile l'étude des cépages.

Pour ne pas allonger inutilement le texte, nous donnons par signe abréviatif les noms des correspondants auxquels nous devons le plus grand nombre des variétés de vigne que nous possédons. Cette indication est une garantie d'authenticité et donnera en même temps à nos lecteurs un moyen de se procurer des cépages bien exacts dans les régions où ils se cultivent en grand.

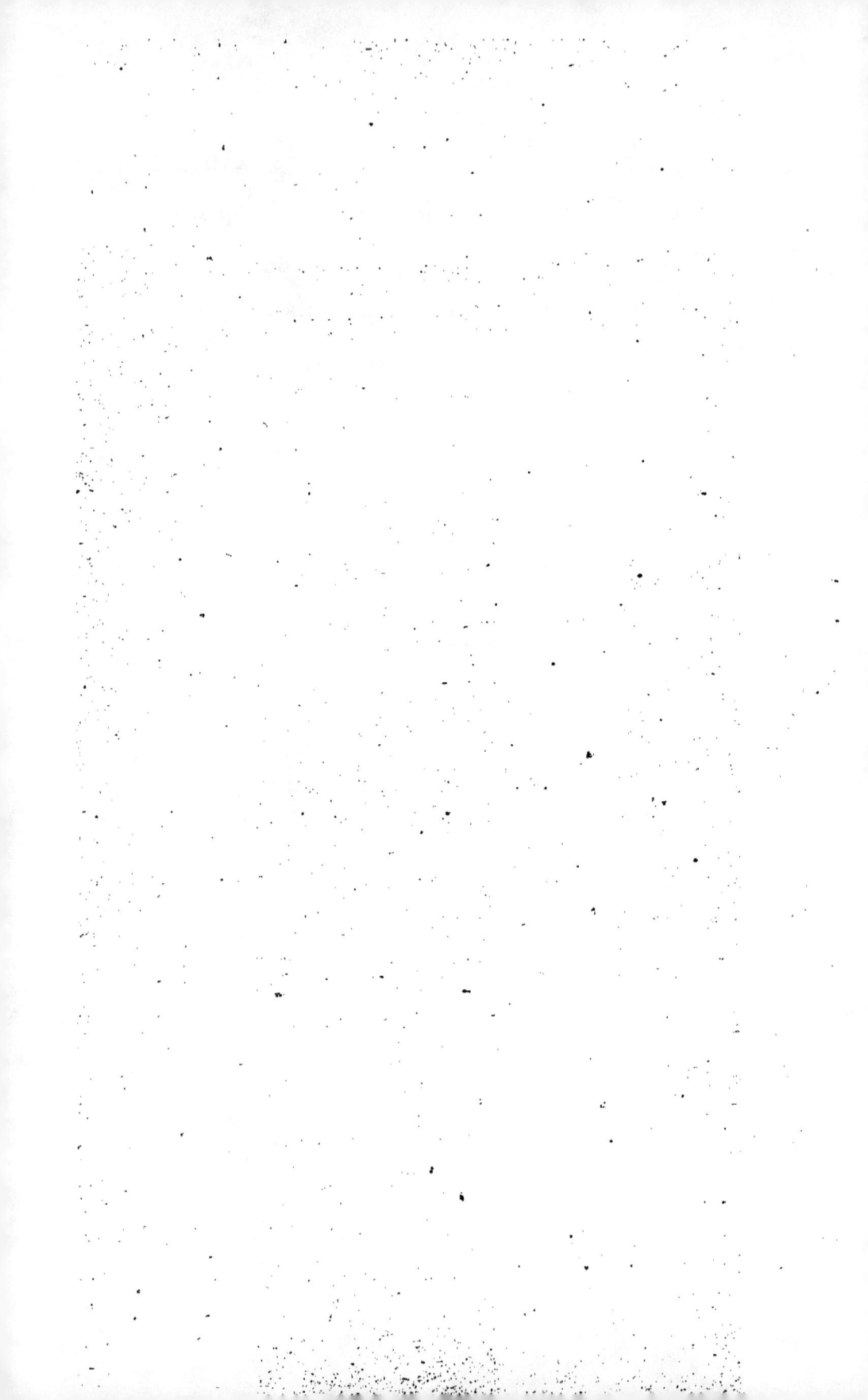

NOMS DES CORRESPONDANTS

auxquels nous devons le plus grand nombre de nos cépages.

A. C. . . . . . Aimé CHAMPIN (Drôme).

A. L. . . . . . André LEROY, à Angers (Maine-et-Loire).

A. M. . . . . . AMADIEU, de Martel (Lot).

A. P. . . . . . André PELLICOT, de Toulon (Var).

A. P. . . . . . Albert PIOLA, à Libourne (Gironde).

A. R. . . . . . Agénor ROCHE, de Saillans (Vallée de la Drôme).

A. de V. . . . Adolphe DE VIVIE, de Montastruc (Lot-et-Garonne).

B. G. . . . . . Gaston BAZILLE, à Montpellier (Hérault).

B. de L. . . . Baron DE LONGUEUIL, de Kontais (Russie-Caucase).

B. M......	Baron Mendola, de Girgenti (Sicile).
B. P......	Baron Perrier, Professeur d'Agriculture de la Savoie.
B. S......	Bresch Scheurer, de Munster (Alsace).
C. B......	Comte Charles Bianconcini Persiani, de Bologne (Italie).
C. O......	Comte Odart.
C. R......	Charles Rouget, de Salins (Jura).
C. de R....	Comte de Rovasenda, de Verzuelo, Piémont (Italie).
C. de V. M.	Comte de Villa-Maior, Directeur de l'Université de Coïmbre (Portugal).
De D......	De Dardel, canton de Neuchâtel (Suisse romande).
D. D......	Dupont Delporte, d'Auxerre (Yonne).
D. F......	Dumas fils, de Bergerac (Dordogne).
Dʳ E......	Dʳ Entz, Directeur de l'Ecole de Viticulture de Buda-Pesth (Hongrie).
Dʳ G......	Docteur Gromier, de Lyon.

Dr H...... Dr Houdbine, à Funeu, près Angers (Maine-et-Loire).

Dr S...... Dr Schlumberger, de Vienne (Autriche).

Dr T...... Dr Tripier, de Cherchell (Algérie).

E. S...... Etienne Salomon, à Thomery (Seine-et-Marne).

F. E. de M. F. E. de Middeleer, Administrateur de la Société linnéenne à Bruxelles.

F. G...... Ferdinand Gaillard, à Brignais (Rhône).

F. P...... Faure Pomier, à Brioude (Haute-Loire).

Frc. ...... Fourcade, de Vic-en-Bigorre (Basses-Pyrénées).

F. et T. L. Filhol et Timbal Lagrave. — Les cépages de la Haute-Garonne.

G. F...... G. Foex, Directeur de l'Ecole d'Agriculture de Montpellier.

H. B...... Henri de Bouschet de Bernard, de Montpellier.

H. G...... Hermann Goethe, à Baden, près

Vienne (Autriche), Auteur du *Dictionnaire ampélographique.*

H. J...... Hermann Jæger, de Neosho, Missouri (Amérique).

H. M...... Henri Mercanton, de Cully, canton de Vaud (Suisse).

H. M...... Hippolyte Michel, de Lyon.

I. B. et M.. I. Beusch et Meissner, de Saint-Louis, Missouri (Amérique).

D'I. de M.. D'Imbert de Mazères, de Port-Sainte-Marie (Lot-et-Garonne).

J. B. de D. Jardin botanique de Dijon.

J. K...... Joseph Kowaks, Pasteur réformé à Batorhez (Hongrie).

J. P...... John Paget, de Klausenbourg, Transylvanie (Autriche).

. P. B.... J. P. Berckman, d'Augusta, Géorgie (Amérique).

J. P. B.... Joseph Perelli, de Bari (Italie).

J. R...... J. Rousseau, du Caire (Egypte).

De L...... De Lapierre, Conseiller d'Etat, à Sion (Suisse).

L. R...... L. Reich, de l'Armellière en Camargue.

M. d'A.... Marquis d'Armailhacq (Gironde).

M. I...... Marquis Incisa della Roquetta, à Turin (Italie).

M. M...... Métral, à Martigny, Valais (Suisse).

N. .... Nobis. Signe abréviatif que nous employons pour indiquer les variétés de vignes que nous avons récoltées ou étudiées sur place.

O. R. P.... Orphanidès, Directeur du Jardin botanique d'Athènes.

P. d'A..... Paris d'Andria, négociant à Smyrne.

P. T...... Pierre Tochon, Président de la Société d'Agriculture de la Savoie.

De R..... De Riedmatten, à Sion, Valais (Suisse).

R. M...... Ramat, au château de Malande, par Saint-André-de-Cubzac (Gironde).

V. M...... V. Malègue, de Pézilla-la-Rivière (Pyrénées-Orientales).

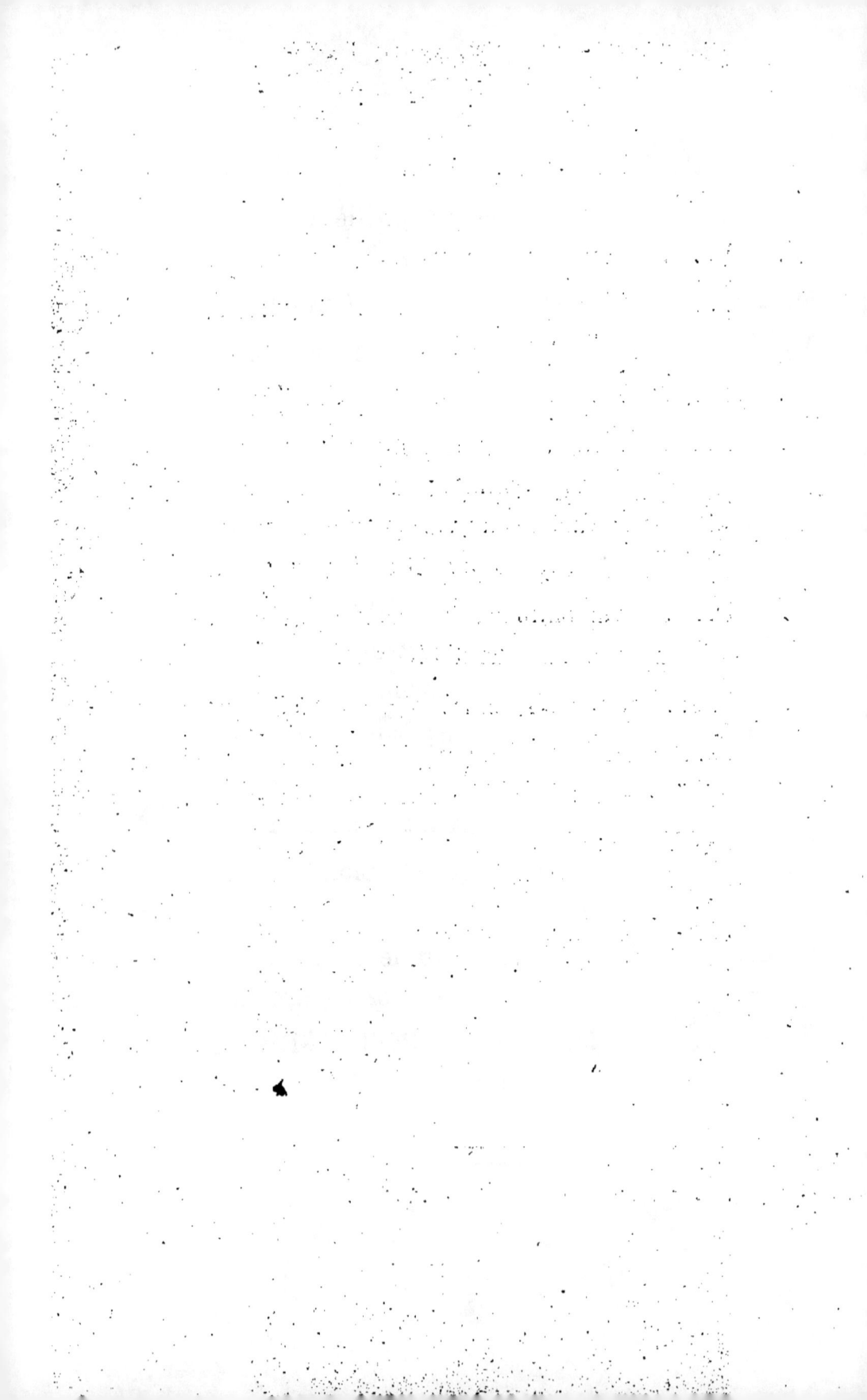

DESCRIPTIONS & SYNONYMIES

Abbadia. [J. B. de D.] Feuille sous-moyenne, duveteuse infer. Grappe sur-moyenne, lâche, un peu rameuse et un peu ailée. Grain (ou baie) moyen, sphérique, d'un blanc jaunâtre. Maturité, 2ᵉ époque. — Raisin de table.

Abélione. Ardèche. [N.] Abélione, Avilleran, dans la région de l'Ardèche, de la Drôme et de l'Isère, veut dire raisin recherché par les abeilles. Olivier de Serres, dans son *Théâtre de l'Agriculture*, applique cette première dénomination au *Chasselas doré*. Dans l'Isère, la Marsanne porte le nom d'Avilleran.

Abrusio. [B. M.] Bourgeonnement duveteux, violacé, défeuillaison un peu hâtive. Feuille grande, glabre et presque lisse super., garnie infer. d'un duvet aranéeux, profondément sinuée. Grappe grosse, cylindro-conique, un peu lâche et rameuse. Grain gros ou très gros, ellipsoïde ; chair ferme et agréable. Maturité, 3ᵉ époque. — Beau et bon raisin de table.

1

Aglianico nero di Avelino. [B. M.] Feuille moyenne à divisions assez profondes, tomenteuse à la face infer., se colorant de rouge à l'automne. Grappe moyenne, un peu lâche et conique. Grain globuleux, d'un noir pruiné et de moyenne grosseur. Maturité, 3e époque. — Synonymes : *Aglianica* ou *Glianica*, *Piede di palumbo*, etc. — Variété très répandue dans la terre de Labour comme raisin à vin.

Agon mastos. Corfou. [C. B.] Bourgeonnement duveteux, blanchâtre. Sarments grêles, assez vigou-reux. Feuille moyenne, sinus peu profonds, den-ture finement aiguë, glabre et lisse super., avec duvet floconneux infer. Grappe moyenne, peu serrée. Grain moyen, ellipsoïde; chair ferme, juteuse, sucrée. Maturité, 3e époque.

Agostenga. Vallée d'Aoste. [C. de R.] Bour-geonnement assez précoce, légèrement duveté, blanc. Feuille moyenne, d'un vert foncé, glabre super., légèrement duvetée infer. Grappe moyenne, assez serrée, cylindro-conique. Grain moyen, un peu ellipsoïde; chair molle, bien sucrée. — Variété pré-coce à employer pour la vinification et pour la table : très sujette à l'anthracnose. — Synonymes : *Vert précoce de Madère*, *Prié blanc*, *Madeleine verte*. — C'est le Vert précoce de Madère du comte Odart par erreur. Cette variété est inconnue à l'île de Madère.

Agudet noir. Tarn-et-Garonne. [C. O.] Feuille sous-moyenne, duveteuse, bien sinuée. Grappe sous-moyenne, cylindro-conique. Grain sous-moyen, ellipsoïde, d'un noir un peu pruiné. Maturité, 2ᵉ époque. — Pour vin.

Aguzelle noire. Isère. Saint-Marcellin. Voir *Persan de la Savoie.*

Aibatly-Isjum. Crimée. [C. O.] Feuille grande, un peu duveteuse. Grappe grosse, longuement ailée. Grain gros, olivoïde. Maturité, 3ᵉ époque. — Raisin de table.

Aïn el Kelb (Œil de Chien). Afrique. Feuille moyenne, presque aussi large que longue, assez profondément sinuée, glabre super., duveteuse infer. Grappe assez grosse, un peu serrée et conique. Grain moyen, globuleux, d'un vert blanchâtre, passant au jaune doré à la Maturité qui est de 3ᵉ époque tardive.

Aïn el Couma (Œil de Chouette). Afrique. Mascara. Souche vigoureuse. Bourgeonnement presque glabre. Feuille moyenne, lisse et glabre super., garnie infer. d'un duvet pileux, assez profondément sinuée. Grappe moyenne ou sur-moyenne,

lâche, cylindro-conique. Grain gros, olivoïde; chair
très ferme, croquante et sucrée ; peau d'un blanc de
cire verdâtre qui passe au jaune à la Maturité,
4ᵉ époque. — Beau et bon raisin de table.

Alabar. Angers. Semis de M. Moreau-Robert,
1852. Raisin noir à Grappe sur-moyenne, cylindro-conique, assez serrée. Maturité, 2ᵉ époque.

Alba canina. Abruzzes. [B. M.] Cette variété
nous paraît être synonyme de la variété *Canaiola*
ou *Uva dei cani*.

Albana. Romagne et Forli. [B. M.] Feuille
grande, glabre super., garnie infer. d'un duvet
blanchâtre assez épais, peu profondément sinuée.
Grappe moyenne, un peu longuement conique et
un peu rameuse. Grain petit, globuleux, d'un jaune
doré légèrement pruiné. Maturité, 3ᵉ époque. —
Ce raisin est un des plus estimés, pour la vinification, dans la Romagne et surtout dans la province
de Forli.

Albanello. Syracuse. [B. M.] Cépage blanc qui
produit, aux environs de Syracuse, un vin excellent de ce nom.

Albourlah. Crimée. [C. O.] Feuille grande,
glabre super., à peu près dépourvue de duvet

infer. G<small>RAIN</small> sur-moyen, ellipsoïde ; chair ferme et croquante. M<small>ATURITÉ</small>, 2e époque. — Raisin de table.

Alcantino. Angers. Nom erroné donné au *Corbeau*. Sans doute une corruption du mot *Aleatico*.

Aleatico. Toscane. [C. de R.] B<small>OURGEONNEMENT</small> glabre, d'un vert grenat. F<small>EUILLE</small> moyenne ou sur-moyenne, bien sinuée. G<small>RAPPE</small> moyenne, cylindro-conique, ordinairement un peu serrée. G<small>RAIN</small> moyen, globuleux ; chair ferme, musquée, bien juteuse et bien sucrée. M<small>ATURITÉ</small>, 2e époque. — L'Aleatico a une grande ressemblance avec notre muscat rouge de France ; il est très estimé en Toscane comme raisin à vin de liqueur.

Alicante. Hérault. Plus connu dans le midi de la France sous le nom de *Grenache*.

Aligoté. Côte-d'Or. B<small>OURGEONNEMENT</small> duveteux et blanchâtre. F<small>EUILLE</small> sur-moyenne, à peu près aussi large que longue, glabre super., garnie infer. d'un duvet aranéeux. G<small>RAPPE</small> moyenne, cylindro-conique, un peu ailée, assez serrée. G<small>RAIN</small> sous-moyen, à peu près globuleux ; peau d'un vert clair passant au jaune doré à la M<small>ATURITÉ</small> de 1re époque tardive ; chair assez ferme, bien sucrée et bien juteuse. — L'Aligoté est recherché comme cépage fertile pour des vins d'ordinaire. — Synonyme : *Giboudot blanc*.

Allen's hybrid. Amérique. [J. P. B.] Bourgeonnement duveteux, d'un roux clair passant au blanc un peu teinté de rose. Feuille moyenne, peu duveteuse, à sinus peu profonds. Grappe sous-moyenne, cylindro-conique. Grain moyen, globuleux, d'un blanc jaunâtre. Maturité, 1re époque tardive.

Allionza. Bologne [C. B.]. Bourgeonnement tardif, duveteux, légèrement teinté de rose. Feuille sur-moyenne, lisse, glabre super., garnie infer. d'un duvet aranéeux, profondément sinuée, denture large, aiguë. Grappe pyramidale, allongée et un peu lâche. Grain gros, globuleux, quelquefois mêlé de grains millerandés, d'un beau jaune, avec point pistillaire bien marqué; chair molle et bien juteuse, sucrée. Maturité, 3e époque. — Cette variété très estimée est très anciennement cultivée dans la province de Bologne pour la vinification..

Almeria. Angers. [D. H.] Semis de M. Moreau-Robert, 1860. Bourgeonnement un peu duveteux, d'un blanc teinté de roux. Feuille sous-moyenne, glabre sur les deux faces, assez profondément sinuée. Grappe moyenne, cylindro-conique, un peu rameuse. Grain de moyenne grosseur, à peu près globuleux; peau assez résistante d'un beau jaune à la maturité; chair ferme, sucrée et agréable. Maturité, 1re époque.

Altesse. Savoie. [P. T.] Feuille sur-moyenne, plus longue que large, glabre et lisse super., garnie infer. d'un duvet un peu aranéeux, avec duvet pileux sur les nervures, assez profondément sinuée. Grappe moyenne, cylindro-conique, ailée, assez serrée. Grain moyen, légèrement ellipsoïde; chair ferme, un peu astringente, peu sucrée; peau d'un beau jaune passant au roux à la Maturité qui est de 2e époque. — C'est le cépage qui produit en partie le vin des Altesses; c'est de là, dit-on, que lui viendrait son nom.

Alvarelhâo. Portugal. [C. de V. M.] Souche vigoureuse, de bonne fertilité. Sarments un peu grêles, mi-érigés. Bourgeonnement duveteux, d'un blanc teinté de rouge. Feuille à peine moyenne, glabre super., garnie infer. d'un duvet aranéeux compacte, bien sinuée. Grappe moyenne, cylindro-conique, peu serrée, parfois ailée. Grain moyen, de forme ellipsoïde; chair assez ferme, juteuse, un peu acidulée; peau d'un beau noir pruiné à la Maturité qui est de la 2e époque tardive. — L'Alvarelhâo est un des meilleurs cépages du Portugal, on le cultive surtout dans le haut Douro.

Alvey. Amérique. [J. P. B.] Bourgeonnement duveteux, roussâtre, passant au rose violacé, puis au vert. Feuille grande ou sur-moyenne, presque orbiculaire, légèrement boursouflée, glabre super., garnie infer. d'un duvet lanugineux compacte, peu profondément sinuée. Grappe moyenne, cylindro-conique, allongée, ailée. Grain sous-moyen ou petit, globuleux; chair un peu pulpeuse, d'un rouge clair; peau résistante, d'un beau noir pruiné à la Maturité qui est de 1re époque tardive. — Variété peu fertile, recommandée d'abord comme porte-greffe et aujourd'hui abandonnée.

Amatosa. [B. M.] Bourgeonnement duveteux, blanchâtre. Feuille presque sur-moyenne, glabre et un peu bullée super., garnie infer. d'un duvet aranéeux assez compacte, sinus bien marqués, denture finement acuminée. Grappe assez grosse, cylindro-conique, peu serrée. Grain sur-moyen, sphéro-ellipsoïde; chair un peu ferme, un peu filandreuse, assez sucrée; peau épaisse, bien résistante, d'un beau noir pruiné à la Maturité qui est de 3e époque.

Ambroisie. Haute-Garonne, de Cahors. [F. et

T. L.] Souche vigoureuse. Sarments forts. Bourgeonnement duveteux, blanchâtre. Feuille assez
profondément sinuée, avec sinus fermés, glabres
et d'un vert clair en dessus, tomenteuse infer.
Grappe sur-moyenne, cylindro-conique. Grain sur-
moyen ou gros, ellipsoïde ; chair ferme et juteuse ;
peau résistante d'un blanc jaunâtre à la Maturité
qui est de 2ᵉ époque tardive. — Synonyme :
Malvoisie dans la Haute-Garonne où il se cultive
sur les bords du Lot.

Amigne. Valais. [*Grosse Amigne* de M. de
Lapierre.] Nous paraît être synonyme de l'*Ugni
blanc* de Provence ou *Trebbiano* des Toscans.

Amsonica. Italie. [C. de R.] Feuille grande,
tourmentée, un peu rugueuse super., glabre infer.,
profondément sinuée. Grappe sur-moyenne,
ramassée, assez serrée. Grain gros ou sur-moyen,
ellipsoïde, d'un blanc ambré à la Maturité qui est
de 2ᵉ époque tardive ; chair ferme et croquante.

Anadasaouri. Caucase. [B. de L.] Bourgeonnement blanchâtre, teinté de rouge sur le pourtour
de la jeune feuille. Feuille complète sous-moyenne,
presque glabre super., garnie infer. d'un duvet
cotonneux. Grappe moyenne, ailée, conique. Grain
moyen, ellipsoïde ; chair ferme, juteuse et sucrée ;

peau mince d'un vert jaunâtre à la Maturité qui est de 3e époque.

Aneb ou **Hâneb Akall** (Raisin noir). Afrique. Mascara. — Ce cépage n'a pas encore fructifié dans nos collections.

Anèche. Isère. [N.] Feuille grande, épaisse, un peu boursouflée, à surface plane et glabre, garnie infer. d'un duvet pileux court. Grappe forte, conique, rameuse. Grain moyen, globuleux, d'un blanc verdâtre tournant au jaune à la Maturité qui est de 2e époque.

Anet. Isère. Voir *Maclon*.

Anna. Amérique. [J. P. B.] Feuille sous-moyenne, duveteuse, à sinus peu profonds. Grappe sous-moyenne ou petite, courtement cylindrique. Grain moyen, globuleux ou légèrement ellipsoïde, d'un beau noir pruiné à la Maturité qui est de 2e époque. — Cette variété de Labrusca, importée d'Amérique il y a quelques années, est aujourd'hui abandonnée.

Anneré. Piémont. [C. de R.] Voir *Neretto di Marengo*.

Antibo. [A. P. — C. de R.] Feuille moyenne, peu ou point sinuée. Grappe sur-moyenne, pyramidale, lâche, ailée. Grain gros, ellipsoïde; chair

ferme, juteuse ; peau mince, d'un beau noir pruiné
à la Maturité qui est de 2e époque tardive.

Antournerin blanc. Isère. La Tour-du-Pin.
[N.] Feuille grande, aussi large que longue, peu
profondément sinuée. Grappe sous-moyenne, ailée,
un peu serrée. Grain moyen ou sous-moyen, globuleux, passant du vert blanchâtre au jaune roux
à la Maturité qui est de 2e époque.

Antournerin noir. Isère. Voir *Sirah*.

Apesorgia. Sardaigne. [C. de R.] Bourgeonnement presque glabre, d'un roux clair passant au
vert brillant. Feuille complète sur-moyenne,
glabre sur les deux faces, assez profondément sinuée.
Grappe grosse, rameuse, cylindro-conique. Grain
gros ou très gros, le plus souvent inégal, un peu
ellipsoïde ; chair ferme, juteuse, sucrée ; peau
épaisse d'un vert jaunâtre à la Maturité qui est de
4e époque.

Aprofeher (Petit blanc). Hongrie. Un des
synonymes appliqués en Hongrie au *Pineau blanc*.

Aprofekete (Petit noir). Hongrie. Une des
nombreuses synonymies données en Hongrie au
Pineau noir.

Aprostafilos. Corfou. [C. B.] Souche rustique
et de bonne vigueur. Feuille grande, presque

orbiculaire, glabre et à peu près lisse super.,
sans duvet infer., sauf quelques poils sur les nervures, plus ou moins sinuée. GRAPPE grosse, un
peu rameuse, peu serrée. GRAIN sur-moyen ou
gros, un peu déprimé au point d'attache, sphérique
ou parfois un peu ellipsoïde ; chair ferme, juteuse,
sucrée ; peau épaisse, sujette à se fendiller, passant
du blanc verdâtre au jaune clair à la MATURITÉ qui
est de 3ᵉ époque. — Très beau et bon raisin de
table à cultiver.

Aragnan blanc. Vaucluse. Villelaure. [N.]
FEUILLE petite, plus longue que large, glabre super.,
garnie infer. d'un duvet aranéeux compacte, assez
profondément sinuée. GRAPPE moyenne, cylindro-
conique, ailée, peu serrée. GRAIN sur-moyen, olivoïde, d'un vert jaunâtre, pruiné à la MATURITÉ
qui est de 2ᵉ époque tardive ; chair ferme, juteuse
et sucrée.

Aragnan noir. Vaucluse et Bouches-du-Rhône.
[N.] FEUILLE sous-moyenne, glabre super., garnie
infer. d'un duvet lanugineux compacte. GRAPPE
moyenne ou sur-moyenne, un peu rameuse et
cylindro-conique. GRAIN moyen ou sur-moyen,
ellipsoïde ; chair ferme et juteuse ; peau résistante,
d'un beau noir pruiné à la MATURITÉ qui arrive
à fin de la 2ᵉ époque.

Arratalau blanc. Sardaigne. [M. I.] Feuille grande ou sur-moyenne, glabre et bullée super., garnie infer. d'un duvet pileux surtout sur les nervures. Grappe sur-moyenne, ailée et un peu rameuse, peu serrée ; chair molle, juteuse, assez sucrée ; peau épaisse, résistante, d'un blanc jaunâtre à la Maturité qui est de 4ᵉ époque. — Syn. *Aretolan* du marquis de la Roquette.

Arratalau noir. [M. I.] L'Arratalau noir que nous avons reçu de M. le marquis Incisa de la Roquette ne diffère de l'Arratalau blanc que par la couleur des grains.

Argant. Jura. [G. R.] Bourgeonnement presque glabre, d'un roux clair passant au vert jaunâtre. Feuille grande ou très grande, d'un vert clair, lisse et luisante super., glabre infer. Grappe sur-moyenne ou grande, un peu serrée, cylindro-conique. Grain moyen, globuleux ; chair un peu molle, peu sucrée, juteuse ; peau assez épaisse, résistante, d'un beau noir pruiné à la Maturité qui est de 2ᵉ époque un peu tardive. — C'est par erreur que nous avons signalé, dans le *Vignoble*, cette variété comme synonyme du *Brumeau* de la Haute-Loire. Cette vigne porte à Arbois le nom de *Gros-Margillien*.

Argentin. [Dʳ G.] Paraît être synonyme du *Sauvignon jaune* de Sauternes.

Arnoison blanc. Indre-et-Loire. [C. O.] Voir *Pineau blanc-Chardonnay*.

Arrouya. Pyrénées-Orientales. Sous ce nom d'Arrouya, nous avons reçu de M. Fourcade des Basses-Pyrénées le *Portugais bleu*.

Arvine. Valais. Feuille moyenne, d'un vert clair, glabre et presque lisse super., glabre ou à peu près glabre infer. Grappe moyenne, un peu serrée, cylindro-conique, peu ou point ailée. Grain globuleux, de grosseur moyenne ; chair juteuse, un peu molle, légèrement acidulée ; peau épaisse, résistante, d'un jaune verdâtre à la Maturité qui est de 2ᵉ époque tardive. — L'Arvine nous paraît se rapprocher beaucoup de l'Altesse, mais nous ne saurions affirmer leur identité.

Aspiran noir, **Aspiran gris**. Voir *Spiran noir*.

Aspiran blanc. Hérault. [H. B.] Cette variété n'a pas du tout les caractères généraux des Aspiran noir et gris ; on s'accorde généralement à lui donner pour synonymes l'*Aragnan blanc* du Var, le *Gallet* du Gard, le *Picardan blanc* de l'Hérault, l'*Ulliade blanche* qui n'a pas les caractères de l'Ulliade noire.

Asprino. Italie. Terre de Labour. [C. de R.]
Feuille moyenne, aussi large que longue, lisse
et plane super., duveteuse infer., peu profondément
sinuée. Grappe sous-moyenne ou petite, un peu
serrée, cylindro-conique, un peu ailée. Grain un
peu translucide, ferme ; chair un peu charnue, juteuse et sucrée ; peau résistante, d'un vert jaunâtre
pruiné à la Maturité qui arrive à la 3ᵉ époque.

Augibi ou **Jubi blanc**. Gard. [C. O.] Feuille
sur-moyenne, glabre et presque plane super., garnie infer. d'un duvet lanugineux. Grappe moyenne,
cylindro-conique, un peu ailée. Grain moyen,
ellipsoïde, d'un blanc jaunâtre à la Maturité qui
est de 3ᵉ époque hâtive. — On fait usage de ce
raisin pour la cuve et la table.

Augustaner blanc. Allemagne et Hongrie.
[J. P.] Synonyme de *Lignan*.

Auvernat gris. Moselle. [C. O.] Voir *Pineau
gris*.

Auxerrois du Mans. [J. B. de D.] Voir *Côt*
ou *Malbeck*.

Avanas. Piémont. [C. de R.] Bourgeonnement
duveteux, blanc rosé. Feuille sous-moyenne, lisse
super., à peu près glabre infer. Grappe moyenne,
cylindro-conique, ailée, peu serrée. Grain moyen,

globuleux ; chair assez ferme, juteuse, un peu acerbe ; peau assez épaisse, résistante, d'un beau rouge rosé.

Avarengo. Piémont. [C. de R.] Bourgeonnement duveteux, blanchâtre, teinté de roux. Feuille
moyenne, assez profondément sinuée, glabre super.,
molle et finement duvetée infer., teintée d'amarante
sur les bords à l'automne. Grappe sur-moyenne,
ailée, cylindro-conique. Grain assez gros, globuleux, d'un noir mat, bleuâtre et pruiné ; peau
épaisse, résistante ; chair molle, juteuse, assez
sucrée. Maturité, 2ᵉ époque. — Cette variété se
cultive en grand comme raisin de cuve aux environs
de Pignerol.

Babo traube rothe. [H. G.] Autriche et Allemagne. Synonymes : *Valteliner fruher* ou *Malvoisie rose* du Pô.

Baclan ou plus souvent **Béclan**. Jura.[C. R.]
Bourgeonnement duveteux, un peu roussâtre.
Feuille sous-moyenne, à peu près aussi large que
longue, glabre et un peu rugueuse super., presque dépourvue de duvet infer. Grappe sous-
moyenne, presque cylindrique, assez serrée. Grain
globuleux, petit ou sous-moyen ; chair molle,
juteuse, relevée ; peau assez résistante, d'un beau

noir pruiné à la Maturité qui est de 2ᵉ époque hâtive. — Le Béclan du Jura est un cépage très bien approprié à cette région ; c'est un de ceux qui ont le mieux réussi dans nos collections comme associé au Gamay qui est d'une maturité un peu plus précoce.

Bakator rouge. Hongrie. [J. K.] Bourgeon-nement duveteux, d'un blanc verdâtre. Feuille moyenne, glabre super., garnie infer. d'un duvet pileux sur les nervures, lanugineux sur le paren-chyme. Grappe moyenne, largement conique, presque toujours ailée, un peu serrée. Grain moyen, à peu près globuleux ; chair assez ferme, juteuse, assez sucrée ; peau un peu épaisse, résistante, d'un beau rouge pruiné à la Maturité qui est de 3ᵉ époque hâtive. —On cultive encore en Hongrie le Bakator noir et blanc et le Bakator rose, mais la variété rouge est de beaucoup celle que l'on préfère et que l'on plante le plus en grand. Elle produit un vin ayant beaucoup de corps, de finesse et de bouquet.

Balafant. Hongrie. [C. O.] Bourgeonnement bien duveté, blanc teinté de rose sur le revers des jeunes feuilles. Feuille sur moyenne, assez profon-dément sinuée, très duveteuse infer. Grappe lon-guement cylindro-conique, assez grosse, peu serrée. Grain assez gros, globuleux ; peau assez ferme, d'un blanc jaunâtre à la MATURITÉ qui est de 2° époque. — Le Balafant est plus spécialement un raisin de cuve très estimé en Hongrie.

Balsamina nera. Piémont, environs d'Asti, Alexandrie, etc. [C. de R.] BOURGEONNEMENT duveteux, blanchâtre sur un fond vert clair. FEUILLE grande, plus longue que large, un peu rugueuse super, peu ou point tomenteuse infer., peu profondément sinuée, denture un peu aiguë. GRAPPE sur-moyenne ou grosse, cylindro-conique, un peu rameuse, un peu lâche, sur un pédoncule moyen. GRAIN sur-moyen, globuleux, fortement attaché à des pédicelles assez forts, de moyenne longueur ; chair ferme, un peu rameuse, juteuse, à saveur simple bien relevée ; peau assez épaisse, bien résistante, d'un noir violacé bien pruiné à la MATURITÉ de 2° époque tardive. — Estimée pour le vin et la table.

Balzac. Voir *Mourvèdre*.

Bambino ou **Bammino Pouilles.** [B. M.] BOURGEONNEMENT blanchâtre, teinté de rose sur le revers des folioles. FEUILLE moyenne légèrement bullée et glabre super., garnie infer. d'un duvet pileux, sinus supérieurs profonds et fermés, les secondaires bien marqués, sinus pétiolaire presque fermé, denture large, assez profonde, obtuse et courtement acuminée. GRAPPE sur-moyenne ou grosse, cylindro-conique, rameuse, un peu lâche, sur un pédoncule assez fort et un peu court. GRAIN moyen ou sous-moyen, sphéro-ellipsoïde, sur un pédicelle assez long et assez fort; chair un peu ferme, juteuse, bien sucrée, à saveur simple ; peau épaisse, résistante, d'un jaune clair pruiné à la MATURITÉ de 2ᵉ époque.

Barbarossa à feuilles cotonneuses. Piémont, Montferrat. [C. de R.] BOURGEONNEMENT duveteux, blanchâtre, légèrement rosé. FEUILLE moyenne, presque orbiculaire, à peu près lisse et glabre super., garnie infer. d'un duvet lanugineux court et compacte, peu sinuée, sinus pétiolaire fermé, denture large, peu profonde, un peu obtuse. GRAPPE moyenne, cylindro-conique, sur un pédoncule un peu long, assez fort. GRAIN moyen ou sur-moyen, sphéro-ellipsoïde, peu serré, sur un pédicelle grêle assez long ; chair ferme ou assez ferme, juteuse, bien sucrée, relevée et à saveur simple ; peau assez épaisse, bien résistante, d'un beau rose bien pruiné à la MATURITÉ de 1ʳᵉ époque tardive. — Bon raisin de table qui se rapproche du Chasselas rose.

Barbarossa à feuilles découpées. Piémont. [C. de R.] BOURGEONNEMENT peu duveteux,

d'un roux grenat passant au vert jaunâtre brillant.
FEUILLE moyenne, glabre et presque lisse super.,
garnie infer., surtout sur les nervures, d'un duvet
court et rude, sinus supérieurs très profonds,
fermés, sinus secondaires profonds presque fermés,
celui du pétiole ouvert. GRAPPE moyenne ou sur-
moyenne, un peu cylindro-conique, un peu
lâche, sur un pédoncule un peu long et un peu
grêle. GRAIN sphérique ou sphéro-ellipsoïde de
moyenne grosseur sur un pédicelle assez long et
grêle: chair un peu ferme, juteuse, sucrée, bien
relevée; peau épaisse, résistante, un peu translucide, d'un rouge clair à la MATURITÉ de 3ᵉ époque.
— Cette Barbarossa est fort estimée à Turin comme
raisin de conserve et d'arrière-saison.

Barbaroux. Var. [A. P.] M. André Pellicot
père, à qui nous devons cette variété de vigne, la
considérait comme distincte du Grec rouge. Malgré
une comparaison très minutieuse entre le Barbaroux venu du Var et le Grec rouge, nous n'avons pu
remarquer la moindre différence. Le Barbaroux
n'a absolument aucun rapport avec les Barbarossa
décrites plus haut quoique notre excellent correspondant du Var les ait réunis dans une même
tribu, la tribu des Grecs.

Barbera d'Asti. [C. de R.] BOURGEONNEMENT
un peu tardif, un peu duveteux, teinté de rouge

à la face inférieure des jeunes feuilles. Feuille sur-moyenne, assez profondément sinuée, assez épaisse et un peu bullée super., lanugineuse infer. Grappe sur-moyenne, un peu rameuse, cylindro-conique, un peu lâche. Grain ellipsoïde, assez gros ; chair un peu ferme, juteuse ; peau un peu épaisse, assez résistante, d'un noir azuré pruiné à la Maturité qui est de 3ᵉ époque. — La vigne Barbera fait le fond des vignobles d'Asti et du Montferrat.

Barbera grossa. [C. de R.] La variété, que nous avons reçue sous ce nom de notre excellent correspondant et ami de Turin, ne nous semble pas différer sensiblement de la variété qui vient d'être décrite, mais nous la considérons comme une amélioration obtenue sans doute par la sélection ; elle nous a toujours donné des grappes plus belles et une végétation plus riche.

Barbesino. [B. M.] Synonyme de *Grignolino*.

Barducis. [Semis de Moreau-Robert, 1852.] Bourgeonnement un peu duveteux sur un fond grenat clair. Feuille moyenne, glabre et lisse super., garnie infer. d'un léger duvet pileux court et raide, apparent et sensible surtout sur les nervures. Grappe grosse, cylindro-conique, un peu ailée, ordinairement un peu serrée. Grain gros ou sur-moyen, légèrement ellipsoïde ; chair un peu ferme, bien juteuse, peu relevée; peau un peu mince, peu résistante, d'un blanc de cire un peu pruiné passant au rose clair à la MATURITÉ qui est de 2ᵉ époque hâtive. — Cette variété a quelques rapports avec le *Chasselas doré*, mais ne l'égale pas comme qualité.

Bariadorgia. Sardaigne. [M. I.] BOURGEON-NEMENT duveteux, d'un blanc roussâtre teinté de rouge violacé sur le pourtour des jeunes feuilles. FEUILLE adulte de moyenne grandeur, glabre et presque lisse super., garnie infer. d'un duvet aranéeux assez compacte, pileux sur les ner-vures. GRAIN de moyenne grosseur, globuleux; chair un peu molle, sucrée, juteuse; peau assez épaisse, résistante, passant du blanc verdâtre au jaune clair à la MATURITÉ qui arrive à la 2ᵉ époque tardive.

Baron Perrier. Voir *Riparia Baron Perrier*.

Barry. Amérique. [I. B. et M.] BOURGEONNE-MENT d'un roux clair passant au rose foncé. FEUILLE sur-moyenne ou grande, glabre et à peu près lisse super., garnie infer. d'un léger duvet aranéeux assez compacte. GRAPPE moyenne ou sous-moyenne, cylindro-conique, peu serrée. GRAIN sur-moyen ou gros, globuleux; peau épaisse, résistante, d'un noir foncé bien pruiné à la MATU-

RITÉ qui est de 2ᵉ époque ; chair pulpeuse, assez
sucrée et foxée. — Variété de Labrusca aujour-
d'hui abandonnée.

Bastardo. Portugal. Ile de Madère. [C. de V.
M.] Bourgeonnement duveteux, blanchâtre, un
peu teinté de rouge sur les folioles. Feuille sur-
moyenne, un peu tourmentée, glabre et un peu
grossièrement bullée super., garnie infer. d'un
duvet aranéeux fin assez compacte, assez profondément sinuée. Grappe sous-moyenne, cylindro-
conique, courte, assez serrée. Grain moyen, un
peu ellipsoïde ; chair molle ou un peu molle,
juteuse, sucrée, agréablement relevée ; peau
épaisse, résistante, d'un beau noir pruiné à la
Maturité qui arrive à la 1ʳᵉ époque avec le Chasselas, le Pineau et le Gamay. — Le Bastardop eut
parfaitement réussir dans nos vignobles du centre
et même du nord ; il s'accommode très bien du
sol et du climat du Beaujolais.

Batarde. Savoie. Voir *Persan*.

Baude. Drôme. [M. Servan.] Bourgeonnement
blanchâtre et un peu teinté de rose passant au
vert clair. Feuille moyenne, glabre sur les deux
faces, lisse et brillante sur la face super., assez
profondément sinuée. Grappe sur-moyenne ou
grosse, cylindro-conique, un peu serrée. Grain
assez gros ou gros, courtement ellipsoïde ; chair

molle, lisse, juteuse, sucrée; peau mince, assez
peu résistante, d'un rouge foncé passant au noir
pruiné à la MATURITÉ qui est de 1ʳᵉ époque un
peu tardive. — Cette variété est surtout recommandable comme raisin de table de maturité
hâtive et facile.

Baxter. Amérique. [I. B. et M.] BOURGEON-
NEMENT duveteux, d'un blanc teinté de rose qui
passe au vert clair. FEUILLE grande, glabre super.,
légèrement glaucescente infer. sur un duvet lanugineux, assez profondément sinuée. GRAPPE cylindrique ou un peu cylindro-conique. GRAIN sous-
moyen, globuleux ou légèrement ellipsoïde; chair
assez ferme, un peu pulpeuse, à saveur d'Æstivalis;
peau assez épaisse, bien résistante, d'un noir
un peu pruiné à la MATURITÉ qui est de 3ᵉ époque
tardive. — Cet Æstivalis qui est peu connu n'est
pas cultivé, quoiqu'il ait une certaine valeur.

Beau blanc. Angers. [Dʳ H.] BOURGEONNE-
MENT presque glabre, d'un grenat clair passant
au vert jaunâtre. FEUILLE moyenne, très profondément sinuée, glabre super., garnie infer., surtout sur les nervures, d'un duvet piteux court et
raide. GRAPPE moyenne, cylindro-conique, ailée,
un peu lâche. GRAIN moyen ou sur-moyen,
ellipsoïde; chair un peu molle, juteuse et assez
sucrée, mais peu relevée; peau ferme, résistante,

passant du blanc verdâtre au jaune très doré à la
MATURITÉ qui est de 2ᵉ époque assez hâtive. —
Le Beau Blanc mérite bien son nom, mais, comme
qualité, il ne peut se classer qu'au second rang.

Belisse bianca. Piémont. Asti. [M. I.] Bour
GEONNEMENT un peu duveteux, teinté de grenat sur
fond blanc verdâtre passant au grenat clair.
FEUILLE moyenne, presque plane et à peu près
lisse super., garnie infer., surtout sur les nervures,
d'un duvet pileux, court, assez raide, très peu
sinuée. GRAPPE grosse, longuement cylindro-
conique, ailée, un peu rameuse, peu serrée; GRAIN
moyen, globuleux, d'un blanc jaunâtre au moment
où il commence à mûrir, passant ensuite au jaune
doré à la MATURITÉ qui est de 2ᵉ époque tardive;
chair assez ferme, juteuse, sucrée, avec une petite
pointe acidulée. — Cette variété de vigne aime les
terrains argileux; on la cultive surtout aux environs d'Asti, sur les bords du Tanaro; sa grappe
est fort belle, très estimée pour la table.

Bellino. Piémont. [C. de R.] BOURGEONNEMENT
duveteux, blanchâtre teinté de rose. FEUILLE rès
grande, lisse et luisante super., sans duvet infer.,
sauf sur les nervures qui sont parsemées de petits
poils courts et rudes presque imperceptibles à
l'œil nu. GRAPPE grosse ou très grosse, courtement
cylindro-conique, un peu rameuse, assez serrée

lorsqu'elle n'a pas éprouvé la coulure. GRAIN gros, légèrement ellipsoïde ou à peu près globuleux ; chair un peu croquante, très juteuse, relevée par une saveur fine ; peau mince, assez résistante, d'un beau noir pruiné à la MATURITÉ qui arrive à la fin de la 1ʳᵉ époque. — Le Bellino se cultive surtout aux environs de Rivoli, près Turin, comme raisin de table ; c'est une des variétés les plus recommandables par sa beauté, sa qualité et sa maturité facile. M. Moreau-Robert a mis dans le commerce, sous le nom d'Impérial noir, un prétendu raisin de semis qui reproduit identiquement le Bellino.

Bellochin rouge. Savoie. [P. T.] FEUILLE sous-moyenne, glabre et lisse super., garnie infer. d'un léger duvet aranéeux, assez profondément sinuée. GRAPPE moyenne, cylindro-conique, assez serrée. GRAIN sphéro-ellipsoïde ou presque globuleux, de moyenne grosseur ; chair un peu ferme, assez juteuse, peu relevée, assez sucrée ; peau un peu épaisse, résistante, d'un noir rougeâtre à la MATURITÉ qui est de 2ᵉ époque. — Cette variété se cultive aux environs de Chambéry.

Belossard. Ain. Bugey. [N.] BOURGEONNEMENT presque glabre, d'un vert clair teinté de jaune. FEUILLE moyenne, d'un vert clair, glabre super., légèrement duveteuse infer. GRAPPE moyenne ou

sur-moyenne, un peu ailée, assez longuement
cylindro-conique, ordinairement peu serrée. GRAIN
sur-moyen, globuleux ; chair assez ferme, juteuse,
bien sucrée, bien relevée ; peau épaisse et ferme,
d'abord d'un rouge foncé qui passe au rouge
noirâtre pruiné avec des reflets d'un rouge brillant
à la MATURITÉ qui est de 2e époque tardive. —
Le Belossard se cultive surtout aux environs
d'Ambérieu et sur la rive droite du Rhône, à
Villebois, Montagnieu, etc. Il est estimé comme
raisin de table et raisin à vin ; il s'accommode des
calcaires blancs et des marnes où d'autres variétés
ne réussissent pas.

Beni Salem. Ile de Majorque. [H. M.] BOUR-
GEONNEMENT très duveteux, blanchâtre, teinté de
rouge, surtout sur les nervures des jeunes feuilles.
FEUILLE de moyenne grandeur, à peu près aussi
large que longue, glabre et lisse super., garnie
infer. d'un duvet lanugineux assez compacte.
GRAPPE sur-moyenne, ordinairement un peu lâche,
presque cylindrique, ou longuement cylindro-
conique. GRAIN moyen ou sur-moyen, courtement
ellipsoïde, se teintant de violet après la floraison'
passant tantôt au jaune bistré, ou au rose plus ou
moins foncé, ou à une teinte violacée, à la MATU-
RITÉ qui est de 2e époque tardive. — On fait dans
l'île de Majorque un vin renommé du nom de

Beni Salem lequel est produit sans doute par le raisin de ce nom.

Bequignaou. Gironde. Saint-André-de-Cubzac. [R. M.] Bourgeonnement bien duveteux, blanchâtre, avec un liseré rose sur les bords de la jeune pousse. Feuille moyenne, presque aussi large que longue, un peu sinuée, glabre et finement bullée super., garnie infer. d'un duvet pileux, surtout sur les nervures. Grappe moyenne ou un peu sur-moyenne, un peu ailée, cylindro-conique, un peu serrée. Grain moyen, ellipsoïde; chair un peu ferme, juteuse, sucrée, relevée par une saveur de Sauvignon ou de Cabernet; peau épaisse, assez résistante, d'un noir foncé pruiné à la Maturité qui est de 2° époque. — Cette variété, d'une bonne fertilité, est très recommandable pour produire des vins d'ordinaire et même de grand ordinaire.

Berlandier ou **Vigne Berlandier**. Texas, Etats-Unis d'Amérique. [Planchon.] Feuille petite ou à peine moyenne, presque orbiculaire, d'un vert foncé, glabre et luisante super., garnie infer. d'un duvet grisâtre chez les formes tomenteuses, glabre, au contraire, sur d'autres formes. Grappe moyenne, serrée, courtement cylindro-conique. Grain petit, globuleux, d'un beau noir pruiné;

chair un peu ferme, peu juteuse, à saveur peu
agréable. — Espèce sauvage, sans valeur pour la
vinification ; elle pourrait être utilisée pour le
greffage si elle n'était d'une reprise difficile au
bouturage. C'est une des variétés les plus recom-
mandées par M. Viala, pour les terrains crayeux,
dans son rapport au ministre de l'agriculture.

Bermestia bianca. Italie. [M. I. — B. M.]
BOURGEONNEMENT d'un roux clair, peu duveteux,
passant au vert clair brillant sur les jeunes feuilles.
FEUILLE grande ou très grande, aussi large que
longue, glabre et très légèrement bullée super.,
à peu près glabre infer., assez profondément
sinuée. GRAPPE grosse, conique, ailée, rameuse,
lâche. GRAIN gros ou très gros, obovoïde, déprimé
par le point pistillaire ; chair ferme, pulpeuse,
juteuse, agréable, mais peu relevée ; peau épaisse,
résistante, passant d'un blanc de cire opaque au
jaune un peu doré à la MATURITÉ qui est de
4ᵉ époque. — Cette variété de vigne est surtout
recommandable pour la région de l'olivier et de
l'oranger et comme raisin de table. Dans les
régions du centre, elle arrive assez difficilement à
une maturité complète, même en espalier à une
exposition chaude.

Bermestia rossa. Ce cépage se cultive pour

le même usage et dans les mêmes régions que la Bermestia bianca ; il n'en diffère que par la couleur de son raisin.

Bermestia violata. Même remarque que pour la variété précédente. Quelques autres considèrent la Bermestia rossa et la Bermestia violata comme absolument identiques. Nous avons toujours constaté, au contraire, une nuance tout à fait différente entre ces deux variétés.

Besgano. Piémont. [C. de R.] BOURGEONNEMENT glabre, d'un vert clair, teinté de rouge sur les folioles. FEUILLE adulte grande ou très grande, peu lobée, presque orbiculaire, sauf les trois pointes des lobes supérieurs, lisse et glabre super., sans duvet infer. GRAPPE grosse, conique ou pyramidale, ordinairement peu serrée. GRAIN gros, de forme ovoïde obtusée ou presque rond ; chair ferme, juteuse, assez sucrée ; peau assez épaisse, résistante, d'un violet noirâtre à la MATURITÉ qui est de 3ᵉ époque tardive. — Cette variété se cultive beaucoup dans la Lombardie et aux environs de Plaisance pour raisin de table. — Synonyme : *Grignolo*.

Bia blanc. Isère. BOURGEONNEMENT duveté, blanchâtre, très légèrement teinté de rose sur le

pourtour. Feuille à peine moyenne, aussi large
que longue, glabre et à peu près lisse super., garnie
infer. d'un duvet aranéeux. Grappe moyenne,
peu serrée, cylindro-conique. Grain moyen, ellipsoïde; chair ferme, un peu molle, juteuse, bien
sucrée; peau assez épaisse, astringente, passant du
blanc verdâtre au jaune doré à la Maturité qui est
de 2ᵉ époque.

Bianchetto di Verzuolo. Piémont. [C. de R.]
Feuille grande, glabre, bullée super., tomenteuse infer., assez profondément sinuée. Grappe
moyenne, cylindro-conique, plutôt un peu serrée
que lâche. Grain sur-moyen, à peu près globuleux
lorsqu'il n'est pas allongé par le tassement; chair
un peu molle, juteuse; peau assez épaisse, assez
résistante, passant du bleu verdâtre au jaune doré
à la Maturité qui arrive à la 2ᵉ époque.

Biard rouge. Ain, Villebois. [N.] Feuille sur-
moyenne ou grande, glabre et presque lisse super.,
à peu près plane, parsemée légèrement infer. d'un
léger duvet, surtout sur les nervures, assez profondément sinuée. Grappe grosse, cylindro-conique, souvent ailée, assez serrée. Grain sur-moyen
ou gros, globuleux; chair ferme, juteuse, assez
sucrée; peau un peu fine, assez résistante, d'un
rouge foncé à sa Maturité qui est de 2ᵉ époque

hâtive. — Variété fertile qui réussit surtout sur les hauteurs.

Biaune ou **Beaune**. Isère. [N.] Bourgeonnement duveteux d'un blanc jaunâtre, légèrement teinté de rose sur les bords. Feuille moyenne, glabre super., garnie infer. d'un duvet un peu aranéeux. Grappe sur-moyenne, ailée, cylindro-conique, ordinairement peu serrée. Grain moyen, légèrement ellipsoïde ; chair assez ferme, juteuse et sucrée ; peau un peu épaisse, résistante, d'un noir rougeâtre teinté de rose à la Maturité qui est de 3ᵉ époque.

Bibiola. Piémont, Saluces. [C. de R.] Bourgeonnement duveteux, blanchâtre, un peu teinté de rose. Feuille moyenne, d'un vert assez foncé, à peu près aussi large que longue, un peu tourmentée, assez profondément sinuée, glabre super., sans duvet infer., sauf quelques poils sur les nervures. Grappe sur-moyenne, ordinairement ailée, largement cylindro-conique. Grain sur-moyen, à peu près globuleux ; chair ferme, juteuse et sucrée ; peau un peu fine, assez résistante, d'un noir peu foncé, un peu pruiné à la Maturité qui arrive à la fin de la première époque. — Ce cépage très fertile, de bonne qualité, est fort bien approprié à nos régions du centre

Bicane. Indre-et-Loire. [C. O.] Bourgeonnement presque glabre, teinté de grenat clair. Feuille
sous-moyenne, plus longue que large, glabre sur
les deux faces. Grappe grosse, rameuse, conique,
ailée, plus ou moins lâche suivant qu'elle a plus
ou moins souffert de la coulure. Grain très gros,
ellipsoïde ; chair assez ferme, un peu pulpeuse,
légèrement sucrée, peu relevée ; peau épaisse,
assez sujette à la pourriture, passant du blanc verdâtre au jaune clair, parfois un peu ambré à la
Maturité qui arrive à la 2e époque. — Comme
beauté la Bicane est un des plus beaux raisins que
l'on puisse cultiver, mais elle laisse un peu à désirer
au point de vue de la qualité et elle est fort sujette à
la coulure. Lorsqu'elle est greffée sur vigne améri-
ricaine ou autre, il est assez rare de la voir couler,
surtout si l'on a employé pour le greffage des boutures bien sélectionnées. — Synonymes : *Panse
jaune* (par erreur), *Raisin de Notre-Dame, Chasselas Napoléon* (par erreur), etc.

Black Damascus. [H. B. Semis de Moreau-
Robert, mis dans le commerce en 1851.] Grappe
grosse, cylindro-conique, un peu lâche. Grain
gros, globuleux ; chair ferme et juteuse, peu sucrée ;
peau épaisse, assez résistante, d'un noir bleuâtre,
pruiné à la Maturité qui est de la 3e époque.

3

Black Hambourg Frogmor. [F. G.) Variation du *Frankenthal*. Souche moins vigoureuse et plus délicate. Grain plus gros.

Black Hawk. Amérique. [I. B. et M.] Feuille moyenne, duveteuse, peu sinuée. Grappe sur-moyenne, peu serrée, cylindro-conique, ailée. Grain sur-moyen, globuleux ; chair un peu pulpeuse, assez sucrée, un peu foxée ; peau épaisse, bien résistante, d'un beau noir pruiné à la Maturité qui arrive à la 2ᵉ époque.

Black July. Amérique. [I. B. et M.] Bourgeonnement roux, duveteux, passant au rose foncé sur un fond gris. Feuille complète de moyenne grandeur, presque orbiculaire, un peu tourmentée, glabre super., glaucescente et presque glabre infer., sauf un léger duvet à la bifurcation des nervures. Grappe sous-moyenne, cylindrique ou cylindro-conique, un peu compacte. Grain petit ou sous-moyen, globuleux ; chair ferme assez sucrée, à saveur peu prononcée ; peau mince, résistante, d'un rouge obscur pruiné à la Maturité qui est de 2ᵉ époque tardive. — La vigne Black-July est estimée pour la qualité du vin qu'elle produit, mais elle se cultive peu en raison de son manque de fertilité.

Black Prince. [F. G.] Variation du *Fran-*

kenthal qui ne représente pas une amélioration sensible.

Blanc Aigre. Ardèche. Feuille moyenne, plane et lisse super., duveteuse infer., profondément sinuée. Grappe longue, ailée, serrée. Grain petit, globuleux ; chair assez ferme, à saveur âpre ; peau un peu mince d'un blanc verdâtre passant au jaune plus ou moins foncé à la Maturité qui arrive à la 2e époque tardive.

Blanc Cardon. Lot-et-Garonne. [D'I. de M.] Bourgeonnement blanchâtre, très duveteux, teinté de rose sur la sommité des folioles. Feuille grande, presque orbiculaire, peu ou point sinuée, un peu bullée, glabre super., garnie infer. d'un duvet aranéeux clair. Grappe moyenne, serrée, cylindrique ou légèrement cylindro-conique. Grain moyen, à peu près globuleux ; chair molle, juteuse, assez sucrée, un peu acidulée ; peau assez fine, peu résistante, passant du blanc verdâtre au blanc jaunâtre à la Maturité qui est de 2e époque. — Cépage d'abondance cultivé presque exclusivement dans le Lot-et-Garonne.

Blanc de Gandja. [C. O.] Voir *Schiradzouli*.

Blanc de Pagès. Haute-Loire. Voir *Lignan*.

Blanc de Zante ou **Zante blanc**. [J. B.

de D.] BOURGEONNEMENT d'un roux clair, duveteux, passant au jaune verdâtre. FEUILLE grande ou très grande, glabre et légèrement boursouflée super., garnie infer. d'un duvet aranéeux assez compacte. GRAPPE forte, très longuement cylindrique, un peu ailée lorsqu'elle prend un grand développement. GRAIN moyen, globuleux; chair sucrée, assez ferme, à saveur simple peu relevée; peau épaisse, résistante, d'un blanc jaunâtre à la MATURITÉ qui est de 2° époque tardive.

Blanc d'ambre. [D. H.] Semis de M. Moreau Robert, 1854. BOURGEONNEMENT duveteux, teinté de rouge violacé passant au vert jaunâtre sur les jeunes feuilles épanouies. FEUILLE à peine moyenne, très profondément sinuée, glabre et légèrement bullée super., garnie infer., surtout sur les nervures, d'un duvet pileux. GRAPPE moyenne, cylindrique, un peu conique, ordinairement lâche. GRAIN sur-moyen, ellipsoïde; chair molle, juteuse, sucrée, peu relevée; peau fine, assez résistante, d'un beau jaune ambré à la MATURITÉ qui arrive à la fin de la 1re époque.

Blanc fumé. [C. O.] Voir *Sauvignon jaune*.

Blanchette. Synonyme du *Fendant roux* ou *Chasselas doré* dans le canton de Vaud.

Blanchier. Valais. Suisse. [de L.] Bourgeonnement duveteux, blanchâtre. Feuille grande,
glabre et un peu bullée super., garnie infer. d'un
duvet aranéeux blanchâtre assez épais. Grappe sur-
moyenne, cylindro-conique, un peu ailée, assez
serrée. Grain moyen, globuleux; chair ferme,
croquante, assez sucrée, ayant beaucoup d'analogie
avec celle du *Chasselas*, mais avec une saveur
différente; peau épaisse, un peu sujette à se fendiller, d'un beau jaune doré à la Maturité qui est
de 2ᵉ époque hâtive.

Blanchou. Ardèche. [N.] Feuille moyenne,
finement boursouflée et brillante super., presque
glabre infer., peu profondément sinuée. Grappe de
moyenne grosseur, cylindro-conique, serrée. Grain
moyen, de forme olivoïde, ressemblant à ceux de
la Clairette; chair assez ferme, juteuse et sucrée;
peau assez fine, résistante, d'un blanc verdâtre
passant au jaune plus ou moins doré à la Maturité
qui est de 2ᵉ époque.

Blanchou petit. Ardèche. [N.] Feuille moyenne, glabre, très sinuée. Grappe moyenne, cylindro-
conique, un peu ailée, peu serrée. Grain moyen,
ellipsoïde, d'un blanc jaunâtre à la Maturité qui
arrive à la 2ᵉ époque.

Blaue Ochsenauge. [Dr Gromier.] Voir
Dodrelabi.

Blanc précoce musqué de Courtiller.
[C. O.] Bourgeonnement bien duveteux, blanchâtre
passant au vert jaunâtre sur les jeunes feuilles.
Feuille moyenne, presque aussi large que longue,
glabre super., un peu duveteuse infer., surtout sur
les nervures, peu profondément sinuée. Grappe
petite, courtement cylindrique, arrondie par ses
deux extrémités, un peu serrée. Grain petit ou à
peine moyen, globuleux ; chair un peu ferme,
juteuse, à saveur musquée fine, mais pas trop
prononcée ; peau mince, un peu sujette à se fendiller, passant du vert jaunâtre au jaune doré à la
Maturité qui est précoce. — Ce raisin, quoique
petit, doit être recommandé aux amateurs comme
raisin musqué précoce.

Blanc précoce de Kientsheim. Voir
Lignan.

Blanquette de Limoux. [H. B.] Voir *Clairette blanche*.

Blanc Verdan. Savoie. [P. T.] Feuille
moyenne ou sur-moyenne, glabre et un peu
bullée super., légèrement duveteuse infer. Grappe
moyenne, un peu lâche, cylindro-conique, ailée.

GRAIN sur-moyen, ellipsoïde ; chair molle, juteuse, douceâtre ; peau épaisse, assez résistante, d'un blanc jaunâtre à la MATURITÉ qui est de 2ᵉ époque.

Blauer Portugieser (Portugais bleu). [J. B. de D. — J. P.] BOURGEONNEMENT presque glabre, d'un jaune verdâtre passant au vert clair sur les jeunes feuilles épanouies. FEUILLE assez grande, aussi large que longue, glabre super. et à peine un peu duveteuse sur les nervures à la page infer. GRAPPE moyenne ou sur-moyenne, un peu ailée, assez compacte, cylindro-conique. GRAIN moyen, globuleux ; chair peu ferme, bien juteuse, bien sucrée, à saveur douce et agréable; peau un peu mince, bien résistante, d'un beau noir bleuâtre, un peu pruiné à la MATURITÉ qui est précoce ou de toute 1ʳᵉ époque. — Le Portugais bleu se cultive dans toute l'Allemagne comme raisin à vin, mais surtout aux environs de Vienne, en Autriche. On le trouve aussi planté assez en grand en Hongrie et dans la Transylvanie. Partout il est recherché comme un excellent raisin précoce de table ; il donne à Vienne des vins de grand ordinaire très recherchés. Ce cépage craint les terres argileuses, les terres humides et fraîches ; il lui faut les côteaux et de préférence les terrains calcaires. Très sujet à l'anthracnose, il craint peu le mildew. — Synonymes : *Fruh Portugieser*, *Blauer Oporto*, etc., etc.

Blavette. Ardèche, Aubenas. [N.] Feuille moyenne, d'un vert foncé, glabre super., très duveteuse infer., profondément sinuée. Grappe moyenne, un peu serrée, ailée, conique. Grain de moyenne grosseur, globuleux : chair molle, bien juteuse, un peu astringente ; peau un peu épaisse, assez résistante, d'un rouge clair un peu pruiné à la Maturité qui est de 3ᵉ époque.

Bobal. Espagne. [M. Jules Leenhardt.] Bourgeonnement bien duveteux, blanchâtre et cotonneux. Feuille sur-moyenne ou grande, glabre, tourmentée et souvent révolutée en dessous, un peu brillante super., garnie infer. d'un duvet finement aranéeux assez compacte. Grappe grande, cylindro-conique, un peu ailée, peu serrée. Grain sur-moyen, globuleux ; chair un peu ferme, juteuse, assez sucrée, légèrement astringente ; peu épaisse, résistante ou assez résistante, d'un beau noir pruiné à la Maturité qui est de 3ᵉ époque tardive.

Bolana du Piémont. Saluces. [C. de R.] Feuille à cinq divisions bien marquées, glabre super., un peu tomenteuse infer., un peu rude au toucher. Grappe large, assez longue, un peu

rameuse, à grapillons pendants. GRAIN moyen,
ellipsoïde; chair un peu molle, bien juteuse,
sucrée; peau épaisse, assez résistante, d'un jaune
ambré à la MATURITÉ qui est de 2e époque.

Boleret blanc. Ain, Montagnieu. [N.] FEUILLE
moyenne, glabre et à peu près lisse super., garnie
infer. d'un duvet lanugineux léger, un peu pileux
sur les nervures. GRAPPE très grosse, cylindro-
conique, un peu serrée, rameuse. GRAIN gros,
globuleux; chair molle, douce, assez sucrée,
juteuse, à saveur simple; peau un peu mince,
assez résistante, d'un blanc jaunâtre à la MATURITÉ
qui est de 2e époque. — A Montagnieu, on fait
confire ce raisin au four.

Bonarda. Piémont, Montferrat. [C. de R.]
BOURGEONNEMENT duveteux d'un blanc jaunâtre.
FEUILLE moyenne ou sur-moyenne, presque pas
sinuée, presque lisse et glabre super., garnie
infer. d'un duvet lanugineux un peu mou, se
teintant de rouge sur les bords à l'automne. GRAPPE
sur-moyenne, longuement cylindro-conique,
rameuse, plutôt lâche que serrée. GRAIN sur-
moyen, globuleux; chair ferme, juteuse, bien
sucrée, légèrement astringente; peau fine, résistante, d'un beau noir pruiné à la MATURITÉ qui
est de 2e époque.

Bon chrétien du Lot. [M. de Boutières.] Variété de *Sauvignon*.

Bormen. [H. B.] Voir *Mayorquin*.

Bottonino bianco. Piémont. [M. I.] Bour-geonnement duveteux, d'un blanc jaunâtre passant au vert clair sur les jeunes feuilles. Feuille adulte d'un vert un peu clair, glabre et à peu près lisse super., garnie infer. d'un fin duvet aranéeux. Grappe sur-moyenne, cylindro-conique, un peu rameuse. Grain sur-moyen ou moyen, globuleux; chair un peu ferme, bien juteuse, assez sucrée; peau un peu mince, bien résistante, d'un beau blanc ambré brillant à la Maturité qui est de 2ᵉ époque tardive. — Ce raisin, dit M. le marquis Incisa, est d'une belle apparence, il se conserve bien et on le recherche comme raisin de table.

Bottonino nero. Ce cépage ne diffère du précédent que par la couleur de son grain.

Bouchallès. Haute-Garonne. [M. Laujoulet.] Le cépage reçu sous ce nom représente la *Mérille*. Le *Côt* porte aussi le nom de Bouchallès.

Bouchereau. [H. B.] Feuille sur-moyennne, glabre, plane et lisse super., sans duvet infer. Grappe sur-moyenne, un peu serrée, rameuse, cylindro-conique. Grain gros, sphéro-ellipsoïde;

chair un peu molle, juteuse et sucrée ; peau assez
épaisse, peu résistante, d'un beau rouge pruiné à
la Maturité qui arrive à la deuxième époque. —
Variété dédiée à M. Bouchereau, de Bordeaux,
grand collectionneur de vignes, par M. Tourres de
Macheteau, son obtenteur.

Boudalès. Pyrénées-Orientales, Languedoc,
etc. [H. B.] Bourgeonnement très tardif, d'un roux
clair, duveteux, teinté de rose, passant au vert
clair jaunâtre sur les jeunes feuilles presque
glabres. Feuille sur-moyenne, glabre et à peu
près lisse super., garnie infer., surtout sur les
nervures, d'un duvet pileux un peu raide, assez profondément sinuée. Grappe sur-moyenne ou grosse,
rameuse, cylindro-conique, ordinairement peu serrée. Grain gros ou bien gros, de forme ellipsoïde allongée ou olivoïde ; peau un peu épaisse, bien résistante, d'un beau noir pruiné à la Maturité qui est
de 2e époque ; chair ferme, croquante, bien sucrée et
agréablement relevée. — Par sa beauté et toutes ses
qualités, le Boudalès figure tout à fait au premier
rang des raisins de table : on le considère avec
raison, dans la région du Midi, comme un des
meilleurs raisins à vin. — Synonymes : *Cinsaut*
(Hérault), *Picardan noir* (Var), *Plant d'Arles*
(Vaucluse), *Passerille* (Ardèche), *Prunella* (Gers,

Haute-Garonne), *Morterille* (Lot-et-Garonne), *Pétairé* (Aveyron), etc., etc.

Bouillan noir. Gironde. [R. M.] Bourgeon-nement duveteux, blanchâtre, légèrement rosé. Feuille moyenne, glabre et finement bullée super., garnie infer. d'un duvet aranéeux fin. Grappe sur-moyenne, cylindro-conique, assez serrée, un peu ailée. Grain sur-moyen, légèrement ellipsoïde; chair un peu ferme, bien juteuse, sucrée; peau un peu mince, peu résistante, d'un noir foncé, légèrement pruiné à la Maturité qui est de 2e époque. — Variété fertile pour vin d'ordinaire.

Bourboulenc. Gard et Vaucluse. [H. B.] Feuille moyenne, un peu bullée, glabre et un peu tourmentée super., garnie infer. d'un duvet aranéeux compacte. Grappe moyenne ou sur-moyenne, assez serrée. Grain sur-moyen, ellip-soïde; chair un peu molle, juteuse, à saveur douce, mais peu relevée; peau un peu épaisse, peu résistante, d'un jaune tirant sur le roux à la Maturité qui a lieu à la 3e époque. — Raisin à vin.

Bourdelas. Voir *Pomestre* ou *Poumestre blanc*.

Bourguignon blanc. Beaujolais. Voir *Gamay blanc*, feuille ronde.

Bourguignon noir. Beaujolais. Voir *Pineau noir*.

Bouteillan noir. Var. [A. P.] Feuille sur-moyenne, tourmentée, lisse et glabre super., aussi large que longue, finement garnie infer. d'un duvet pileux. Grappe sur-moyenne, cylindro-conique, un peu courte, un peu serrée. Grain gros, globuleux ou à peu près; chair un peu molle, juteuse, assez sucrée, peu relevée; peau assez épaisse, assez résistante, d'un beau noir à la Maturité qui est de 3ᵉ époque. — Synonymes : *Fouiral* (Hérault), *Sigoyer* (Basses-Alpes), etc.

Bouteillan blanc. Vaucluse. [A. P.] Feuille sur-moyenne, tourmentée, à cinq lobes bien marqués, glabre et lisse super., garnie infer., surtout sur les nervures, d'un duvet pileux. Grappe sur-moyenne, peu serrée, un peu ailée, cylindro-conique. Grain gros, sphérique, déprimé au point pistillaire; chair peu ferme, juteuse, assez sucrée; peau un peu mince, assez peu résistante, d'un blanc jaunâtre à la Maturité de 3ᵉ époque.

Boutignon blanc. [J. B. de D.] — Synonyme : *Malvoisie jaune*.

Bouyssalés. Tarn-et-Garonne. [C. O.] — Synonyme de *Malbeck*.

Brachetto. Var, Alpes-Maritimes. [A. P.] Bourgeonnement duveteux, roussâtre, passant au blanc clair, puis au vert jaunâtre sur les jeunes feuilles épanouies. Feuille adulte moyenne, plus longue que large, d'un vert foncé, glabre et légèrement bullée super., garnie infer. d'un duvet aranéeux compacte. Grappe sur-moyenne, cylindro-conique, allongée. Grain sur-moyen, globuleux ou presque globuleux ; chair un peu molle, peu sucrée, peu relevée ; peau épaisse, assez résistante, d'un rouge foncé légèrement pruiné à la Maturité qui est de 4ᵉ époque. — Synonymes : *Pecoui-touar*, *Calitor*, *Cayau*, *Charge-Mulet*, *Moullias*, *Canseron*, *Nœud court*, etc., etc.

Bragère blanc. [J. B. de D.] — Synonyme de *Pis de Chèvre blanc*.

Brant. Amérique. [I. B. et M.] Bourgeonnement légèrement duveteux, d'un grenat rougeâtre. Feuille profondément lobée, glabre et à peu près lisse super., garnie infer. d'un duvet pileux court, surtout sur les nervures, denture aiguë. Grappe sous-moyenne ou petite, cylindrique, eu ou point ailée, assez serrée. Grain sous-moyen ou petit sur des pédicelles courts; chair légèrement pulpeuse, assez sucrée, peu ou point foxée; peau un peu mince, résistante, d'un noir un peu pruiné à la MATURITÉ de 1re époque tardive.

Bregin. Jura. [C. R.] BOURGEONNEMENT duveteux, blanchâtre. FEUILLE petite ou à peine moyenne, assez profondément lobée, à peu près lisse super., garnie infer. d'un duvet aranéeux. GRAPPE petite, cylindrique, obtusée ou arrondie à ses deux extrémités, un peu serrée. GRAIN petit, globuleux; chair assez ferme, juteuse, peu sucrée; peau assez épaisse, résistante, d'un noir un peu pruiné à la MATURITÉ qui est de 2e époque. — Variété peu cultivée.

Breton. Indre-et-Loire, Maine-et-Loire. [C. O.] — Synonyme de *Cabernet*.

Bromeste de Nice. [H. B.] — Nous paraît synonyme de *Pumestre*.

Brumeau. Haute-Loire, Brioude. [F. P.] BOURGEONNEMENT d'un roux clair, peu ou point duveteux, passant au vert clair brillant. FEUILLE grande ou très grande, d'un vert clair, lisse, glabre et luisante super., sans duvet infer. GRAPPE grande, assez serrée, un peu ailée, cylin-

dro-coniquc. Grain sur-moyen ou moyen, globuleux ; chair un peu molle, assez sucrée, juteuse,
mais peu relevée ; peau assez épaisse, résistante,
d'un beau noir pruiné à la Maturité qui est de
2ᵉ époque. — Cette variété se rapproche beaucoup
de l'Argant.

Brun des Hautes-Alpes. [N.] Feuille
moyenne, glabre et presque lisse super., garnie infer.
d'un duvet aranéeux assez fin. Grappe moyenne ou
sur-moyenne, cylindro-conique, un peu ailée.
Grain moyen, globuleux ; chair un peu ferme,
bien juteuse, un peu astringente, assez sucrée ;
peau un peu fine, assez résistante, d'un noir
foncé pruiné à la Maturité qui est de 2ᵉ époque.

Bruneau. Lot. [A. M.] Feuille moyenne,
glabre et presque lisse super., garnie infer. d'un
duvet aranéeux. Grappe moyenne ou sur-moyenne,
cylindro-conique, un peu ailée. Grain moyen
ou sous-moyen, globuleux ; chair assez ferme,
bien juteuse, un peu sucrée, avec une pointe
d'astringence ; peau fine, assez résistante, d'un
noir foncé pruiné à la Maturité qui arrive vers
la 2ᵉ époque.

Brunet. Ardèche. [N.] Feuille moyenne, mince,
d'un vert foncé, glabre sur les deux faces. Grappe

allongée, ailée, cylindro-conique. Grain gros, presque globuleux ou légèrement ellipsoïde ; chair ferme, juteuse, sucrée, agréablement relevée ; peau un peu épaisse, bien résistante, d'un beau noir pruiné à la Maturité qui est de 2ᵉ époque. — Cette variété se rapproche un peu du Boudalès.

Brun fourca. Var, Bouches-du-Rhône et Gard. [A. P.] Bourgeonnement d'un roux clair, un peu duveteux, passant au vert jaunâtre brillant. Feuille moyenne, un peu tourmentée, glabre super. et infer., sinus supérieurs profonds, les secondaires assez marqués, sinus pétiolaire bien fermé par les lobes inférieurs qui se recouvrent largement (signe très caractéristique). Grappe sur-moyenne, assez souvent ailée, peu serrée, courtement cylindro-conique. Grain sur-moyen ou gros, un peu ellipsoïde ; chair un peu ferme, juteuse, légèrement astringente ; peau fine, peu résistante, d'un beau noir bien pruiné (de là le nom de Farnous, *enfariné*) à la Maturité qui arrive à la 2ᵉ époque un peu tardive.

Brustiano. Corse. [C. de R.] Bourgeonnement duveteux, blanchâtre, légèrement teinté de rose sur le bord et la face inférieure des folioles. Feuille moyenne, d'un vert foncé, glabre super., garnie infer. d'un duvet cotonneux. Grappe sur-moyenne,

4

un peu lâche, cylindro-conique, ailée. Grain
sphéro-ellipsoïde, assez gros; chair assez ferme,
juteuse, sucrée; peau un peu épaisse, résistante,
d'un blanc ambré à la Maturité qui est de
2ᵉ époque.

Bruxelloise. [F. G.] — Voir *Frankenthal*.

Bubbia. Piémont, Saluces. [C. de R.] Bourgeonnement très duveteux, légèrement nuancé
de rose sur le revers des folioles. Feuille plus
large que longue, peu ou point sinuée, glabre
super., garnie infer. d'un duvet lanugineux.
Grappe grosse, cylindro-conique, ailée, un peu
compacte. Grain légèrement ellipsoïde; chair
ferme et croquante; peau d'un beau noir pruiné
à la Maturité qui arrive à la 2ᵉ époque. — Cette
variété est surtout recherchée comme raisin de
table.

Buisserate. Isère, Saint-Marcellin. Feuille
grande, finement boursouflée, glabre super., bien
duvetée infer. Grappe sur-moyenne, ailée,
ramassée. Grain moyen, à peu près globuleux;
chair molle, un peu âpre, juteuse; peau un peu
mince, peu résistante, d'un beau jaune bistré à
la Maturité qui arrive à la 2ᵉ époque. — Variété
se rapprochant beaucoup de la Jacquière de Savoie.

Bukland sweet Water. [C. de R. — E. S.]
Bourgeonnement glabre, verdâtre, avec un liseré
rouge bronzé sur le bord des folioles. Feuille sur-
moyenne, trilobée, mais peu profondément sinuée,
à peu près glabre sur les deux faces. Grappe ailée,
un peu lâche, plus que moyenne ou grosse. Grain
gros, un peu irrégulier, tantôt globuleux, tantôt
un peu ellipsoïde; chair assez ferme, juteuse et
sucrée, peu relevée; peau un peu épaisse, assez
résistante, d'un beau jaune légèrement ambré à
la Maturité qui arrive à la 2e époque. — Cette
belle variété, d'origine anglaise, est exclusivement
cultivée pour la table.

Buon amico. Toscane, Pise. [M. Lawley.]
Bourgeonnement duveteux, blanchâtre, teinté de
rose sur le revers et les nervures des folioles.
Feuille sur-moyenne ou grande, peu profondément sinuée, glabre super., un peu garnie infer.
d'un duvet lanugineux. Grappe grosse ou sur-
moyenne, peu serrée, rameuse et longuement
cylindro-conique. Grain moyen, globuleux;
chair un peu molle, assez sucrée, peu relevée;
peau un peu épaisse, assez résistante, d'un noir
un peu pruiné à la Maturité qui est de 3e époque.

Burger blanc, Bourgeois blanc. Alsace.

[B. S.] Bourgeonnement duveteux, blanchâtre, légèrement violacé, passant au vert jaunâtre sur les jeunes feuilles épanouies. Feuille assez grande, presque plane, légèrement bullée, glabre super., garnie infer. d'un léger duvet aranéeux, peu profondément sinuée. Grappe moyenne ou sous-moyenne, cylindrique, arrondie à ses extrémités, courte, serrée ou un peu serrée. Grain moyen ou sous-moyen, globuleux ou à peu près globuleux; chair juteuse, un peu molle, un peu acidulée; peau assez mince, presque translucide, peu résistante, d'un vert jaunâtre à la Maturité qui est de 2ᵉ époque. — Le Burger blanc est surtout cultivé dans la vallée du Rhin. On le trouve aussi en Autriche, en Hongrie, en Croatie. Son aire de dispersion est très étendue et il compte de nombreux synonymes. Voici, d'après H. Gœthe, les principaux : *Rheinelbe, Hartalbe, Allemand, Vert doux, Elben, Gouais blanc* (par erreur) *Facun blanc* en Alsace; *Klemmer, Kleinburger,* etc., vallée de la Moselle; *Sussgrober, Grobburger, Kristaller, Grossriesler,* etc., vallée du Mein; *Pecek, Kurstingel,* etc., en Styrie; *Biela Zrebnina, Srebonina* en Croatie; *Elben feher* en Hongrie, etc. Le Burger blanc ou Elben des Allemands est surtout une vigne à vin; pour

la grande abondance, on lui préfère aujourd'hui
le Chasselas dans toute la vallée du Rhin.

Burger noir. Alsace. [B. S.] Bourgeonnement duveteux, blanchâtre, teinté de rouge violacé à l'extrémité des folioles. Feuille moyenne
ou sous-moyenne, d'un vert foncé, glabre sur
les deux faces. Grappe petite, assez serrée, cylindro-conique, courte, arrondie par ses extrémités.
Grain sous-moyen ou petit, globuleux; chair un
peu ferme, juteuse, sucrée; peau mince, assez
résistante, d'un noir rougeâtre pruiné à la Maturité qui arrive à la fin de la 1re époque. — Le
Burger noir ne reproduit pas les mêmes caractères
que le Burger blanc; c'est une variété type bien
distincte. Cette variété a peu d'avenir en France;
nous avons, comme raisin noir, bien meilleur.

Burot ou **Beurot**. Côte-d'Or. — Voir *Pineau
gris*.

Bzoul el Khadim, ou plutôt dans le vrai
dialecte arabe **Beze el Kadima** (Sein de la
Négresse). — Nous paraît être le *Ribier du Maroc*.

Cabernelle. Bordelais. [M. d'A.] — Tous les
auteurs bordelais qui ont décrit les cépages du
Médoc s'accordent à dire que la Cabernelle est
un cépage distinct du Cabernet franc, mais ils

ne s'accordent plus lorsqu'il s'agit d'indiquer les caractères qui la distinguent : les uns disent qu'elle se rattache au Cabernet Sauvignon, d'autres au Cabernet franc. Pour nous, la Cabernelle a tous les caractères de ce dernier cépage et si elle en diffère par quelques nuances, ce ne peut être que par une plus grande vigueur ou une plus grande tendance à la coulure, état qui indique un défaut de sélection et non une variété proprement dite.

Cabernet franc. Bordelais, Médoc. [M. d'A.] BOURGEONNEMENT duveteux, d'un roux clair, un peu teinté de rose violacé sur le pourtour et au revers des folioles. FEUILLE moyenne, à peu près aussi large que longue, glabre et presque lisse super., garnie infer. d'un léger duvet aranéeux, assez profondément sinuée. GRAPPE sous-moyenne, peu serrée, cylindro-conique, parfois un peu ailée. GRAIN sous-moyen ou petit, globuleux ; chair un peu ferme, juteuse, assez sucrée, un peu astringente, relevée par une saveur spéciale très prononcée qui caractérise les Cabernet et les grands vins du Médoc qui en proviennent ; peau un peu épaisse, bien résistante, d'un beau noir bleuâtre pruiné à la MATURITÉ qui est de 2e époque. —

Synonymes : *Carmenet, Bidure, Breton, Véronais, Fer*, etc., etc.

Cabernet Sauvignon. Médoc. [M. d'A.]
— Le Cabernet Sauvignon, par la forme et la saveur de son raisin, ressemble à peu près complètement au Cabernet franc. Il n'en diffère que par la FEUILLE qui est d'un vert plus foncé, et surtout par ses sinus supérieurs et secondaires qui sont plus profonds, fermés par le rapprochement des lobes et qui laissent un vide arrondi à leur base. Le Cabernet franc et le Cabernet Sauvignon sont également recommandables, mais ils ont chacun leurs partisans.

Caccio bianco. Italie, les Marches. [B. M.]
BOURGEONNEMENT tomenteux, blanc jaunâtre. FEUILLE très grande, plane, glabre et presque lisse super., légèrement tomenteuse infer. GRAPPE grosse, rameuse, cylindro-conique, assez allongée. GRAIN sur-moyen ou gros, globuleux; chair assez ferme, sucrée et juteuse; peau un peu épaisse, résistante, d'un jaune ambré à la MATURITÉ qui est de 3ᵉ époque. — Synonyme : *Pagadetiti*, etc., etc. — Vigne à vin très fertile.

Caccio nero. Italie, Marches. [C. de R.] BOUR-GEONNEMENT glabre ou presque glabre, unicolore, d'un vert clair. Feuille moyenne, presque orbiculaire, d'un vert foncé, lisse et à peu près glabre sur les deux faces, d'un vert foncé. Grappe grosse, lâche, formée de grapillons bien détachés. Grain moyen ou sur-moyen, globuleux ; peau assez fine, peu résistante, d'un noir azuré à la Maturité qui est de 3e époque. — Synonymes : *Empibotte*, *Uva-grossa*, etc., etc. — Cépage d'abondance pour vin d'ordinaire.

Cahors. Loir-et-Cher. Voir *Malbeck* ou *Côt.*

Caillaba noir. Hautes-Pyrénées. [C. O.] Voir *Muscat noir.*

Calabrais blanc. [J. B. de D.] Voir *Raisin de Calabre.*

Calabrese bianca. Sicile. [B. M.] Bourgeonnement duveteux d'un roux clair, passant au vert jaunâtre brillant sur les jeunes feuilles épanouies. Feuille adulte sur-moyenne ou grande, un peu tourmentée, glabre et presque lisse super., légèrement garnie infer., surtout sur les nervures, d'un poil court et raide. Grappe grosse, ailée, un peu rameuse, peu serrée, cylindro-conique. Grain gros, olivoïde, bien attaché ; chair ferme, juteuse, sucrée, bien relevée ; peau épaisse, assez résistante, d'un beau jaune doré à la Maturité qui est de la 3e époque.

Calabrese Cappuciu nero. Sicile. [B. M.]
FEUILLE moyenne, glabre et presque lisse super.,
garnie infer. d'un duvet lanugineux très fin, très
court. GRAPPE moyenne, assez serrée, cylindro-
conique. GRAIN moyen, légèrement ellipsoïde; chair
un peu molle, juteuse, assez sucrée ; peau épaisse,
bien résistante, d'un beau noir pruiné à la MATU-
RITÉ qui est de la 3ᵉ époque hâtive.

Calabrisi d'Avola. Sicile. [B. M.] FEUILLE
sur-moyenne, presque plane, lisse et glabre super.,
presque glabre infer., peu profondément sinuée.
GRAPPE sur-moyenne, un peu allongée, cylindrique, un peu conique, peu serrée. GRAIN sur-
moyen, de forme ellipsoïde; chair ferme, croquante, bien sucrée et bien relevée ; peau d'un
beau noir pruiné à la MATURITÉ qui est de 3ᵉ
époque tardive.

Calipuntu madura. Sardaigne. [B. M.]
FEUILLE moyenne ou à peine moyenne, très légèrement parsemée super. d'un léger duvet pileux,
court, un peu sensible au toucher, garnie infer.
d'un duvet pileux, court, assez épais. GRAPPE sur-
moyenne ou grosse, un peu serrée, cylindro-conique; grain gros, sphéro-ellipsoïde ; chair un peu
molle, bien juteuse, bien sucrée, relevée, agréable ;

peau mince, peu résistante, passant du vert blanchâtre au jaune doré à la Maturité qui est de 3e
époque hâtive.

Calitor. Languedoc. [A. P.] Voir *Brachetto* ou
Pecouitouar.

Camaraou. Basses-Pyrénées. [Frc.] Feuille
sur-moyenne, assez profondément sinuée, un peu
tourmentée, glabre super., garnie infer. d'un duvet
lanugineux assez épais. Grappe sous-moyenne,
cylindro-conique, ailée, un peu serrée. Grain
moyen, sphéro-ellipsoïde ; chair assez ferme, bien
juteuse, sucrée ; peau un peu épaisse, bien résistante, d'un blanc jaunâtre à la Maturité qui arrive
à la 3e époque.

Camby's Augusta. Amérique. [I. B. et M.]
Bourgeonnement duveteux, d'un roux clair, passant
au rose, puis au vert clair sur les jeunes feuilles
épanouies. Feuille adulte sous-moyenne, glabre et
lisse super., garnie infer. d'un léger duvet très fin
presque imperceptible. Grappe petite, cylindrique,
arrondie à ses extrémités. Grain petit ou sous-
moyen, peu serré, globuleux ; chair un peu ferme,
un peu pulpeuse, sucrée, relevée d'un goût foxé
assez prononcé ; peau épaisse, résistante, d'un beau
noir violacé à la Maturité qui arrive à la 2e épo-

que hâtive. — D'après M. I. Bush, Camby's Augusta serait synonyme de *York's Madeira*. Dans nos collections, ces deux variétes nous paraissent distinctes.

Caminada (muscat). Voir *Muscat Caminada*.

Canada. Hybride, Amérique. [I. B. et M.] Bourgeonnement duveteux, d'un blanc jaunâtre, passant au vert clair ; jeunes feuilles d'un vert jaunâtre. Feuille adulte d'un vert clair, glabre, lisse et presque super., garnie infer. d'un léger duvet lanugineux, peu profondément sinuée. Grappe petite, cylindro-conique, arrondie à ses deux extrémités. Grain petit, à peu près globuleux ; chair un peu molle, assez sucrée et à saveur simple ; peau un peu épaisse, bien résistante, d'un noir un peu pruiné à la Maturité qui est de 1re époque.

Canaiolo ou **Uva Canaiola**. Italie, les Marches. [C. de R.] Feuille grande à cinq lobes divisés par des sinus peu profonds, glabre super., garnie infer. par un duvet pileux raide. Grappe grosse, longue, cylindro-conique, assez serrée. Grain gros, ellipsoïde ; chair ferme, bien sucrée et à saveur simple, bien juteuse ; peau assez épaisse, peu résistante, d'un noir bleuâtre à la Maturité qui est de 3e époque. — Synonymes : *Uva dei*

Cani, Uva Marchigiana, Uva donna, Uva merla, Uva grossa, etc.

Canari noir. Ariège. [C. de R.] Bourgeonnement entièrement cotonneux, blanchâtre, teinté de rouge, bronzé sur les folioles. Feuille moyenne, presque orbiculaire, peu ou point sinuée, glabre super., un peu garnie en dessous de duvet cotonneux. Grappe moyenne, courtement cylindro-conique, peu serrée. Grain gros, globuleux ; chair un peu ferme, croquante, sucrée et juteuse ; peau ferme, résistante, assez épaisse, d'un noir pruiné à la Maturité qui est de 3ᵉ époque.

Canina nera. Italie, Ravenne. [C. de R.] Bourgeonnement cotonneux, blanchâtre, avec les pointes des lobes des jeunes feuilles incurvées en dessous. Feuille moyenne ou sur-moyenne, presque orbiculaire, ordinairement plus large que longue, glabre super., garnie infer. d'un duvet pileux serré. Grain moyen, globuleux ; chair assez ferme, juteuse, sucrée, mais un peu astringente ; peau assez épaisse, résistante, non transparente, d'un beau noir glauque et pruiné. Maturité, 3ᵉ époque.

Cannonau ou **Cannonaddu**. Sardaigne. [B. M.] Bourgeonnement d'un gris verdâtre, un peu duveteux. Feuille sur-moyenne, peu sinuée,

glabre super., garnie infer. d'un léger duvet lanugineux. GRAPPE sous-moyenne, courtement cylindro-conique, peu serrée. GRAIN sous-moyen, globuleux ou légèrement ellipsoïde ; chair ferme ,
juteuse, sucrée, bien relevée ; peau épaisse, résistante, d'un noir foncé, pruiné à la MATURITÉ qui
est de 3ᵉ époque.

Canut ou **Œil de Tours**. Lot-et-Garonne.
[D'I. de M.] BOURGEONNEMENT duveteux, rosé sur
les bords des folioles, passant au vert jaunâtre.
FEUILLE moyenne, aussi large que longue, glabre
et lisse super., parsemée infer. d'un duvet aranéeux, passant parfois au floconneux. GRAPPE
moyenne, courtement cylindro-conique, un peu
lâche. GRAIN sur-moyen, ellipsoïde ; chair molle,
juteuse, sucrée, assez agréable ; peau épaisse,
sujette à la pourriture, d'un jaune clair à la MATU-
RITÉ qui est de 3ᵉ époque.

Carignane noire. Hérault, Provence et Languedoc. [A. P.] BOURGEONNEMENT duveteux, teinté
de rouge, violacé sur le pourtour inférieur des
folioles, nuancé de jaune sur la jeune feuille.
FEUILLE adulte grande, un peu épaisse, un peu tourmentée, glabre super., parsemée infer. d'un duvet
lanugineux tournant parfois au floconneux. GRAPPE
sur-moyenne ou grosse, un peu ailée, cylindro-

conique, un peu courte. Grain assez gros ou moyen, presque globuleux ; chair assez ferme, juteuse, un peu relevée ; peau assez fine, assez résistante, d'un beau noir pruiné à la Maturité de 3e époque.

Carignane rose. [J. B. de D.] Feuille grande, sinuée assez profondément, glabre et presque plane sup., garnie infer. d'un léger duvet lanugineux. Grappe moyenne ou sur-moyenne, cylindro-conique, ailée, serrée ou assez serrée. Grain moyen, ellipsoïde ; chair un peu ferme, bien juteuse et sucrée ; peau un peu fine, assez résistante, d'un rose un peu foncé pruiné à la Maturité qui est de 3e époque.

Carmenère. Bordelais. [M. d'A.] — Ce cépage ne nous semble pas être assez tranché et assez différent de ceux du Cabernet franc pour qu'on en fasse une variété proprement dite.

Carnare noire. Isère, Anjou. [N.] Feuille à peine moyenne, presque orbiculaire ou insensiblement sinuée, glabre super., très duveteuse infer. Grappe moyenne, courtement cylindro-conique, serrée. Grain moyen, à peu près globuleux ; chair un peu ferme, juteuse, sucrée et bien relevée ; peau assez fine, résistante, d'un noir foncé un peu pruiné à la Maturité qui est de 2e époque. — Variété très ancienne, aujourd'hui peu cultivée, quoique de bonne qualité.

Cascarollo blanc. Piémont. [C. de R.] BOURGEONNEMENT peu duveteux, d'un roux clair passant au vert jaunâtre. FEUILLE profondément lobée, finement bullée et glabre super., garnie infer., surtout sur les nervures, d'un duvet pileux court et fin. GRAPPE moyenne, longuement cylindro-conique, peu serrée ou lâche. GRAIN un peu ellipsoïde, de moyenne grosseur ; chair un peu ferme, bien juteuse, bien sucrée et relevée ; peau assez épaisse, bien résistante, passant du blanc jaunâtre à une teinte rousse au moment de la MATURITÉ de 2ᵉ époque tardive.

Caserno. Angers. [Semis de Moreau Robert, 1856. Dʳ H.] FEUILLE sous-moyenne, presque plane et glabre super., légèrement duveteuse infer., peu profondément sinuée. GRAPPE sous-moyenne ou petite, cylindro-conique, arrondie à ses extrémités. GRAIN sous-moyen ou petit, de forme ellipsoïde peu allongée ; chair un peu molle, juteuse, assez sucrée, peu relevée ; peau un peu épaisse, peu résistante, d'un noir foncé à la MATURITÉ qui est précoce ou de toute 1ʳᵉ époque. — Cette variété ne se recommande que par sa maturité hâtive.

Castet. Bordelais, Entre-deux-Mers. [P. Rejaud.]
Feuille grande ou très grande, peu profondément
lobée, d'un vert un peu foncé, glabre et légèrement
boursouflée super., garnie infer. d'un duvet lanugineux. Grappe grosse, cylindro-conique, ailée,
un peu serrée ou serrée. Grain sous-moyen ou
petit, globuleux ; chair un peu ferme, juteuse et
sucrée, avec une pointe d'astringence ; peau un peu
épaisse, assez résistante, d'un beau noir un peu
pruiné à la Maturité qui est de 2° époque. — Le
Castet est une des variétés de vignes qui résistent
le mieux au mildew.

Catalan. Voir *Mourvèdre*, qui se cultive beaucoup en Catalogne.

Catalano. Voir *Nirello des Calabres*.

Catarrattu biancu (dialecte sicilien) ou
Catarratto. [B. M.] Bourgeonnement duveteux
blanc verdâtre, teinté de carmin sur le pourtour des
folioles qui passent à un beau vert brillant lorsqu'elles sont étalées. Feuille adulte moyenne ou
sur-moyenne, un peu épaisse, tourmentée, un peu
bullée, d'un beau vert foncé, glabre super., garnie
infer, d'un duvet lanugineux, pileux sur les nervures. Grappe sur-moyenne, plus ou moins serrée,
ordinairement cylindro-conique, parfois bien ailée.

GRAIN moyen règulièrement globuleux; chair juteuse, assez ferme, surtout en coteau, à saveur simple assez relevée; peau ferme, résistante, d'un jaune clair pruiné qui passe au jaune ombré à la MATURITÉ de 3ᵉ époque. — Le Catarrattu est fort estimé en Sicile; c'est ce cépage qui produit les vins célèbres de Marsala. Les viticulteurs siciliens cultivent encore le Catarrattu ou Caricanti de l'Etna ou Catarrattu à la Porta, le Catarrattu amantidatto, le Catarrattu latinu, le Catarrattu niuru ou Catarratto nero. Cette dernière variété est moins appréciée que la variété blanche et de maturité plus tardive.

Catawba rouge. Amérique. [H. M.] BOURGEONNEMENT fortement duveteux, blanchâtre, avec une teinte rosée sur le bord supérieur des folioles; jeunes feuilles épanouies d'un vert jaunâtre passant au vert clair à leur complet développement. FEUILLE sur-moyenne, un peu plus longue que large, garnie infer. d'un duvet lanugineux assez compacte, glabre et d'un vert un peu terne super.: sinus peu profonds, sinus pétiolaire fermé par l'extrémité des lobes inférieurs. GRAPPE moyenne, cylindro-conique, assez serrée; pédoncule court et un peu grêle; pédicelles courts et verruqueux. GRAIN globuleux, sur-moyen; chair pulpeuse à saveur foxée, assez sucrée ; peau épaisse, d'un rouge foncé pruiné à la Maturité qui est de 2ᵉ époque. — Variété un peu abandonnée.

Cenerola bianca. Piémont. [M. I.] Bourgeonnement duveteux, d'un vert jaunâtre. Feuille sous-moyenne, bien duveteuse infer., presque lisse super. Grappe grosse, cylindro-conique, un peu serrée. Grain sous-moyen, globuleux ; chair un peu ferme, bien sucrée et à saveur simple ; peau un peu épaisse, bien résistante, d'un beau jaune doré à la Maturité qui est de 3ᵉ époque. — Raisin de table estimé en Piémont ; il pourrait être introduit avec avantage dans nos régions méridionales.

Cenerola nera. Piémont. [M. I.] La vigne Cenerola nera, dit M. le marquis Incisa dans son catalogue descriptif, est rustique et bien fertile ; toutefois elle souffre des froids rigoureux et prolongés, comme aussi de l'oïdium. Ce cépage est estimé pour son vin qui entre en mélange avec celui de la Barbera et de la Bonarda.

Ceresa. [B. M.] Feuille moyenne, glabre et presque lisse super., légèrement garnie infer., sur les nervures, d'un duvet pileux ; sinus supérieurs assez profonds, les secondaires marqués, celui du pétiole ordinairement fermé, pétiole assez long et fort, denture assez large et inégale. Grappe moyenne, cylindro-conique, un peu serrée. Grain moyen, à peu près globuleux ; chair molle, juteuse, à saveur relevée, un peu sucrée ; peau un peu fine, d'un noir rougeâtre à la Maturité qui est de 2ᵉ époque tardive. — Bon raisin de table.

César ou **Romain**. Yonne. [N.] Bourgeonnement très duveteux, blanchâtre, passant au vert jaunâtre; folioles profondément découpées. Feuille moyenne ou sur-moyenne, glabre super., garnie infer. d'un duvet pileux ; sinus supérieurs assez profonds, sinus pétiolaire presque fermé ; pétiole fort, denture inégale. Grappe sur-moyenne, un peu serrée, cylindro-conique ; pédoncule un peu long, fort, bien attaché. Grain moyen, globuleux ; pédicelles assez longs et un peu forts ; chair un peu molle, juteuse, assez sucrée et à saveur simple ; peau d'un beau noir pruiné à la Maturité qui est de 2ᵉ époque hâtive. — Variété recommandée pour la production de bons vins d'ordinaire.

Champin. Voir *Vigne Champin*.

Chanti. Caucase. [B. de L.] Bourgeonnement d'un vert clair passant au vert jaunâtre sur la face supérieure des folioles. Feuille sur-moyenne, glabre super., garnie infer. d'un duvet lanugineux; sinus supérieurs assez profonds, sinus pétiolaire ouvert; denture large, un peu obtuse; pétiole assez fort. Grappe petite ou sous-moyenne; pédoncule assez fort et assez long. Grain sous-moyen porté par un pédicelle un peu grêle, assez long; chair un peu molle, juteuse, assez sucrée; peau un peu épaisse, peu résistante, passant au jaune verdâtre à la Maturité qui est de 3ᵉ époque.

Chany noir de Brioude. [F. P.] Bourgeonnement rougeâtre passant au blanc duveteux légèrement teinté de rose sur le revers des folioles. Feuille moyenne, glabre et un peu bullée super., garnie infer. d'un duvet lanugineux ou pileux sur les nervures; sinus supérieurs profonds, sinus pétiolaire fermé, pétiole long et fort; denture un peu large. Grappe moyenne, cylindro-conique, ailée, portée par un pédoncule assez long et fort. Grain sur-moyen, courtement ellipsoïde; chair ferme, juteuse, sucrée, à saveur de Sauvignon; peau épaisse, peu résistante, d'un noir rougeâtre pruiné à la Maturité qui est de 3ᵉ époque.

Chany gris. Isère. Bourgeonnement d'un roux rosé duveteux passant au blanc verdâtre. Feuille sur-moyenne, un peu plus longue que large, glabre et presque lisse super., garnie infer. d'un

léger duvet lanugineux, assez profondément sinuée.
GRAPPE moyenne, cylindro-conique, un peu ailée,
un peu serrée. GRAIN sous-moyen ou petit, à peu
près globuleux ; chair un peu ferme, juteuse, assez
sucrée ; peau un peu épaisse, résistante, d'un rouge
grisâtre un peu pruiné à la MATURITÉ de 2ᵉ époque.

Chaouch ou **Chaous**. Egypte. [J. R.] BOUR-
GEONNEMENT bien duveteux, d'un rose violacé.
GRAPPE rudimentaire dépassant les jeunes feuilles
lors du débourrement. FEUILLE très grande, ordinairement tourmentée, glabre et légèrement bour-
soufflée super., garnie infer. d'un duvet aranéeux ;
sinus supérieurs assez profonds, sinus pétiolaire
étroit ou fermé ; denture large et profonde. GRAPPE
moyenne ou sur-moyenne lorsqu'elle n'est pas
millerandée. GRAIN gros, ellipsoïde, porté par des
pédicelles assez forts ; chair assez ferme, juteuse,
sucrée, agréable, à saveur simple ; peau épaisse,
bien résistante, passant du blanc verdâtre au jaune
doré à la MATURITÉ de 2ᵉ époque. — Beau et
bon raisin de table un peu sujet à la coulure.
Le Chaouch doit toujours être conduit à grand
développement en espalier ou en contre-espalier.

Chaptal blanc. [D. H.] Variété de Chasselas
qui diffère du type, le Chasselas doré, par une
FEUILLE plus petite et par la couleur du grain qui

se teinte de jaune dès le commencement de
la Maturité. La Grappe du Chaptal est moins
grosse ; quant à la qualité de son fruit, elle ne
semble pas différer de celle du Chasselas.

Chardonay du Mâconnais. Voir *Pineau
blanc Chardonay*.

Chardonay musqué. Voir *Pineau blanc
Chardonay musqué*.

Charka de Nikita. [J. B. de D.] Bourgeonnement un peu duveteux, légèrement teinté de
rose. Feuille moyenne, glabre et à peu près lisse
super., duveteuse infer.; sinus supérieurs assez profonds. Grappe sur-moyenne ou grande, cylindre-co-
nique, un peu ailée. Grain moyen, sphérique, un
peu serré, d'un jaune doré à la Maturité qui est
de 3° époque.

Chasselas Bulhery. Angers. [Dr H.] Semis
de Moreau-Robert. — Variété de Chasselas qui se
rapproche beaucoup du Chasselas doré, mais qui est
un peu plus précoce.

Chasselas Cioutat. Chasselas à feuilles
lasciniées, Petersilientraube des Allemands, Per-
sillade, etc., etc., n'est pas autre chose qu'un acci-
dent fixé du Chasselas blanc ordinaire ou Chasselas
doré.

Chasselas Coulard. Cette variété de vigne se distingue du Chasselas ordinaire par son bois gros et court, noué, par sa Feuille un peu épaisse, garnie infer., surtout sur les nervures, d'un duvet pileux assez rude, par ses Grains gros, globuleux, par sa peau un peau épaisse, d'un beau jaune doré et par une Maturité qui devance de cinq à six jours celle du Chasselas. — Variété très recommandable pour sa beauté et sa qualité, mais sujette à la coulure et peu vigoureuse. Cultivé en serre, il ne coule pas. Il faut employer pour sa multiplication des boutures bien sélectionnées.

Chasselas croquant. [J. B. de D.] Voir *Raisin de Calabre* ou *Calabrèse*.

Chasselas de Bordeaux et **Chasselas de Florence**. Ont absolument les mêmes caractères que ceux du Chasselas doré.

Chasselas de Montauban à gros grains. [C. O.] Voir *Chasselas Coulard*.

Chasselas de Montauban à grains transparents. Ne diffère en rien du Chasselas doré ordinaire.

Chasselas de Negrepont. [C. O.] Variation du Chasselas rose royal. Grappe un peu plus courte. Grain d'un rose plus foncé.

Chasselas de Pondichéry. [F. G.] Voir
Chasselas doré.

Chasselas doré de Fontainebleau. Bourgeonnement de couleur grenat, glabre ou presque
glabre. Feuille moyenne un peu plus longue que
large, glabre super., légèrement garnie infer., sur
les nervures, d'un duvet pileux hérissé; sinus supérieurs assez profonds, sinus pétiolaire presque fermé
ou étroit; denture large, un peu profonde; pétiole
assez long et fort. Grappe moyenne ou sur-
moyenne, cylindro-conique, un peu ailée ou ailée,
lâche ou un peu serrée, suivant la nature du sol;
pédoncule de moyenne force et assez long. Grain
moyen ou sur-moyen, globuleux, pédicelles un
peu courts et un peu grêles; peau fine et bien
résistante, d'abord d'un vert clair qui passe au
blanc verdâtre teinté de jaune et souvent frappé
de roux doré du côté du soleil lors de la Maturité
qui est de 1re époque; chair bien juteuse, tantôt
ferme, tantôt un peu molle, suivant les sols, assez
relevée et à saveur simple. -- Le Chasselas doré
est le type de tous les *Chasselas vrais*, qui ne
paraissent en différer que par des variations de
couleur dans le fruit, les autres caractères restant
à peu près les mêmes. Ce cépage est spécialement
cultivé pour la table en France où il donne lieu à

un commerce considérable. Dans la haute vallée du Rhin, en Allemagne, et dans la haute vallée du Rhône, en Suisse, le Chasselas, sous le nom de *Gut edel* et de *Fendant roux*, est le cépage le plus cultivé pour la vinification. — Synonymes : *Chasselas de Fontainebleau, Mornen, Morlenche, Lardot, Valais blanc*, etc., en France ; *Gut edel, Most rebe*, etc., en Allemagne ; *Fendant roux*, en Suisse, etc., etc.

Chasselas du Doubs. [D' H.] Voir *Chasselas doré*.

Chasselas Duhamel. [Semis de Moreau-Robert, 1850.] Reproduit à peu près identiquement le Chasselas Coulard.

Chasselas hâtif de Ténérif. [F. G.] Cette prétendue variété ne diffère pas du Chasselas doré.

Chasselas jaune de la Drôme. — Voir *Chasselas doré*.

Chasselas musqué vrai. [C. O.] Ce Chasselas se distingue bien du Chasselas doré par ses Feuilles révolutées en dessous, par une Grappe courtement cylindrique, à Grains un peu serrés, finement mais non fortement musqués. — Excellente variété qui se conserve bien.

Chasselas Napoléon. Sous ce nom, les pépiniéristes désignent un cépage qui n'a aucun des
caractères du Chasselas; son véritable nom est *Bicane*, d'après le comte Odart.

Chasselas noir (Lyonnais). Voir *Mornen
noir*.

Chasselas queen Victoria. [F. G.] Reproduit identiquement le Chasselas doré.

Chasselas rose d'Alsace. [Dr H.] Voir
Chasselas rose royal.

Chasselas rose de Falloux. De tous les
Chasselas roses, c'est celui qui est teinté le plus
clair, c'est un des plus fins. Il est bien caractérisé
par ses Feuilles minces un peu révolutées en dessous.

Chasselas rose de la Meurthe. [Dr H.]
Voir *Chasselas violet*.

Chasselas rose royal. [C. O.] Se teinte de
rose seulement au moment où il va mûrir, ce qui
le distingue nettement du Chasselas violet, qui
revêt cette teinte dès qu'il a passé la fleur. —
Synonymes : *Roth Moster*, *Roth Edel*, *Rother Krac
Most*, Allemagne, etc., etc.

Chasselas Saint-Fiacre. [F. G.] N'est pas
un Chasselas ; il a tous les caractères du Muscat
Ottonel.

Chasselas Tramontaner. Donné d'abord comme synonyme du Chasselas rose royal ; nous reconnaissons aujourd'hui qu'il s'en distingue par la couleur rose plus foncée de son GRAIN et surtout par sa FEUILLE qui se macule légèrement de rouge au moment de la MATURITÉ du raisin. Sur tous les autres Chasselas, cette tache n'existe pas.

Chasselas Vibert. Ce semis de M. Moreau-Robert, 1850, ne fait que reproduire à peu près identiquement le Chasselas Coulard.

Chasselas violet. [C. O.] Très bien caractérisé par son BOURGEONNEMENT et ses jeunes pousses d'un rouge violacé, par sa GRAPPE qui passe à cette même couleur aussitôt après la floraison et pendant la période de son accroissement. Au moment où elle va entrer en maturation, les baies passent à la couleur blanche verdâtre ou légèrement rosée, puis tournent au rose plus ou moins foncé, suivant l'exposition, à la pleine MATURITÉ.

Tous les Chasselas qui viennent d'être décrits sont de 1re époque.

Chauché gris. Poitou. [C. O.] BOURGEONNEMENT passant du roux clair au blanc, duveteux rose sur le revers et le sommet des folioles. FEUILLE moyenne, duveteuse infér., à peu près lisse super.; sinus profonds ou assez profonds. Grappe moyenne ou sous-moyenne, un peu claire. Grain moyen, de forme ellipsoïde ; chair assez juteuse et sucrée; peau peu résistante à la pourriture, d'un gris rose à la Maturité qui est de 2ᵉ époque.

Chauché noir. Poitou. [C. O.] Même Bourgeonnement à peu près que le Chauché gris. Feuille moyenne, un peu tourmentée, duveteuse infer.; sinus assez profonds. Grappe moyenne ou sous-moyenne, un peu claire, cylindro-conique, un peu ailée. Grain moyen, de forme ellipsoïde ; chair juteuse, sucrée, à saveur simple; peau assez ferme, peu résistante, d'un noir un peu pruiné à la Maturité qui est de 2ᵉ époque.

Chaunand. Ambérieu, Ain. [N.] Bourgeonnement duveteux. Feuille grande ou sur-moyenne, garnie infer. d'un duvet assez compacte, velouté ; sinus profonds; denture très large, un peu obtuse. Grain moyen, presque globuleux ; peau épaisse, résistante, d'un noir pruiné à la Maturité qui est de 2ᵉ époque.

Chenin blanc. Indre-et-Loire. [C. O.] Bourgeonnement duveté blanc, légèrement violacé sur le revers des folioles. Feuille moyenne, glabre et lisse super., lanugineuse infer.; sinus supérieurs

assez profonds ; denture peu profonde et peu aiguë.
GRAPPE sous-moyenne, peu serrée. GRAIN globuleux ou presque globuleux ; chair un peu molle,
bien juteuse, sucrée, relevée ; peau fine, peu résistante, d'un jaune clair à la MATURITÉ qui est de
2ᵉ époque.

Chenin noir. Loir-et-Cher. [C. O.] BOURGEON-
NEMENT duveteux, blanc, teinté de rouge violacé.
FEUILLE moyenne, un peu épaisse, glabre super.,
avec duvet aranéeux infer.; sinus supérieurs assez
profonds ; denture inégale, un peu obtuse. GRAPPE
sur-moyenne ou moyenne, assez serrée, cylindro-
conique, un peu ailée. GRAIN moyen, globuleux ;
chair juteuse, légèrement acidulée, à saveur
simple ; peau épaisse, assez résistante, d'un noir
pruiné à la MATURITÉ qui est de 2ᵉ époque.

Chérès ou **Malvoisie de Sitjes**. Espagne.
[C. O.] BOURGEONNEMENT très duveteux, teinté de
rose sur le pourtour des feuilles naissantes. FEUILLE
grande, légèrement duveteuse super., fortement duveteuse infer.; sinus profonds ; denture
courte et obtuse. GRAPPE grosse, bien rameuse,
lâche, portée par un pédoncule grêle assez long.
GRAIN sur-moyen, courtement ellipsoïde, sur
un pédicelle un peu long et très grêle ; peau

fine, assez résistante, d'un jaune verdâtre à la
Maturité qui est de 3e époque. •

Chétuan. Ain. Voir *Mondeuse.*

Chevalin. Ambérieu, Ain. [N.] Feuille sur-
moyenne, presque orbiculaire, glabre super.,
fortement duvetée infer.; sinus peu profonds ou
presque nuls. Grappe moyenne ou sous-moyenne,
courtement conique, ailée, un peu serrée,
pédoncule court. Grain petit, globuleux, sur des
pédicelles grêles; chair un peu ferme, juteuse,
à saveur simple; peau fine, assez résistante, d'un
jaune doré à la Maturité de 2e époque.

Chevalier de Rovasenda. [B. M. Semis
de M. le baron Mendola.] Bourgeonnement
presque glabre, d'un jaune clair. Feuille
moyenne, un peu tourmentée, glabre et à peu
près lisse avec duvet pileux infer.; sinus assez
profonds; denture large, assez profonde, obtuse.
Grappe sur-moyenne, un peu serrée, courtement
cylindro-conique. Grain sur-moyen, globuleux
sur un pédicelle un peu grêle et un peu court;
chair ferme, juteuse, sucrée, à saveur simple;
peau épaisse, résistante, d'un noir rougeâtre à
la Maturité qui est de 3e époque. — Cette vigne
de semis a été dédiée par son obtenteur au grand

ampélographe italien, M. de Rovasenda. C'est un bon et beau raisin qui mérite d'être propagé.

Chevrier. Dordogne. Voir *Sémillon*.

Chichaud. Ardèche. [N.] BOURGEONNEMENT duveteux, grisâtre passant au vert clair brillant. FEUILLE sous-moyenne ou moyenne, à peu près lisse et glabre sur les deux faces ; sinus assez profonds ; denture obtuse, assez large, peu profonde. GRAPPE sur-moyenne, cylindro-conique, serrée ; pédoncule court et fort. GRAIN sphéro-ellipsoïde, sur-moyen ; pédicelle court et fort ; chair ferme, sucrée, juteuse et relevée ; peau assez résistante, d'un beau noir pruiné à la MATURITÉ de 2e époque hâtive.

Cinerea. [J. B. et M.] Espèce sauvage d'Amérique caractérisée par des SARMENTS grêles, côtelés, pubescents ; par des FEUILLES cordiformes, sous-moyennes, profondément découpées. GRAPPE petite, courtement arrondie. GRAIN très petit, peu pruiné, à saveur acide. — Cépage recommandé comme porte-greffe dans les terrains crétacés : très difficile à multiplier par le bouturage.

Cinquien. Jura. [C. R.] BOURGEONNEMENT tardif, duveté, teinté de rose. FEUILLE grande ou sur-moyenne, presque orbiculaire, bullée ;

sinus assez profonds, presque fermés ; denture
peu profonde, étroite et un peu aiguë. Grappe
moyenne, presque cylindrique, sur un pédoncule
long et fort. Grain sous-moyen, presque ellipsoïde ;
chair ferme, juteuse, à saveur simple ; peau
épaisse, résistante, d'un vert un peu jaunâtre à la
Maturité de 2ᵉ époque.

Cinsaut. Hérault. Voir *Boudalès*.

Cinsaut-Bouschet. [Semis de Bouschet de
Bernard.] Bourgeonnement presque glabre. Feuille
sur-moyenne ou moyenne, presque glabre ; sinus
supérieurs assez profonds. Grappe moyenne, courtement cylindro-conique ; pédoncule long et un
peu grêle. Grain moyen, presque ellipsoïde sur
un pédicelle long et fort ; chair ferme, assez
juteuse, peu relevée et à jus rouge ; peau épaisse,
assez résistante, d'un noir violacé à la Maturité
de 2ᵉ époque.

Ciolina bianca. Piémont. — Serait synonyme, d'après le chevalier de Rovasenda, de
Pizzutello ou *Cornichon*.

Cipro bianco. Ile de Chypre. [C. de R.] Bourgeonnement un peu duveteux, blanchâtre. Feuille
grande, glabre sur les deux faces, un peu rugueuse ;
sinus profonds, étroits ou bien fermés ; denture

large et profonde. GRAPPE sur-moyenne, cylindro-
conique. GRAIN assez gros, légèrement ellipsoïde,
d'un blanc jaunâtre à la MATURITÉ qui est de
3ᵉ époque.

Cipro nero. BOURGEONNEMENT verdâtre, presque
glabre, teinté de rouge vif sur le bord des folioles.
FEUILLE grande, légèrement pileuse infer. ; sinus
assez profonds et étroits ; denture aiguë. GRAPPE
moyenne ou sur-moyenne, cylindro-conique. GRAIN
gros, courtement ellipsoïde, d'un noir bleuâtre à la
MATURITÉ de 3ᵉ époque. — C'est le raisin qui produit le vin de la Commanderie à l'île de Chypre.

Circé blanc. [Semis de Moreau-Robert. Dʳ H.]
BOURGEONNEMENT duveteux, teinté de rose. FEUILLE
moyenne, glabre super., légèrement duveteuse
infer. ; sinus supérieurs assez profonds. GRAPPE
moyenne. GRAIN globuleux, assez gros, d'un blanc
jaunâtre à la MATURITÉ qui est de 1ʳᵉ époque.

Clairette blanche. Provence, Languedoc.
[A. P.] BOURGEONNEMENT très duveteux, blanc.
FEUILLE moyenne, d'un vert foncé, glabre super.,
garnie infer. d'un duvet blanc, lanugineux, très
épais ; sinus peu profonds, celui du pétiole ordinairement fermé. GRAPPE moyenne, cylindro-
conique, un peu ailée, peu serrée. GRAIN sous-

moyen, olivoïde ; pédicelles assez longs, un peu grêles ; chair ferme, juteuse, sucrée, relevée, à saveur simple ; peau mince, d'un blanc verdâtre passant au jaune à la MATURITÉ de 3ᵉ époque.

Clairette noire. Dans la Drôme, on donne par erreur le nom de *Clairette noire* au *Mour-vèdre*. Le vrai type noir de la *Clairette blanche* n'existe pas que nous sachions.

Clairette rose. [J. B. de D.] Ce cépage est en tous points semblable à la *Clairette blanche*, sauf la couleur du raisin qui est, à la maturité, d'un rose plus ou moins foncé suivant le sol ou l'exposition.

Clairette rousse. [H. M.] La Clairette rousse ne diffère de la blanche que par la couleur rousse de ses grains dans les sols chauds et bien ensoleillés ; lorsqu'elle est plantée en sol argileux, frais ou humide, elle reprend la couleur blanche ordinaire.

Claverie noire. Landes. [F. G.] Synonyme de *Côt*.

Clinton. Amérique. [Laliman.] BOURGEONNEMENT duveteux, d'un roux grisâtre. FEUILLE sous-moyenne, d'un vert foncé, lisse super., garnie infer. d'un duvet pileux, court et peu apparent ; sinus supérieurs peu profonds, sinus pétiolaire ouvert; denture un peu large, finement acuminée. Grappe petite, peu serrée, courtement cylindrique. Grain petit, globuleux; pédicelle court; chair ferme, pulpeuse, acidulée, relevée par un goût foxé; peau épaisse, très résistante, d'un noir bleuâtre pruiné à la Maturité qui débute avec celle des vignes de 1re époque, mais qui est longue à se parfaire.

Clinton hybride. Amérique. [J. P. B.] Bourgeonnement duveteux, roussâtre, passant un peu au rose sur le bord des folioles. Feuille moyenne ou sur-moyenne, glabre et lisse super., pileuse infer. sur les nervures; sinus assez profonds, celui du pétiole presque fermé; denture large et assez aiguë. Grappe moyenne ou sur-moyenne, cylindro-conique. Grain moyen, légèrement ellipsoïde, d'un noir foncé, un peu pruiné à la Maturité qui débute plus tard que celle du Clinton, mais qui s'accomplit plus tôt. — Comme production directe, le Clinton hybride est bien préférable au Clinton commun.

Clinton Vialla. [Robin.] Semis de M. Laliman reproduisant à peu près le *Clinton ordinaire*, et que l'on confond à tort avec le *Vialla vrai,* qui est un semis de M. Durieu de Maisonneuve, ancien directeur du Jardin botanique de Bordeaux.

Coddu curtu. Sicile. [B. M.] Bourgeonnement duveteux, grisâtre, teinté de violet sur le bord des folioles. Feuille grande, glabre super., garnie infer. d'un duvet pileux, épais; sinus supérieurs profonds, sinus pétiolaire presque fermé; denture moyenne, obtuse. Grappe moyenne, cylindro-conique, ailée, un peu serrée. Grain moyen, ellipsoïde; chair assez ferme, juteuse, sucrée, peu relevée; peau un peu épaisse, bien résistante, d'un blanc jaunâtre à la Maturité qui est de 3ᵉ époque. — M. le baron Mendola dit que ce raisin fait des vins délicats et délicieux : il est, dit-il, excellent à manger et préférable au *Chasselas*.

Codigoro nero. Bouches du Pô. [C. de R.] Bourgeonnement presque glabre, d'un vert jaunâtre. Feuille moyenne, presque glabre ou finement pileuse infer.; sinus supérieurs assez profonds, sinus pétiolaire fermé. Grappe sur-moyenne, rameuse, longuement cylindro-conique et un peu lâche. Grain moyen ou sur-moyen, globuleux ou légèrement ellipsoïde ; chair juteuse, sucrée, à saveur simple; peau mince, assez résistante, d'un beau noir pruiné à la Maturité qui est de 1ʳᵉ époque. — Raisin de cuve bien fertile, qui pourrait se cultiver avec avantage dans nos vignobles du Centre de la France.

Cola tamburo. [B. M.] Bourgeonnement duveteux, d'un blanc jaunâtre. Feuille moyenne, d'un vert foncé, lisse et glabre super., garnie infer. d'un duvet lanugineux fin et floconneux; sinus assez profonds, étroitement ouverts, celui du pétiole fermé. Grappe moyenne, cylindro-conique, assez serrée. Grain petit, globuleux; chair assez ferme, juteuse et sucrée; peau assez résistante, d'un vert blanchâtre passant au jaune à la Maturité qui est de 3ᵉ époque hâtive. — M. Perreli, dans ses descriptions des cépages de la terre de Bari, cite un Cola tamburo dont les grains sont gros, globuleux, charnus et sucrés, caractères qui le distinguent du Cola tamburo du baron Mendola.

Columbaud. Var. [A. P.] Bourgeonnement duveteux, blanchâtre, teinté de rouge violacé sur les bords. Feuille moyenne ou sur-moyenne, glabre et presque lisse super., avec un très léger duvet aranéeux infer.; sinus bien marqués, celui du pétiole ouvert. Grappe moyenne, cylindro-conique, ailée, assez serrée. Grain sur-moyen, sphéro-ellipsoïde; chair un peu ferme, juteuse, sucrée, agréable; peau mince, peu résistante, d'un blanc verdâtre, passant au jaune doré à la Maturité qui est de 3ᵉ époque. — Synonymes : *Colomba, Courumbaou, Aubier, Gregues*, etc.

Compagnon Brignol. Var. [A. P.] Bourgeonnement duveteux, blanchâtre, sur un fond
vert jaunâtre. Feuille moyenne, un peu révolutée en dessous, glabre et presque lisse super.,
garnie infer. d'un très léger duvet cotonneux;
sinus bien marqués, celui du pétiole ouvert.
Grappe moyenne ou sur-moyenne, cylindro-conique, courtement ailée, assez serrée. Grain
moyen, légèrement ellipsoïde, fortement attaché;
chair ferme, juteuse, sucrée, relevée; peau assez
épaisse, résistante, d'un noir brillant pruiné à
la Maturité de 3ᵉ époque.

Comte Odart. Chiroubles. [N. Semis 1862.]
Bourgeonnement d'un roux grisâtre, légèrement
teinté de rose. Feuille sous-moyenne, glabre
super. et presque glabre infer.; sinus bien
marqués, celui du pétiole ouvert; denture peu
profonde, un peu obtuse. Grappe sur-moyenne,
longuement cylindrique, serrée, peu ou point
ailée. Grain moyen, globuleux; chair un peu
ferme, juteuse, sucrée, relevée; peau un peu
mince, résistante, d'un noir foncé pruiné à la
Maturité de 2ᵉ époque.

Concord. Amérique. [J. P. B.] Bourgeonnement roux, duveteux, passant au rose lie de
vin, puis au vert. Feuille grande, à peu près

glabre super., garnie infer. d'un duvet blanc
compacte, serré et glaucescent ; sinus bien
marqués, celui du pétiole très ouvert ; pétiole
fort et long. Grappe moyenne, cylindro-conique,
peu serrée. Grain sur-moyen, sphérique; chair
ferme, pulpeuse, sucrée, avec goût foxé très
prononcé; peau épaisse, bien résistante, d'un
noir foncé pruiné à la Maturité de 2ᵉ époque.
— Cultivée d'abord comme producteur direct,
cette variété est aujourd'hui abandonnée.

Corbeau. Lyonnais. Bourgeonnement blanc
roussâtre, fortement duveté. Feuille sur-moyenne
ou grande, presque orbiculaire, un peu bullée
et presque glabre super.; lanugineuse infer.; sinus
supérieurs peu marqués, sinus pétiolaire toujours
ouvert. Grappe sur-moyenne, cylindro-conique,
un peu serrée. Grain moyen, globuleux sur des
pédicelles courts ; chair molle, douceàtre, à saveur
simple, peu relevée; peau épaisse, assez résistante, d'un noir foncé pruiné à la Maturité qui
est de fin de 1ʳᵉ époque. — Synonymes : *Plant
de Montmélian*, *Pécot rouge*, *Provereau*, *Douce
noire*, *Gros noir*, *Plant de Savoie*, etc., etc.

Corbel. Drôme. [N.] Bourgeonnement duveteux, rosé. Feuille sur-moyenne, glabre super.,
très duveteuse infer.; sinus profonds, sinus

pétiolaire ordinairement fermé. GRAPPE sur-moyenne, ailée, conique, assez serrée. GRAIN moyen, globuleux; chair molle, juteuse, un peu astringente; peau un peu mince, peu résistante, d'un noir pruiné à la MATURITÉ qui est de 2ᵉ époque. — Variété fertile produisant des vins communs. — Synonymes : *Corbesse, Vert chenu* ou *Chanu, Chatus, Persagne-Ga-may*, etc. — On trouve dans l'Isère, sous le nom de *Corbel-Mouret*, une variation de couleur d'un *noir de nègre* brillant qui reproduit tous les caractères du Corbel ordinaire, sauf la couleur du grain.

Cordifolia. [J. P. B.] Sous ce nom, on a introduit au début en France, et par erreur, le Riparia, vers 1877. Ce fut vers 1882 que M. Millardet signala les caractères du type Cordifolia et fit rendre au premier le nom qu'il devait porter. La vigne Cordifolia se distingue du Riparia par une FEUILLE plus longuement cordiforme, par une denture moins longuement aiguë et par sa jeune feuille qui s'étale au moment du BOURGEONNEMENT tandis qu'elle reste pliée en gouttière chez le Riparia. Au point de vue cultural, la vigne Cordifolia n'offre pas d'intérêt; elle ne supporte pas les grands froids,

elle reprend très difficilement de greffe et de
bouture, mais on pense qu'en raison de sa
grande résistance elle pourra jouer un rôle très
utile dans les croisements. On recommande la
vigne Cordifolia comme porte-greffe dans les terrains crétacés.

Corinthe blanc. Grèce. [C. O.] Bourgeonnement blanchâtre, bien duveteux. Feuille
moyenne, plus longue que large, glabre super.,
couverte infer. d'un duvet feutré; sinus supérieurs
profonds, sinus pétiolaire fermé, denture courte
et obtuse. Grappe sur-moyenne, longuement
cylindro-conique, souvent rameuse et alors peu
serrée. Grain très petit, sphérique, un peu
déprimé au point pistillaire; pédicelles courts
et filiformes; chair juteuse, un peu molle, bien
sucrée et relevée; peau fine, d'un jaune doré
à la Maturité qui est de la fin de la 1re époque.
— On connaît deux variations de couleur du
Corinthe blanc; le Corinthe rose et le Corinthe
noir. Synonymes; *Passera*, *Passereta*, etc., en
Italie; *Corinthusi aproszemer* (*apro* petit, *szemer*
ou *szem* grain), Hongrie, etc.

Corithi de Corfou. [C. B.] Bourgeonnement
glabre, vert jaunâtre. Feuille sur-moyenne, peu
ou point duveteuse; sinus supérieurs profonds,

sinus pétiolaire bien ouvert. GRAPPE ressemblant à celle du *Cornichon blanc*. GRAIN surmoyen, ovoïde, incurvé; chair ferme, juteuse, sucrée, à saveur simple.

Corneille blanc. [Semis Moreau-Robert, 1858.] BOURGEONNEMENT un peu duveteux, passant du roux clair au grenat. FEUILLE surmoyenne, presque glabre; sinus supérieurs assez profonds. GRAPPE grosse, cylindro-conique, peu serrée. GRAIN gros, globuleux; peau assez épaisse, d'un blanc jaunâtre à la MATURITÉ de 2ᵉ époque.

Cornet noir. Drôme. [A. Roche.] BOURGEONNEMENT peu duveteux, un peu blanchâtre. FEUILLE moyenne, lisse et glabre super., garnie infer. d'un duvet pileux, glauque; sinus supérieurs profonds, sinus pétiolaire fermé. GRAPPE moyenne, cylindro-conique, un peu ailée, assez serrée. GRAIN surmoyen, globuleux; chair un peu molle, sucrée, à saveur simple; peau fine, d'un noir pruiné à la MATURITÉ qui est de 1ʳᵉ époque.

Cornichon blanc. Afrique, Turquie. [C. O.] BOURGEONNEMENT glabre ou à peu près glabre, d'un vert jaunâtre. FEUILLE moyenne, glabre et lisse super., luisante et sans duvet apparent infer.; sinus peu profonds, sinus pétiolaire ouvert.

GRAPPE moyenne ou sous-moyenne, rameuse, lâche, tronquée le plus souvent et sujette à la coulure. GRAIN gros, longuement aminci, incurvé par son extrémité. MATURITÉ de 4ᵉ époque. — Ce raisin se cultive exclusivement pour la table. Le Cornichon à grappe colossale ne nous semble qu'une amélioration du Cornichon blanc obtenue par la sélection. Le *Cornichon violet*, qui se rapproche beaucoup du *Cornichon blanc*, paraît être une forme distincte.

Corniola. Sardaigne. [B. M.] BOURGEONNEMENT peu duveteux, vert jaunâtre. FEUILLE grande, glabre et lisse super., avec quelques poils courts et raides sur les nervures inférieures; sinus assez profonds et ouverts, sinus pétiolaire ouvert. GRAPPE sur-moyenne, cylindro-conique, un peu tronquée, rameuse et lâche. GRAIN sur-moyen, olivoïde, un peu déprimé au point pistillaire; chair molle, filandreuse, sucrée; peau assez épaisse, translucide, d'un blanc jaunâtre à la MATURITÉ qui est de la fin de la 3ᵉ époque.

Cortese bianca. Piémont. [C. de R.] BOURGEONNEMENT d'un roux clair passant au vert clair. FEUILLE grande, glabre super. et garnie infer. d'un duvet pileux; sinus supérieurs assez profonds, sinus pétiolaire fermé. GRAPPE grosse, cylindro-conique, ailée, portée par un pédoncule assez long. GRAIN sur-moyen, globuleux, serré; chair un peu ferme, juteuse; peau un peu épaisse, translucide, d'un jaune doré à la MATU-RITÉ qui est de 2ᵉ époque. — Sous le nom de *Cortese nera*, nous avons reçu le *Dolceto*.

Corvina nera. Province de Vérone. [C. B.] BOURGEONNEMENT duveteux et blanchâtre. FEUILLE moyenne, glabre et lisse super., garnie d'un duvet floconneux infer.; sinus profonds, si-nus pétiolaire fermé; denture aiguë. GRAPPE moyenne, longuement cylindro-conique, un peu lâche. GRAIN petit, olivoïde sur des pédicelles longs; chair ferme, sucrée, un peu astringente; peau un peu épaisse, résistante, d'un beau noir pruiné à la MATURITÉ qui est de 2ᵉ époque.

Côt ou **Malbeck.** Touraine et région du Sud-Ouest. [C. O.] BOURGEONNEMENT duveteux, d'un roux clair. FEUILLE moyenne ou sur-moyenne, glabre et légèrement bullée super., garnie infer. d'un duvet floconneux; sinus ordi-nairement peu profonds, celui du pétiole ouvert; denture courte, finement acuminée. GRAPPE sur-moyenne, le plus souvent pyramidale, ailée, peu serrée. GRAIN sur-moyen, presque globuleux sur des

pédicelles longs et forts ; chair un peu molle, **bien**
juteuse, très sucrée, un peu relevée ; peau fine, assez
résistante, d'un beau noir pruiné à la Maturité
qui est de fin de 1ᵣᵉ époque. — Le Malbeck est
de tous nos raisins à vin celui dont l'aire de
dispersion en grande culture est la plus étendue
dans nos vignobles français, ce qui explique le
très grand nombre de ses synonymes dont nous
ne donnons que les plus connus : *Noir de Pressac,*
Cahors, *Pied de perdrix*, *Vesparo*, *Auxerrois*,
Bouyssaèls, *Périgord*, *Plant de roi*, etc., etc. Les
dénominations de Côt à queue rouge et de Côt à
queue verte ne désignent qu'un seul et même cépage,
ce sont deux variations de couleur sans persis-
tance qui proviennent du sol et de l'exposition.

Courbi blanc. Basses-Pyrénées. [Frc.] Bourgeonnement roussâtre et duveteux. Feuille sur-
moyenne ou grande, boursouflée, glabre super.,
garnie infer. d'un duvet aranéeux ; sinus supérieurs
profonds, sinus pétiolaire presque fermé. Grappe
sous-moyenne, cylindrique, ailée. Grain petit,
globuleux, un peu serré ; peau d'un blanc jaunâtre à la Maturité de 3ᵉ époque.

Creveling. Amérique. [I. B. et M.] Bourgeonnement duveteux, teinté lie de vin, folioles
rouges infer. Feuille moyenne, glabre et lisse

super., garnie infer. d'un duvet lanugineux très court; sinus à peine marqués, sinus pétiolaire presque fermé; denture presque nulle. GRAPPE moyenne, longuement cylindro-conique, un peu serrée. GRAIN moyen, légèrement ellipsoïde; chair pulpeuse, sucrée, finement foxée; peau épaisse, résistante, d'un beau noir pruiné à la MATURITÉ qui est de 1re époque.

Croc noir. Mayenne. [A. de V.] BOURGEONNEMENT très duveteux, légèrement violacé. FEUILLE sur-moyenne, glabre et lisse super., garnie infer. d'un duvet lanugineux; sinus peu profonds. GRAPPE moyenne, peu serrée, cylindro-conique. GRAIN moyen, globuleux; chair un peu molle, sucrée, assez relevée; peau assez fine, d'un noir un peu foncé, pruiné à la MATURITÉ qui est de 1re époque.

Crovattina. Province de Pavie. [C. de R.] BOURGEONNEMENT légèrement cotonneux, d'un vert blanchâtre. FEUILLE sous-moyenne, lisse et glabre super., légèrement pubescente infer., sinus assez profonds; sinus pétiolaire ouvert. GRAPPE sur-moyenne, cylindro-conique, allongée. GRAIN moyen, globuleux ou à peu près; chair juteuse, à saveur simple, bien relevée; peau épaisse, assez résistante, d'un noir bleuâtre à la MATURITÉ de 2e époque tardive.

Crovetto ou **Croetto**. Piémont. [M. I.]
Bourgeonnement duveteux, teinté de rose sur
le bord des folioles. Feuille grande, d'un vert
foncé, glabre et presque lisse super., légèrement
duveteuse infer.; sinus supérieurs peu profonds,
sinus pétiolaire fermé. Grappe grosse, ailée, conique, renflée et serrée. Grain sous-moyen ou petit,
globuleux; chair un peu molle, à saveur simple;
peau d'un noir foncé un peu brillant à la Maturité qui est de 3ᵉ époque. — Synonyme : *Crova*,
d'après le chevalier de Rovasenda.

Crujidero blanc. Espagne. Ce cépage nous
paraît être absolument semblable à l'*Olivette de
Cadenet* ou *Ténéron de Vaucluse* que les Italiens
nomment *Axinangelus*. — C'est un bon raisin
de table qui mûrit à la 3ᵉ époque tardive.

Cugnette. Isère. Voir *Jacquière de la Savoie*.

Cunningham ou **Long**. Amérique. [J. P. B.]
Bourgeonnement très duveteux, d'un roux clair
passant au rose. Feuille sur-moyenne, glabre
super., garnie infer. d'un duvet aranéeux, blanchâtre; sinus peu ou point marqués, celui du
pétiole ouvert; denture courte, obtuse. Grappe
sous-moyenne, cylindro-conique, un peu serrée.
Grain petit, sphérique; chair un peu ferme,

assez juteuse, à saveur spéciale; peau assez
épaisse, d'un rose tournant au rose violacé à la
Maturité de 4ᵉ époque. — Variété abandonnée, surtout dans les régions du Centre et
du Nord où elle gèle et où ses fruits ne mûrissent
pas.

Cuviller. Isère. La variété que nous avons
reçue des environs de Grenoble, sous ce nom, est
absolument semblable au *Boudalès*.

Cuyahoga. Amérique. [J. P. B.] Bourgeonnement roux, bien duveteux, passant au rose.
Feuille moyenne, glabre super., garnie infer. d'un
duvet lanugineux, court et compacte; sinus peu
marqués, sinus pétiolaire un peu ouvert; denture
courte et obtuse. Grappe moyenne, serrée, cylindro-
conique. Grain moyen, globuleux; chair un peu
pulpeuse, assez sucrée; peau épaisse, bien résistante, passant de la teinte verdâtre au jaune
ambré à la Maturité de 2ᵉ époque tardive.

Cynthiana ou Norton. Amérique. [J. P. B.]
Bourgeonnement roussâtre, duveteux, passant
au rose violacé. Feuille moyenne ou sur-
moyenne, glabre super., légèrement garnie infer.
d'un duvet roussâtre ou fauve; sinus assez profonds, sinus pétiolaire ouvert. Grappe moyenne,

assez compacte, le plus souvent ailée. Grain sous-moyen ou petit, globuleux ; chair un peu ferme, à saveur spéciale, peu juteuse, teintée de rouge ; peau assez épaisse, très résistante, d'un noir pruiné assez intense à la Maturité qui est de 3ᵉ époque.

Damas blanc. [J. B. de D.] Voir *Mayorquen* ou *Majorquin*.

Damas noir du Puy-de-Dôme. Sous ce nom, on cultive dans l'Auvergne la *Sirah de l'Ermitage*.

Damas rouge. Variété hâtive que l'on cultive dans l'Auvergne et aux environs de Brioude, et qui n'a pas fructifié encore dans nos collections. On la recommande comme une variété bien résistante au mildew.

Dame. Lot-et-Garonne. [D'I. de M.] Voir *Plant de Dame*.

Dameron des Vosges. Voir *Foirat du Jura*.

Danezy. Allier. [C. O.] Bourgeonnement duveteux, blanchâtre. Feuille moyenne, d'un vert foncé, glabre et presque lisse super., garnie infer. d'un duvet aranéeux, assez compacte ; sinus peu profonds, sinus pétiolaire ouvert ;

7

denture peu profonde. GRAPPE moyenne, le plus
souvent cylindro-conique ailée, un peu serrée.
GRAIN moyen, globuleux, sur des pédicelles
assez longs; chair juteuse, sucrée, assez relevée;
peau un peu épaisse, résistante, passant du blanc
verdâtre au jaune doré à la MATURITÉ qui est de
2ᵉ époque.

Danugue. Provence. [A. P.] BOURGEONNEMENT
à peu près glabre, d'un vert jaunâtre. FEUILLE
grande, glabre et lisse sur les deux faces; sinus supérieurs assez profonds, sinus pétiolaire largement
ouvert; pétiole long et fort; denture large, un
peu obtuse. GRAPPE grande ou très grosse, un
peu rameuse et ailée, cylindro-conique. GRAIN
sur-moyen ou gros, ellipsoïde; chair ferme,
juteuse, sucrée, à saveur simple; peau très
épaisse, résistante, d'un noir foncé pruiné à la
MATURITÉ qui est de 4ᵉ époque. — Synonymes :
Barlantin, *Gros Guillaume*, *Espagnol noir*,
Grand plant de la Barre, etc., etc.

Darcaja. Perse. [C. de R.] Voir *Raisin noir
de Jérusalem*.

De Candole. Voir *Grec rouge*.

Dégoutant. Charente. [C. O.] BOURGEON-
NEMENT duveteux, blanchâtre. FEUILLE moyenne,

glabre et à peu près lisse super., duveteuse infer.; sinus peu profonds. GRAPPE moyenne, cylindro-conique, un peu ailée, assez longue et un peu serrée. GRAIN moyen ou sous-moyen, sphéro-ellipsoïde; chair assez ferme, un peu sucrée, à saveur simple; peau assez épaisse, peu résistante, d'un noir un peu pruiné à la MATURITÉ qui est de 2ᵉ époque.

Delambre. [Semis Moreau-Robert, 1864. Dʳ H.] FEUILLE sur-moyenne, glabre et lisse super., un peu duveteuse infer.; sinus peu profonds. GRAPPE peu serrée, sur-moyenne, cylindro-conique, un peu ailée. GRAIN sur-moyen, ellipsoïde; chair un peu molle, à saveur relevée; peau assez épaisse, d'un jaune doré, passant à l'ambré, à une exposition chaude, à la MATURITÉ fin de 1ʳᵉ époque.

Delaware. Amérique. [J. P. B.] BOURGEON-NEMENT d'un roux duveteux, passant au rose violacé. FEUILLE moyenne ou sur-moyenne, glabre super., aranéeuse infer. sur les nervures; sinus assez profonds, surtout le supérieur, sinus pétiolaire ouvert; denture courte, obtuse, finement acuminée. GRAPPE petite, assez serrée, courtement cylindrique. GRAIN globuleux, sous-moyen, sur un pédicelle un peu court et grêle;

chair un peu pulpeuse, bien sucrée, à saveur
spéciale, assez agréable; peau fine, résistante,
d'un beau rose foncé pruiné à la Maturité de 1re
époque.

Devereux. Amérique. Voir *Black July*.

Diamant traub. [C. O.] Sous ce nom,
nous avons reçu du comte Odart une variété
caractérisée par une Feuille moyenne, très
duveteuse infer.; sinus peu profonds. Sa Grappe
est compacte, ailée, courtement cylindro-conique,
peu serrée. Grain sur-moyen, ellipsoïde, d'un
blanc jaunâtre à la Maturité de 2e époque. — Il
y a eu là erreur du célèbre ampélographe, attendu
que le Diamant traub n'est pas autre chose que
le *Chasselas Coulard*. Ne sachant quel nom donner à la variété qui vient d'être décrite, nous lui
donnons, pour notre usage, celui de Diamant traub
du comte Odart.

Didi Andasaouli. Caucase. [B. de L.]
Bourgeonnement bien duveteux, blanchâtre sur
un fond teinté de rouge. Feuille moyenne, d'un
vert foncé, glabre super., garnie infer. d'un
duvet lanugineux, compacte; sinus profonds ou
assez profonds, celui du pétiole presque fermé.
Grappe sous-moyenne, un peu lâche, cylindro-

conique, un peu rameuse. Grain moyen, ellipsoïde sur pédicelles longs et grêles; chair un peu molle, sucrée, légèrement acidulée; peau mince, résistante, d'un noir foncé pruiné à la Maturité qui est de 3ᵉ époque. — Synonyme : *Ochtaouri*.

Didi Saperavi. Caucase. Voir *Saperavi*.

Dodrelabi. Caucase. [B. de L.] Bourgeonnement bien duveteux, blanchâtre, teinté de rose. Feuille très grande, plus large que longue, glabre super., garnie infer. d'un duvet un peu floconneux ; sinus peu profonds, celui du pétiole toujours bien fermé ; denture large et obtuse. Grappe grosse et parfois très grosse, courtement cylindro-conique, rameuse, un peu lâche. Grain très gros, globuleux, sur pédicelles assez longs ; chair juteuse, peu sucrée, peu relevée; peau un peu épaisse, peu résistante, d'un noir pruiné, nuancé de rouge à la Maturité qui est de 3ᵉ époque tardive. — Le Dodrelabi se cultive beaucoup dans les grapperies anglaises et surtout à Jersey et en Belgique, sous le nom erroné de Gros Colman, prétendu semis de M. Moreau-Robert. — Synonymes : *Sakoudrchala*, *Madchanaouri* au Caucase; *Ochsenauge blauer*, *Eichkugel traube* en

Autriche; *Okorszem Kek, Borjuszem* en Hongrie; *Volovska, Volovjak* en Styrie, etc.

Dolcedo. [J. B. de D.] Nous paraît le même que le *Dolcetto*.

Dolcetto grosso de Sciolze serait, d'après le chevalier de Rovosenda, synonyme du *Corbeau*.

Dolcetto. Piémont. [C. de R.] Bourgeonnement duveteux, teinté de rouge grenat sur fond blanc. Feuille moyenne, lisse et brillante super., garnie infer. d'un léger duvet aranéeux; sinus profonds, sinus pétiolaire un peu ouvert; denture aiguë. Grappe moyenne, cylindro-conique, un peu allongée, peu serrée. Grain moyen, globuleux; chair molle, sucrée, peu relevée; peau fine, assez résistante, d'un pourpre noirâtre à la Maturité qui est de 1re époque.

Dolutz noir [J. B. de D.] Voir *Dolcetto*.

Douzelinho do Castello. [C. O.] Bourgeonnement très duveteux, passant du roux clair au blanc verdâtre. Feuille moyenne, un peu boursouflée, glabre super., garnie infer. d'un duvet lanugineux; sinus peu profonds. Grappe sous-moyenne, un peu serrée, cylindro-conique. Grain moyen, ellipsoïde; chair juteuse, sucrée, un peu

acidulée ; peau assez fine, résistante, d'un noir
pruiné à la Maturité qui est de 2ᵉ époque.

Dorbli de Darkaia. Damas. [C. de R.] Très
beau raisin blanc de table, dit le chevalier de
Rovasenda. — Ce cépage n'a pas encore fructifié
dans nos collections.

Doucagne. Vaucluse. [A. P.] Bourgeonnement duveteux, blanchâtre avec reflets roses.
Feuille moyenne, glabre et presque lisse, super.,
garnie infer. d'un duvet pileux, court sur les nervures ; sinus supérieurs profonds, sinus pétiolaire
étroitement ouvert ; denture profonde et obtusée.
Grappe sous-moyenne, cylindro-conique, ailée.
Grain sous-moyen, globuleux ; chair assez ferme,
bien sucrée et relevée ; peau un peu mince, résistante, d'un blanc verdâtre passant au jaune à la
Maturité qui est de 2ᵉ époque.

Douce noire grise. Savoie. [P. T.] Bourgeonnement peu duveteux. Feuille moyenne, tourmentée, glabre et bien bullée super., garnie infer.
d'un duvet pileux ; sinus assez profonds, sinus
pétiolaire fermé ; denture très large, obtusée.
Grappe moyenne, un peu rameuse et lâche,
cylindro-conique. Grain moyen, globuleux ; chair
un peu ferme, juteuse, sucrée et relevée ; peau

assez épaisse, résistante, d'un noir pruiné à la
Maturité de 2ᵉ époque hâtive.

Dronkane. Egypte. [J. R.] Bourgeonnement
duveteux, d'un grenat clair. Feuille moyenne à
peu près aussi large que longue, glabre super., un
peu lanugineuse infer., surtout sur les nervures ;
sinus assez profonds, celui du pétiole très ouvert.
Grappe longue, rameuse, ailée, peu serrée. Grain
sur-moyen ou gros, olivoïde ; chair juteuse, sucrée,
assez relevée ; d'un rouge clair à la Maturité qui
est de 3ᵉ époque.

Duc d'Anjou. [Semis de M. Moreau-Robert
d'Angers 1864.] Ce cépage reproduit identiquement le *Ribier du Maroc* ou *Damas noir*.

Duc de Magenta. [Semis de M. Moreau-
Robert 1859.] Bourgeonnement duveteux, blanchâtre, teinté de rose sur le bord des feuilles naissantes. Feuille moyenne ou sous-moyenne,
glabre et lisse super., garnie infer. d'un duvet
aranéeux ; sinus supérieurs profonds, les secondaires bien marqués, celui du pétiole fermé ou très
étroit ; denture large et assez profonde. Grappe
grosse, un peu ailée, assez longue. Grain sur-
moyen, courtement ellipsoïde, sur des pédicelles
assez longs ; chair ferme, croquante, sucrée,

agréable ; peau un peu épaisse, résistante, d'un noir violacé pruiné à la Maturité qui est de 2ᵉ époque.

Duc de Malakoff. [Semis de Moreau-Robert, 1857.] Bourgeonnement bien duveteux, blanchâtre, passant au vert clair teinté de jaune. Feuille assez grande, un peu tourmentée, glabre et à peu près lisse super., garnie infer. d'un duvet lanugineux ; sinus bien marqués, celui du pétiole presque fermé. Grappe grande, assez serrée, un peu ailée, cylindro-conique. Grain gros ou sur-moyen, globuleux ; chair un peu molle, bien juteuse, sucrée, peu relevée ; peau un peu épaisse, peu résistante, d'un blanc jaunâtre un peu doré à la Maturité qui est de 2ᵉ époque hâtive.

Duchesse. [Hybride de *Concord* et de *Delaware*, d'après M. Meissner.] Bourgeonnement bien duveteux, blanchâtre, nuancé de jaune. Feuille sur-moyenne, glabre et presque lisse super., garnie infer. d'un duvet aranéeux blanc ; sinus supérieurs assez profonds, sinus pétiolaire un peu ouvert ; denture large et peu profonde, finement acuminée. Grappe moyenne, cylindro-conique, un peu ailée. Grain moyen, à peu près globuleux ; chair un peu pulpeuse, assez ferme, juteuse et bien sucrée ; peau assez épaisse, bien résistante, passant du vert clair ou pâle au jaune un peu doré à la Maturité qui arrive vers la fin de la 2ᵉ époque.

Duraca. Sicile. [B. M.] Bourgeonnement presque glabre, d'un blanc jaunâtre. Feuille sur-moyenne, presque aussi large que longue, d'un vert clair, glabre sur les deux faces, lisse et un peu brillante super.; sinus supérieurs peu profonds, sinus pétiolaire étroit; denture peu profonde et peu aiguë. Grappe grosse, un peu rameuse, cylindro-conique, un peu ailée. Grain gros, globuleux ou à peu près globuleux, sur des pédicelles assez longs; chair dure et ferme, peu juteuse, sucrée, agréable; peau un peu mince, bien résistante, passant du vert clair au blanc de cire jaunâtre à la Maturité qui est de 3ᵉ époque tardive.

Durazaine. Voir *Raisaine*, nom sous lequel cette variété est plus connue.

Dureza. Drôme. [M. Servan.] Bourgeonne-ment bien duveteux, blanchâtre. Feuille sur-moyenne, glabre et un peu bullée super., garnie infer. d'un duvet aranéeux assez compacte; sinus supérieurs profonds, sinus pétiolaire toujours bien fermé. Grappe grosse, cylindro-conique, ailée, assez serrée. Grain sur-moyen, presque globuleux sur un pédicelle court, un peu fort; chair molle, bien juteuse, assez sucrée; peau mince, assez résistante, d'un beau noir pruiné à la MATURITÉ qui est de 3e époque hâtive.

Durnerin. Isère. Nous semble identique avec *Morastel*.

Dzolikoori. Caucase. [B. M.] BOURGEONNE-MENT duveteux, blanchâtre, légèrement teinté de rose. FEUILLE grande, aussi large que longue, glabre super., garnie infer. d'un duvet lanugineux; sinus peu profonds, sinus pétiolaire ouvert; denture large, assez profonde. GRAPPE sous-moyenne, cylindro-conique. GRAIN moyen, globuleux, souvent un peu déprimé; chair ferme, juteuse, sucrée, agréable; peau épaisse, résistante, passant du blanc verdâtre au jaune un peu bistré à la MATURITÉ de 3e époque.

Egitto nero. [C. de R.] Voir *Mauro nero di Egitto*.

Egitto rosso. Egypte. [C. de R.] Voir *Rosso di Egitto*.

Elbling. Allemagne. Voir *Burger blanc de l'Alsace*.

Elsinburg. (*Æstivalis*.) Amérique. [I. B. et M.] BOURGEONNEMENT duveteux, blanchâtre, teinté de rose sur les deux faces des folioles. FEUILLE grande, d'un vert foncé, glabre super., pileuse infer. ; sinus supérieurs assez profonds, sinus pétiolaire ouvert ; denture obtuse et peu profonde. GRAPPE sur-moyenne, longuement cylindro-conique, lâche et un peu rameuse. GRAIN sous-moyen ou petit, globuleux, sur des pédicelles longs et grêles ; chair ferme, un peu juteuse, assez sucrée, à saveur spéciale peu prononcée ; peau assez fine, résistante, d'un beau noir pruiné à la MATURITÉ de 1re époque. — Cette variété est d'un trop petit rendement comme producteur direct.

Elvira. Amérique. Hybride de *Taylor*. [I. B. et M.] BOURGEONNEMENT duveteux, roussâtre, légèrement teinté de rose. FEUILLE grande, assez épaisse, vert foncé, à peu près glabre super., duveteuse infer.; sinus supérieurs peu profonds, sinus pétiolaire presque fermé. GRAPPE petite, courtement cylindrique, arrondie, presque toujours serrée. GRAIN petit ou sous-moyen, globuleux ; chair pulpeuse à goût foxé ; peau épaisse, résistante, d'un blanc verdâtre qui passe au jaune à bonne exposition et quelquefois au rose tendre à la MATURITÉ qui est de 1re époque. — Variété aujourd'hui abandonnée, soit comme porte-greffe, soit comme producteur direct.

Emily. Amérique. [J. P. B.] BOURGEONNEMENT d'un roux violacé passant au rose teinté lie de vin. FEUILLE grande, presque orbiculaire, d'un vert foncé, glabre super., lanugineuse infer.; sinus peu ou point marqués, sinus pétiolaire un peu ouvert. GRAPPE moyenne, cylindro-conique, assez serrée. GRAIN globuleux, se détachant et tombant du pédicelle sans laisser de pinceau ; chair pulpeuse, à saveur foxée très prononcée : peau épaisse, d'un rose foncé pruiné à la MATURITÉ qui est de 2ᵉ époque. — Variété de *Labrusca* abandonnée.

Enfariné. Jura. BOURGEONNEMENT bien duveté, roussâtre, très légèrement teinté de violet. FEUILLE moyenne, vert foncé, légèrement tomenteuse en dessous, poileuse sur les nervures ; sinus supérieurs assez profonds, sinus pétiolaire ouvert. GRAPPE moyenne, cylindrique, arrondie, assez serrée, parfois munie d'un grappillon bien détaché. GRAIN moyen, à peu près globuleux, sur pédicelles courts ; chair un peu molle, juteuse, à saveur âpre et astringente ; peau un peu épaisse, résistante, d'un beau noir très pruiné à la MATURITÉ qui est de 2ᵉ époque.

Eparse. [C. O.] BOURGEONNEMENT duveteux, d'un roux clair passant au vert jaunâtre teinté de rose. FEUILLE sur-moyenne ou moyenne, glabre et à peu près lisse super., garnie infer. d'un duvet piléux sur les nervures; sinus assez profonds, celui du pétiole presque fermé. GRAPPE très grosse, très longuement cylindro-conique, très rameuse, très lâche. GRAIN sous-moyen, ellipsoïde; chair assez ferme, un peu juteuse, un peu sucrée, à saveur simple; peau assez épaisse, résistante, d'un jaune un peu roussâtre à la MATURITÉ qui est de 3ᵉ époque tardive.

Epinette blanche. Auxerrois. Voir *Pineau blanc Chardonnay.*

Erbaluce bianca. Piémont. [C. de R.] BOURGEONNEMENT duveteux, blanchâtre, légèrement teinté de rose sur le revers des folioles. FEUILLE moyenne, glabre et lisse super., un peu garnie infer. d'un duvet lanugineux; sinus profonds, celui du pétiole ordinairement fermé. GRAPPE moyenne, cylindro-conique, peu serrée. GRAIN sous-moyen, globuleux; chair assez ferme, bien juteuse, à saveur sucrée agréablement relevée; peau fine, résistante, translucide, d'un jaune doré qui passe au roux sur les parties exposées au soleil, à la MATURITÉ qui est de 3ᵉ époque. — Cette vigne est très estimée dans tout le Piémont comme raisin de dessert; il se conserve très bien au fruitier. — Synonyme : *Ambra.*

Erba posada. Sardaigne. [B. M.] Variété qui n'a pas fructifié dans nos collections. D'après le baron Mendola, cette vigne produit en Sardaigne un beau raisin de table.

Erba posada minudda. Sicile. [B. M.] Bourgeonnement duveteux, blanchâtre, passant au vert foncé sur les feuilles épanouies. Feuille moyenne, aussi large que longue, glabre et un peu boursouflée super., garnie infer., surtout sur les nervures, d'un duvet pileux; sinus assez profonds, sinus pétiolaire ouvert. Grappe moyenne, cylindro-conique, un peu ailée. Grain moyen, à peu près globuleux; chair un peu ferme, juteuse, sucrée, légèrement acidulée; peau fine, peu résistante, d'un noir pruiné à la Maturité qui est de 3ᵉ époque.

Ericé noir de Lorraine. [C. O.] Voir *Gamay noir petit.*

Esfouiras de Roquemaure. Gard. [N.] Bourgeonnement un peu duveteux. Feuille sur-moyenne, un peu duveteuse infer.; sinus assez profonds, sinus pétiolaire fermé, denture très aiguë. Grappe moyenne, cylindro-conique, serrée. Grain moyen, sphéro-ellipsoïde; chair molle, juteuse, assez sucrée; peau fine, peu résistante, d'un blanc verdâtre qui passe au jaune pruiné à la MATURITÉ qui est de 3ᵉ époque tardive.

Espagnin noir. [C. de R.] BOURGEONNEMENT un peu duveteux. FEUILLE moyenne ou sur-moyenne, glabre et légèrement bullée super., garnie infer. d'un duvet aranéeux court; sinus supérieurs profonds, sinus pétiolaire fermé. GRAPPE moyenne, cylindro-conique, assez serrée. GRAIN moyen, sphéro-ellipsoïde; chair un peu ferme, juteuse, sucrée, mais un peu astringente; peau assez fine, résistante, d'un noir pruiné à la MATURITÉ qui est de 2ᵉ époque. — D'après le chevalier de Rovasenda, l'*Espagnin blanc*, que nous ne possédons pas, aurait les mêmes caractères que l'*Espagnin noir*, sauf la couleur du raisin.

Essex. Amérique. [J. P. B. — Hybride de *Rogers*, n° 41.] BOURGEONNEMENT roussâtre, duveté et teinté de rose. FEUILLE sur-moyenne, glabre et presque lisse super., garnie infer. d'un duvet lanugineux, très fin, serré et peu apparent; sinus bien marqués, celui du pétiole très étroit; denture assez large, peu profonde. GRAPPE sous-moyenne, cylindrique, arrondie, peu serrée. GRAIN sur-moyen ou gros, globuleux, sur des pédicelles courts ; chair pulpeuse, assez sucrée, mais bien foxée ; peau épaisse, bien résistante, d'un beau rouge foncé pruiné à la MATURITÉ qui est de 2ᵉ époque.

Etraire de l'Isère. Voir *Persan de la Savoie.*

Etraire de l'Aduï. Amélioration de la variété précédente.

Eumelan. Amérique. [J. P. B.] BOURGEONNE- MENT duveteux, d'un roux clair teinté de rouge. FEUILLE moyenne ou sur-moyenne, garnie infer. d'un duvet floconneux ; sinus bien marqués, celui du pétiole étroit ; denture peu profonde, courtement mucronée. GRAPPE moyenne ou sur- moyenne, cylindro-conique, un peu serrée, quelquefois ailée. GRAIN globuleux, moyen ou sur- moyen, sur des pédicelles un peu courts ; chair un peu pulpeuse, un peu juteuse, assez sucrée, à saveur spéciale qui n'est pas le foxé ; peau assez épaisse, bien résistante, d'un noir rougeâtre ou violacé à la MATURITÉ qui est de 1ʳᵉ époque.

Ezer jo (Se prononce *Ezer io, mille fois bon*). Hongrie. [J. K.] BOURGEONNEMENT duveteux, passant du roux clair au blanc légèrement teinté de rose violacé. FEUILLE moyenne, glabre et presque lisse super., garnie infer. de poils sur les nervures et de duvet lanugineux sur le parenchyme ; sinus supérieurs peu profonds, sinus pétiolaire peu ou point ouvert ; denture peu profonde, un peu obtuse. GRAPPE petite ou sous-moyenne, cylindrique, arrondie, un peu serrée, sur un pédoncule un peu court. GRAIN moyen ou sous-moyen, à peu près globuleux, sur des pédicelles un peu courts et forts ; chair molle, juteuse, sucrée, légèrement acerbe ; peau assez fine, peu résistante, passant du blanc verdâtre au jaune doré à la MATURITÉ qui est de 2e époque. — Cette variété est fort estimée en Hongrie pour la vinification. — Synonymes : *Budai feher* (Blanc de Bude), *Szatoki, Korponai, Romandi*, etc.

Faher ou **Feher Jardovan**. Voir *Jardovan*.

Feldlinger. Voir *Valtiner rouge précoce* ou *Malvoisie rose du Pô*.

Feher Goher. (Goher blanc.) Hongrie. [J. K.] BOURGEONNEMENT bien duveteux, blanchâtre, légèrement violacé. FEUILLE moyenne, d'un vert foncé, lisse et glabre super., garnie infer. d'un épais duvet feutré ; sinus peu profonds, sinus pétiolaire un peu étroit, denture assez profonde. GRAPPE moyenne peu serrée, non ailée, sur un pédoncule un peu grêle. GRAIN moyen, ellipsoïde ; chair un peu

molle, bien juteuse, à saveur douce et sucrée, peu
relevée ; peau un peu mince, peu résistante, d'un
blanc jaunâtre, pointillé de bistre à la Maturité
qui est de 1ʳᵉ époque. — Synonymes : *Augster
Veisser*, *Budaz Goher* (Goher de Bude), *Faher
Bajor* (Bavarois blanc), *Weisser Logler*, *Korte
szolo*, etc.

Feher Som (Som blanc). Hongrie. [J. P.]
Bourgeonnement duveteux, d'un roux clair, un peu
teinté de rose sur le bord des folioles. Feuille
moyenne ou sur-moyenne, glabre super., garnie
infer. sur les nervures d'un duvet pileux qui est
presque imperceptible sur le parenchyme ; sinus
supérieurs profonds, sinus pétiolaire ouvert. Grappe
moyenne ou sur-moyenne, cylindro-conique, un
peu ailée, un peu lâche, sur un pédoncule assez
fort. Grain sur-moyen ou gros, olivoïde (14 mil-
limètres sur 22) ; chair assez ferme, croquante,
bien sucrée, agréablement relevée ; peau assez
épaisse, bien résistante, d'un beau jaune ambré à
la Maturité qui est de 2ᵉ époque. — Très beau et
excellent raisin de table.

Fendant roux. Suisse. Voir *Chasselas doré*.

Fendant rose. Suisse. Voir *Chasselas rose*.

Fendant vert. Variation de couleur qui n'est

autre que le *Chasselas doré* ordinaire lorsqu'il mûrit à l'ombre.

Fer ou **Fer Servadou**. Agenais. [D'I. de M.] (Servadou, dans le patois du sud-ouest, veut dire qui se conserve bien.) Ce cépage nous paraît être absolument semblable au *Cabernet franc* du Médoc.

Ferdinand de Lesseps. [Semis de M. Van Hout. — Envoi de M. F. E. de Middeler, de Bruxelles.] Bourgeonnement bien duveteux, d'un blanc teinté de rouge violacé. Feuille grande, presque orbiculaire, glabre super., garnie infer. d'un fin duvet aranéeux; sinus supérieurs profonds, sinus pétiolaire toujours bien fermé; denture assez large, un peu aiguë, finement mucronée. Grappe moyenne, cylindrique, arrondie par ses extrémités, peu serrée, pas ailée. Grain sur-moyen, à peu près globuleux, sur un pédicelle assez long, un peu grêle; chair molle, un peu pulpeuse, bien juteuse, assez sucrée, légèrement foxée; peau assez épaisse, bien résistante, d'un blanc jaunâtre pruiné à la Maturité qui est de 2e époque. — Cette vigne a été obtenue d'un pépin d'Isabelle; son raisin est joli, agréable à manger.

Ferrandil. Haute-Garonne. [F. et T. L.] Bourgeonnement duveteux, blanchâtre. Feuille moyenne, un peu boursouflée et glabre super., garnie infer. d'un duvet lanugineux assez compacte; sinus profonds et fermés; denture aiguë assez profonde. Grappe moyenne, cylindro-conique, un peu serrée. Grain moyen à peu près globuleux; chair un peu ferme, juteuse, assez sucrée, un peu astringente; peau un peu fine, assez résistante, d'un noir bleuâtre un peu pruiné à la Maturité qui est de 3e époque hâtive.

Feuille ronde. Cette synonymie s'applique indifféremment au *Mauzac* de Tarn-et-Garonne et au *Gamay blanc* de la Bourgogne. Dans quelques vignobles, on donne également ce nom à des variétés de vigne dont la feuille est orbiculaire.

Fié. Vienne. [C. O.] Voir *Sauvignon de Sauternes*.

Fintendo. Espagne. [F. G.] Bourgeonnement duveteux, blanchâtre, avec une légère teinte rosée sur le revers des jeunes feuilles. Feuille sur-moyenne, glabre et à peu près lisse super., garnie infer. d'un duvet lanugineux; sinus profonds, sinus pétiolaire presque fermé; denture large, un peu obtuse. Grappe sur-moyenne ou grosse, rameuse, un peu lâche, sur un pédoncule long. GRAIN sur-moyen ou gros, ellipsoïde, sur des pédicelles longs et grêles ; chair un peu molle, juteuse, sucrée, peu relevée ; peau assez épaisse, résistante, d'un beau noir bleuâtre à la MATURITÉ qui est de 2e époque.

Flona. Drôme. [A. R.] BOURGEONNEMENT bien duveteux, teinté de rouge vineux sur fond blanchâtre. FEUILLE moyenne ou sur-moyenne presque orbiculaire, glabre super., garnie infer. d'un duvet lanugineux ; sinus nuls ou peu profonds, celui du pétiole peu ouvert ; denture aiguë mais peu profonde. GRAPPE moyenne, peu serrée, cylindrique, arrondie, peu ou point ailée, sur un pédoncule assez long. GRAIN moyen, un peu ellipsoïde, sur des pédicelles un peu grêles, teinté de rouge ; chair un peu molle, juteuse, sucrée, un peu astringente ; peau assez épaisse, résistante, d'un noir bleuâtre pruiné à la MATURITÉ qui est de 2e époque.

Flouron. Drôme. [A. R.] BOURGEONNEMENT bien duveteux, teinté de rose violacé, sur un fond blanchâtre. FEUILLE à peine moyenne, glabre et finement bullée super., garnie infer. d'un duvet aranéeux ; sinus supérieurs assez profonds, sinus pétiolaire ouvert. GRAPPE sur-moyenne, un peu serrée, cylindro-conique, un peu ailée, sur un pédoncule un peu grêle. GRAIN moyen, globuleux, sur des pédicelles assez longs, de moyenne force ; chair un peu ferme, juteuse, sucrée, à saveur simple ; peau assez épaisse, résistante, d'un noir foncé pruiné à la MATURITÉ qui est de 2ᵉ époque.

Foirard ou **Gueuche**. Jura. BOURGEONNE-MENT duveteux, d'un gris blanchâtre, légèrement rosé au revers des folioles. FEUILLE moyenne, bullée, d'un vert clair, presque glabre super., très tomenteuse infer. ; sinus profonds, celui du pétiole bien ouvert ; denture assez profonde, large, peu aiguë. GRAPPE moyenne ou sur-moyenne, courtement cylindro-conique, serrée, sur un pédoncule court, peu fort. GRAIN sur-moyen, globuleux, sur des pédicelles courts et grêles ; chair bien juteuse, peu sucrée, astringente ; peau assez fine, peu résistante, passant du rouge clair au noir violacé peu pruiné à la MATURITÉ de 3ᵉ époque. — Synonymes : *Plant de Treffort*, *Gouais noir* (par erreur), *Plant d'Arlay*, *Gros plant*, etc.

Folle blanche. Charente. [Dᶜ Menudier.] BOURGEONNEMENT bien duveteux, d'un gris roussâtre teinté de rouge violacé. FEUILLE moyenne, glabre et un peu bullée super.; garnie infer. d'un duvet aranéeux, assez compacte ; sinus supérieurs profonds, sinus pétiolaire un peu ouvert ; denture

courte, un peu obtuse. GRAPPE sur-moyenne, cylindro-conique, serrée, sur un pédoncule court et
fort. GRAIN moyen ou sur-moyen, sphérique, sur
des pédicelles courts et forts; chair molle, bien
juteuse, sucrée, à saveur simple; peau épaisse,
assez résistante, passant du blanc verdâtre au
jaune doré à la MATURITÉ de 2ᵉ époque.

Folle noire. Dordogne. [Dʳ G.] BOURGEONNE-
MENT duveteux, débutant par le roux clair pour
passer au blanc grisâtre, fortement duveté. FEUILLE
à peine moyenne, glabre et presque lisse super.,
parsemée infer. d'un duvet cotonneux, surtout sur
les nervures; sinus peu profonds, celui du pétiole
toujours bien fermé; denture peu large et peu profonde, un peu obtusée. GRAPPE sur-moyenne,
courtement cylindro-conique, un peu ailée, sur un
pédoncule assez fort, un peu court. GRAIN sur-
moyen, sphéro-ellipsoïde, sur des pédicelles
courts et forts; chair un peu ferme, juteuse, assez
sucrée, un peu astringente; peau un peu épaisse,
peu résistante, d'un noir pruiné à la MATURITÉ de
2ᵉ époque.

Folle verte ne diffère de la *Folle blanche* que
par la couleur blanche verdâtre de sa grappe
mûrissant à l'ombre; lorsqu'elle est bien exposée
au soleil, elle reprend sa couleur naturelle d'un

blanc jaunâtre plus ou moins foncé, suivant le sol ou l'exposition.

Foster White. [C. de R.] BOURGEONNEMENT duveteux, blanchâtre légèrement teinté de rose violacé. FEUILLE sur-moyenne, glabre et un peu bullée super., garnie infer. d'un léger duvet floconneux; sinus assez profonds, celui du pétiole presque fermé; denture un peu large, obtusée et courtement mucronée. GRAPPE grosse, cylindro-conique, un peu serrée, sur un pédoncule assez long et fort. GRAIN sur-moyen ou fort, ellipsoïde, sur des pédicelles assez longs et un peu forts; chair assez ferme, un peu filandreuse, bien sucrée, assez relevée; peau épaisse, assez peu résistante, qui passe du blanc verdâtre au jaune paille à la MATU-RITÉ de 2e époque.

François Ier. [Lapray.] BOURGEONNEMENT un peu duveteux, blanchâtre. FEUILLE moyenne un peu tourmentée, glabre et lisse super., lanugineuse infer., avec poils sur les nervures; sinus assez profonds, sinus pétiolaire étroitement ouvert; denture assez aiguë, un peu longue. GRAPPE grosse, cylindro-conique, ailée, peu serrée, sur un pédoncule fort, peu allongé. GRAIN gros, un peu ellipsoïde, sur un pédicelle un peu court, assez fort; chair assez ferme, très juteuse, assez sucrée; peau mince, sujette à se fendiller, peu résistante, d'un blanc jaunâtre à la Maturité de 1ʳᵉ époque.

Frankenthal. Vallée du Rhin. [C. O.] Bourgeonnement d'un vert blanchâtre, un peu duveteux, avec bordure rouge sur les jeunes feuilles. Feuille grande, aussi large que longue, glabre super., un peu garnie infer. d'un duvet fin, peu abondant; sinus peu profonds, celui du pétiole fermé; denture un peu courte, assez large, courtement acuminée. Grappe grosse, courtement cylindro-conique, un peu lâche, sur un pédoncule un peu long et de moyenne force. Grain gros ou très-gros, globuleux et parfois sphéro-ellipsoïde, sur des pédicelles longs et grêles; chair un peu ferme, juteuse, assez sucrée, peu relevée et cependant agréable; peau épaisse, assez résistante, d'abord d'un rouge violacé qui passe au noir pruiné à la Maturité de 2ᵉ époque. — Parmi les trente-cinq synonymes sous lesquels ce superbe raisin est connu, nous ne citerons que les plus usités : *Trollinger* en Allemagne, *Black Hambourg* en Angleterre, *Uva nera d'Amburgo* en Italie, *Trollingi Kek* en Hongrie, *Modri Tirolan* en Croatie, etc.

Frankenthal précoce. Belgique. [F. E. de

M.] Cette variété reproduit à peu près le caractère du Frankenthal ordinaire, mais il mûrit dix
ou douze jours plus tôt.

Franklin. [De M. Gaston Bazille.] BOURGEON-
NEMENT très tomenteux, d'un blanc jaunâtre, passant à l'état floconneux sur la face supérieure des
jeunes feuilles qui sont couvertes infer. d'un
tomentum compacte. FEUILLE adulte glabre
super., garnie infer. d'un très léger duvet; sinus
supérieurs peu ou point marqués, les secondaires
nuls, celui du pétiole bien ouvert; denture assez
profonde, aiguë, finement acuminée. GRAPPE petite,
serrée, sur un pédoncule grêle, assez long. GRAIN
globuleux, moyen, sur des pédicelles courts, assez
forts; chair pulpeuse, à saveur foxée, peu sucrée,
astringente; peau d'un noir foncé très pruiné à la
MATURITÉ de 1re époque tardive. — Le Franklin
est un porte-greffe recommandé, mais il est sans
valeur comme producteur direct.

Fredericton. [Semis M. R. 1860.] BOURGEON-
NEMENT duveteux, d'un rouge violacé. FEUILLE
moyenne, presque glabre et lisse super., garnie
infer. d'un duvet pileux, assez compacte; sinus
profonds, celui du pétiole à peu près fermé; denture profonde, étroite, finement acuminée. GRAPPE
rameuse, grosse, ailée, lâche. GRAIN gros, olivoïde,

irrégulier, sur un pédoncule long et grêle ; chair molle, juteuse, assez sucrée, peu relevée ; peau un peu épaisse, résistante, d'un noir violacé à la Maturité de 2ᵉ époque un peu tardive.

Fresa. Piémont. [C. de R.] Bourgeonnement d'un roux très clair un peu duveteux. Feuille plus large que longue, glabre super. et infer.; sinus supérieurs assez profonds, étroitement sinués, sinus pétiolaire toujours très ouvert ; denture peu aiguë et peu profonde. Grappe assez longuement cylindro-conique, assez serrée sur un pédoncule long et un peu grêle. Grain moyen ou sur-moyen, à peu près globuleux, sur des pédicelles assez longs, un peu grêles ; chair molle, juteuse, à saveur un peu astringente ; peau assez épaisse, assez résistante, passant du rouge au noir bleuâtre très pruiné à la Maturité de la fin de la 2ᵉ époque.

Froc Laboulay. [C. O.] Voir *Chasselas Coulard*.

Fromenteau. Isère. Voir *Marsanne*.

Fromentot. Champagne. [C. O.] Voir *Pineau gris*.

Frontignan rouge. Type rouge du *Muscat de Frontignan*.

Fruh magyar traub. Voir *Madeleine violette*.

Fruh weis Magdalen. Voir *Mezès de Hongrie*.

Fuella Nera. Alpes-Maritimes. [A. P.] Bourgeonnement bien duveteux, d'un blanc teinté de rose violacé sur les folioles. Feuille sur-moyenne, à peu près glabre et lisse super., garnie infer. d'un duvet lanugineux, compacte ; sinus supérieurs assez profonds, sinus pétiolaire fermé ; denture peu profonde, obtuse. Grappe sur-moyenne, ailée, rameuse, cylindro-conique, sur un pédoncule fort, assez long. Grain moyen ou sous-moyen, à peu près globuleux, sur des pédicelles grêles, assez longs ; chair juteuse et sucrée, un peu astringente ; peau un peu épaisse, résistante, d'un noir foncé pruiné à la Maturité de 3ᵉ époque.

Fuella Bianca. Nice. Bourgeonnement duveteux, un peu roussâtre, avec reflet violacé. Feuille sur-moyenne, d'un vert foncé, garnie infer. d'un duvet aranéeux ; sinus supérieurs profonds, sinus pétiolaire fermé ; denture large, assez profonde, courtement acuminée. Grappe sur-moyenne, cylindroconique, un peu ailée, assez serrée, sur un pédoncule un peu long et grêle. Grain moyen, globuleux, sur des pédicelles assez longs et un peu forts ; chair un peu molle, juteuse, assez sucrée ; peau assez épaisse, résistante, d'un jaune doré à la Maturité de 3ᵉ époque tardive.

Fumat du Tarn. [D'Imbert de Mazère.] Bourgeonnement glabre, d'un vert jaunâtre. Feuille petite, lisse et glabre sur les deux faces ; sinus supérieurs profonds, celui du pétiole très ou vert. Grappe moyenne, un peu ailée. Grain moyen, légèrement ellipsoïde ; chair assez ferme, juteuse et bien sucrée ; peau un peu mince, assez résistante, d'un beau rose clair un peu pruiné à la Maturité de 2ᵉ époque.

Fumuseddu de Syracuse. [B. M.] Voir *Minnadda bianca*.

Fumusu. [B. M.] Bourgeonnement duveteux, d'un blanc verdâtre, légèrement teinté de rose sur le revers des folioles. Feuille moyenne ou sous-moyenne, glabre super., garnie infer. d'un duvet pileux, court, épais ; sinus supérieurs profonds, sinus pétiolaire peu ouvert ; denture inégale, peu aiguë. Grappe sur-moyenne ou grosse, serrée, cylindro-conique. Grain sur-moyen, presque globuleux ; chair assez ferme, juteuse, bien sucrée, agréablement relevée ; peau un peu mince, assez résistante, d'un beau jaune doré à la MATURITÉ de 3ᵉ époque.

Furmint de Hongrie. [J. K.] BOURGEON-NEMENT blanchâtre, très duveteux, légèrement teinté de rose sur le sommet des folioles non entr'ouvertes. FEUILLE moyenne, un peu épaisse, presque glabre super., garnie infer. d'un fin duvet aranéeux ; sinus peu profonds, sinus pétio-laire étroitement ouvert ; denture large, peu aiguë. GRAPPE moyenne ou sur-moyenne, peu serrée, sur un pédoncule un peu court, assez fort. GRAIN moyen ou un peu sur-moyen, ellip-soïde, sur des pédicelles longs, un peu grêles ; chair un peu épaisse, bien juteuse, sucrée, agréablement relevée ; peau épaisse, peu résis-tante, d'un jaune doré à la MATURITÉ de 2ᵉ époque tardive. — Synonymes : *Mosler gelber*, *Tokauer*, *Zapfner*, *Sipo*, *Sipon*, etc., etc.

Fusette d'Ambérieux. Ain. BOURGEONNE-MENT duveteux, blanchâtre. FEUILLE sous-moyenne ou petite, glabre super., garnie infer. d'un duvet un peu feutré ; sinus assez profonds, celui du pétiole ouvert ; denture un peu longue, étroite et finement aiguë. GRAPPE sous-moyenne ou petite, cylindro-conique, un peu allongée, portée

sur un pédoncule long et grêle, souvent pourvu
d'une vrille fertile. Grain petit, sphéro-ellipsoïde,
sur des pédicelles très courts et grêles ; chair un
peu ferme, juteuse et sucrée ; peau assez épaisse,
peu résistante, d'un jaune doré lavé de rose, à
bonne exposition, lors de la Maturité de 2ᵉ époque
tardive.

Gaidurica. Corfou. [C. B.] Bourgeonnement
bien duveteux, blanchâtre. Feuille sur-moyenne
ou grande, à peu près lisse et glabre super.,
garnie infer. d'un duvet lanugineux, compacte,
pileux sur les nervures ; sinus supérieurs bien
marqués, celui du pétiole fermé ou presque fermé ;
denture large, inégale, obtuse. Grappe grosse
ou sur-moyenne, cylindro-conique, peu ou point
ailée, sur un pédoncule fort et un peu court.
Grain moyen, un peu ellipsoïde, sur des pédicelles assez longs, un peu grêles ; chair juteuse,
ferme, sucrée, à saveur simple ; peau épaisse,
résistante, d'un noir rougeâtre bien pruiné à la
Maturité de 3ᵉ époque.

Galleta rossa di Firenze. Toscane. [B. M.]
Ce cépage est le type rouge du *Cornichon blanc*.

Gamay à fleur double. Chiroubles. Déformation de l'axe floral fixée par le bouturage.

Jusqu'au moment de la floraison, la grappe présente à peu près les mêmes caractères qu'à l'ordinaire. Au moment de l'épanouissement, les cinq pétales, au lieu de se détacher de bas en haut, comme dans la floraison normale s'ouvrent, au contraire, par leur sommet et restent adhérents à leur base. On constate alors l'absence d'étamines et de pistil. A la place de ces organes, se développent successivement, jusqu'à l'automne, de nouveaux pétales qui restent verts en tirant un peu sur le jaune en vieillissant. Cette déformation de l'axe floral s'est vue reproduite sur plusieurs autres variétés de vignes, la *Serine* entre autres.

Gamay blanc. Le *Pineau blanc Chardonnay*, à l'Etoile (Jura) et à Pouilly-les-Feurs (Loire), porte par erreur le nom de *Gamay blanc*.

Gamay blanc feuille ronde. Bourgogne. [N.] Bourgeonnement blanchâtre, fortement duveté. Feuille moyenne, plane, presque orbiculaire avec duvet floconneux infer.; sinus peu ou point marqués, sinus pétiolaire ouvert; denture courte, étroite, peu aiguë. Grappe sous-moyenne, cylindrique, arrondie à son sommet, bien serrée, sur un pédoncule court. Grain globuleux, sous-moyen, sur des pédicelles très courts; chair molle, juteuse, un peu acidulée; peau très mince, peu résistante, d'un blanc verdâtre, teinté de jaune à bonne exposition à la MATURITÉ de 2ᵉ époque hâtive. — Synonymes : *Bourguignon blanc*, *Feuille ronde*, *Pourrisseux*, etc., etc.

Gamay de Varennes noir ou **Plant de Varennes**. Meuse. Voir *Gamay d'Orléans*.

Gamay gris. Bourgogne. Reproduit tous les caractères du *Gamay noir ordinaire*, sauf la couleur de la grappe.

Gamay noir. Petit Gamay. [N.] Beaujolais. BOURGEONNEMENT d'un vert jaunâtre, légèrement duvcteux. FEUILLE moyenne, presque aussi large que longue, glabre et à peu près lisse super., presque glabre infer.; sinus supérieurs peu profonds, sinus pétiolaire ouvert; denture courte, peu large, courtement acuminée. GRAPPE moyenne, le plus souvent cylindrique, ailée, un peu serrée, sur un pédoncule un peu court. GRAIN moyen, ellipsoïde, sur des pédicelles courts, assez forts; chair molle, juteuse, sucrée, à saveur simple; peau fine, assez résistante, passant au noir foncé pruiné à la MATURITÉ de 1ʳᵉ époque. — Synonymes : *Bourguignon noir gros* ou *Gros Bourguignon*, *Gamay de Liverdun*, *Lyonnaise*, *Plant de Bévy*, *Plant d'Arcenant*, etc.,

Plant Picard, *Plant Nicolas*, *Plant de La-bronde*, etc., etc.

Gamay d'Orléans. [C. O.] BOURGEONNEMENT duveteux, blanchâtre, teinté de rose au sommet des folioles. FEUILLE sous-moyenne, presque orbiculaire, glabre et à peu près lisse super., peu ou point duveteuse infer., sinus peu ou point marqués, sinus pétiolaire presque fermé; denture peu profonde, obtuse, courtement mucronée. GRAPPE sous-moyenne, cylindro-conique, serrée, souvent pourvue d'un petit grappillon au nœud pédonculaire; pédoncule court et assez fort. GRAIN un peu sous-moyen, globuleux, sur un pédicelle assez fort, ligneux; chair molle, juteuse, assez sucrée, à saveur simple, non relevée; peau mince, peu résistante, d'un noir foncé un peu pruiné à la MATURITÉ de 1re époque. — Synonymes : *Gamay rond* ou *à grains ronds*, *Jacquemart*, etc.

Gamay teinturier. [N.] Ce cépage reproduit tous les caractères du *Gamay noir* ou *petit Gamay*, sauf la couleur du grain et de la feuille. On reconnaît le *Gamay teinturier* à son bourgeonnement grenat, à la teinte gris sale du grain quelque temps avant la veraison, au jus rouge clair de sa chair et à la teinte rouge de la feuille, lors de la MATURITÉ qui est contemporaine de celle du *Gamay ordinaire*, quoiqu'elle paraisse plus précoce.

Gamba di Pernice. Piémont. [C. de R.] BOURGEONNEMENT un peu duveteux. FEUILLE sur-moyenne, lisse et glabre super., légèrement tomenteuse infer. ; sinus supérieurs peu profonds. GRAPPE moyenne, cylindro-conique, assez fortement ailée, sur un pédoncule assez long, fort et rougeâtre. GRAIN moyen, légèrement ellipsoïde, sur des pédicelles assez forts, teintés de rouge ; chair assez ferme, juteuse et sucrée, à saveur simple ; peau assez épaisse, bien résistante, d'un noir rougeâtre très pruiné à la MATURITÉ de 2ᵉ époque tardive.

Gamiau rouge. Isère. [Jardin botanique de Grenoble.] Voir *Boudalès*.

Gaston Bazille. [L. L.] BOURGEONNEMENT légèrement duveteux, teinté de rose sur·le revers des folioles, passant au vert jaunâtre sur les jeunes feuilles épanouies. FEUILLE sous-moyenne, glabre sur les deux faces, légèrement cordiforme et presque orbiculaire ; sinus peu ou point marqués ; denture presque égale, peu profonde, finement et longuement acuminée. GRAPPE très petite, cylindrique, arrondie, très sujette à la coulure. GRAIN petit ou très petit, globuleux, sur des pédicelles courts et grêles; chair un peu pulpeuse, peu sucrée, astringente, à saveur spéciale, peu agréable; peau mince, résistante, d'un noir pruiné à la MATURITÉ de 1ʳᵉ époque tardive. — Ce cépage n'a jamais été recommandé que comme porte-greffe; il est aujourd'hui abandonné en raison de son peu de vigueur et de sa mauvaise réussite au greffage.

Général de La Marmora. [Semis de Moreau-Robert, 1857.] BOURGEONNEMENT duveteux, de couleur grenat et teinté de rose sur les folioles. FEUILLE assez grande, glabre et un peu bullée super., garnie infer. d'un duvet pileux, court; sinus supérieurs un peu profonds et fermés, les secondaires marqués, celui du pétiole presque fermé; denture inégale, un peu courte, obtusément mucronée. GRAPPE grosse, rameuse, cylindro-conique, sur un pédoncule assez long. GRAIN sur-moyen, courtement ellipsoïde ou sphéro-ellipsoïde, sur des pédicelles un peu longs et grêles; chair un peu ferme, juteuse, à saveur douce, relevée; peau résistante, d'un vert jaunâtre à la MATURITÉ de 2ᵉ époque.

Genouillet. Issoudun, Indre. [C.O.] BOURGEON-

NEMENT duveteux, légèrement violacé. FEUILLE sous-moyenne ou petite, glabre et presque lisse super., garnie infer. sur les nervures d'un duvet pileux, raide ; sinus supérieurs profonds, celui du pétiole ouvert ; denture profonde, assez large, un peu aiguë. GRAPPE sous-moyenne, cylindro-conique. parfois un peu ailée, sur un pédoncule assez long, un peu grêle. GRAIN moyen ou sous-moyen, courtement ellipsoïde, sur un pédicelle assez long, un peu grêle ; chair juteuse, un peu sucrée, assez relevée ; peau un peu mince, résistante, d'un noir foncé pruiné à la MATURITÉ de 2ᵉ époque.

Gentil blanc. Alsace. [B. S.] Voir *Savagnin blanc du Jura*.

Gentil rose. Alsace. [B. S.] Voir *Savagnin rose du Jura*.

Gerosolimitana nera. Syracuse. [B. M.] Le cépage que nous avons reçu sous ce nom ne reproduit pas les caractères de la *Gerosolimitana bianca* ou *Muscat d'Alexandrie blanc*, son raisin n'est pas musqué. Nous savons cependant que le *Muscat d'Alexandrie noir* et le *Muscat d'Alexandrie rouge* (*Moscatel incarnado* de Malaga) existent, mais jusque-là nous n'avons pas pu nous les procurer.

Giboudot blanc. Côte chalonnaise. [N.] Voir *Aligoté de la Côte-d'Or*.

Giboudot noir. Côte chalonnaise. [N.] Ce cépage, que nous avions cru une variation du *Gamay*, est, au contraire, d'après les notes que nous venons de prendre sur place, une variation du *Pineau noir*. Il se distingue de ce dernier par une grappe à pédoncule plus grêle et plus long ; le grain du raisin est plus petit, plus sucré, plus doux que celui du *Pineau noir*. Le raisin de ce dernier a une saveur plus relevée, son pédoncule est plus fort et plus ligneux.

Giro bianco. Sardaigne. [B. M.] Raisin à chair croquante, excellent pour le vin et pour la table, dit M. le baron Mendola.

Giro commune. Sardaigne. [B. M.] BOURGEONNEMENT presque glabre, d'un vert grenat. FEUILLE moyenne, glabre sur les deux faces ; sinus profonds et fermés, sinus pétiolaire ouvert ; denture assez profonde, aiguë, finement acuminée. GRAPPE sur-moyenne, un peu rameuse, cylindroconique, sur un pédoncule long et fort. GRAIN sur-moyen, courtement ellipsoïde ; chair ferme, un peu juteuse, assez agréable ; peau un peu épaisse, résistante, d'un rouge foncé à la MATURITÉ de 3° époque.

Girone. Sicile. [B. M.] Bourgeonnement bien duveteux, blanchâtre teinté. Feuille sur-moyenne ou grande, grossièrement bullée et glabre super., un peu tourmentée, garnie infer. d'un duvet aranéeux assez épais ; sinus supérieurs étroits, assez profonds, celui du pétiole fermé ; denture large, courtement mucronée. Grappe sur-moyenne un peu rameuse, cylindro-conique, peu serrée. Grain gros ou très gros, olivoïde, sur des pédicelles assez longs et forts ; chair ferme, sucrée, bien relevée, à saveur simple ; peau très ferme, peu résistante, passant du blanc verdâtre au jaune tacheté de roux à l'exposition du soleil. Maturité de 3ᵉ époque.

Giustulisa bianca. Syracuse. [B. M.] Bourgeonnement duveteux, passant du roux au blanc verdâtre. Feuille sur-moyenne, à peu près lisse et glabre super., garnie infer. d'un léger duvet pileux ; sinus assez profonds, sinus pétiolaire presque fermé ; denture assez large, très profonde, finement acuminée. Grappe moyenne, cylindro-conique, un peu compacte, sur un pédoncule assez long et fort. Grain sur-moyen, sphéro-ellipsoïde ; chair un peu ferme, sucrée, assez relevée ; peau un peu épaisse, résistante, d'un beau jaune à la Maturité de 2ᵉ époque.

Gœthe. Amérique. [J. P. B. — Hybride de *Roger*.] Bourgeonnement d'un roux clair passant au rose lie de vin. Feuille moyenne, très finement bullée et presque glabre super., garnie infer. d'un duvet lanugineux, court, assez compacte; sinus supérieurs assez profonds et ouverts, sinus pétiolaire ouvert; denture très peu prononcée, finement acuminée. Grappe moyenne, peu serrée, cylindro-conique. Grain gros ou très gros, à peu près globuleux ; chair un peu pulpeuse, douce, sucrée, à saveur spéciale, se rapprochant du foxé; peau mince, bien résistante, d'un jaune rosé à la Maturité de 3e époque tardive.

Goher blanc hâtif. Voir *Feher Goher*.

Goher noir. Goher fekete. Hongrie. [Comtesse de Wass.] Bourgeonnement un peu duveteux, d'un vert jaunâtre teinté de rouge. Feuille sur-moyenne ou grande, d'un vert foncé, lisse et brillante super., garnie infer. d'un duvet aranéeux; sinus assez profonds, sinus pétiolaire ouvert; denture assez large, aiguë, finement acuminée. Grappe sur-moyenne, ailée, cylindro-conique, peu ailée, sur un pédoncule un peu long, assez fort. Grain sur-moyen, globuleux, sur des pédicelles assez forts, un peu longs; chair un peu ferme, assez sucrée, juteuse, peu relevée; peau

épaisse, résistante, d'un noir foncé pruiné à la
MATURITÉ de 2ᵉ époque tardive.

Goix noir ou **Chamoisin**. Aisne. [Bahin.]
FEUILLE sous-moyenne, glabre et à peu près lisse
super., garnie infer. sur les nervures d'un duvet
pileux, un peu raide ; sinus supérieurs peu profonds,
celui du pétiole ouvert ; denture inégale, assez
large, peu aiguë. GRAPPE sous-moyenne ou petite,
cylindro-conique, sur un pédoncule un peu long,
assez fort. GRAIN sous-moyen, à peu près globuleux, sur des pédicelles assez longs, un peu grêles ;
chair un peu ferme, juteuse, peu relevée ; peau
assez fine, résistante, d'un noir foncé pruiné à la
MATURITÉ de 2ᵉ époque.

Golden Clinton ou **King**. Amérique. [J. P.
B.] Ce cépage blanc se rappproche beaucoup du
Clinton par ses caractères botaniques, mais il en
diffère par une végétation plus grêle et moins rustique ; son raisin est meilleur sans être bon. C'est
une variété qui a été délaissée et avec raison.

Goris toilé (Œil de porc). Caucase. [B. de L.]
BOURGEONNEMENT duveteux, blanchâtre. FEUILLE
moyenne, glabre super., garnie infer d'un duvet
lanugineux ; sinus supérieurs profonds, sinus du
pétiole ouvert ; denture assez profonde, un peu obtu-

sée. GRAPPE moyenne, un peu serrée, cylindro-
conique, sur un pédoncule mince, assez long. GRAIN
à peine moyen, légèrement ellipsoïde ; chair un
peu molle, juteuse, un peu sucrée ; peau un peu
mince, résistante, d'un vert teinté de jaune à la
MATURITÉ de 4ᵉ époque.

Goron rouge ou **Roth Goron**. [N.] Valais.
FEUILLE grande, cordiforme, raccourcie ; sinus
peu profonds, sinus pétiolaire presque fermé ;
denture large, assez aiguë, grossièrement acuminée. GRAPPE grosse, un peu rameuse, cylindro-
conique, un peu serrée. GRAIN sur-moyen, globuleux, sur des pédicelles un peu longs et grêles ;
chair ferme, juteuse, un peu acidulée ; peau fine,
résistante, d'un rouge foncé à la MATURITÉ de
2ᵉ époque un peu tardive.

Gouet blanc. Savoie. Annecy. [P. T.] FEUILLE
grande, presque lisse super., garnie infer. d'un
duvet floconneux épars ; sinus assez profonds,
sinus du pétiole un peu ouvert ; denture large,
assez profonde, finement acuminée. GRAPPE grosse,
assez serrée, cylindro-conique, sur un pédoncule
un peu long et fort. GRAIN moyen, globuleux, sur
des pédicelles un peu longs, assez forts ; chair
molle, un peu acidulée, relevée ; peau assez épaisse,

résistante, d'un blanc verdâtre teinté de jaune à la MATURITÉ de 2ᵉ époque tardive.

Gouinche ou **La Gouinche**. Isère. BOURGEONNEMENT duveteux, passant du roux clair à la teinte rouge violacée sur le sommet des folioles. FEUILLE moyenne, glabre et à peu près lisse super., légèrement duveteuse infer. ; sinus supérieurs assez profonds, sinus pétiolaire étroit; denture assez large, assez profonde, obtusément acuminée. GRAPPE moyenne, cylindro-conique, un peu serrée, sur un pédoncule un peu court, assez fort. GRAIN sur-moyen, sphéro-ellipsoïde, sur des pédicelles courts et forts ; chair ferme, juteuse, sucrée et relevée; peau fine, assez résistante, d'un vert blanchâtre, qui se dore un peu à la MATURITÉ de 2ᵉ époque.

Goulu blanc. Isère. Synonyme de *Sémillon blanc.*

Gradiska [J. B. de D. — Semis de Moreau Robert, 1851.] BOURGEONNEMENT presque glabre, d'un grenat clair. FEUILLE moyenne, glabre sur les deux faces; sinus assez profonds, sinus pétiolaire ordinairement un peu ouvert ; denture large, assez profonde, courtement ou obtusément acuminée. GRAPPE sur-moyenne ou grosse, cylindro-conique, peu serrée, sur un pédoncule un peu long et un peu grêle; Grain sur-moyen, sphéro-ellipsoïde, sur des pédicelles longs et un peu grêles; chair un peu molle, assez sucrée, peu relevée; peau un peu épaisse, d'un beau jaune doré à la Maturité de première 2ᵉ époque.

Grand noir de la Calmette. Hybride d'*Aramon* et de *Petit Bouschet*. [Semis Henri Bouschet, 1861.] Bourgeonnement bien duveteux, blanchâtre, avec un liseré roussâtre sur le bord des folioles. Feuille grande, plus large que longue garnie infér. d'un duvet aranéeux; sinus supérieurs profonds, sinus pétiolaire, fermé à son ouverture et s'élargissant à sa base; denture large, obtuse, peu profonde. Grappe sur-moyenne, cylindro-conique, sur un pédoncule court et fort. Grain moyen, globuleux, serré, sur des pédicelles un peu courts et assez grêles; chair molle, sucrée, non relevée, donnant un jus d'un rouge vineux assez intense; peau un peu épaisse, peu résistante, d'un noir violacé bien pruiné à la Maturité de 2ᵉ époque.

Grand Téoulier. Basses-Alpes. Voir *Téoulier*.

Granolata. [C. O.] Voir *Clairette blanche*.

Grappu de la Dordogne. [D'I. de M.] Bourgeonnement très duveteux, blanchâtre, légèrement teinté de rose sur le sommet des folioles.

Feuille grande, plus longue que large, glabre et un peu boursouflée super., avec duvet lanugineux infer.; sinus supérieurs peu profonds, celui du pétiole ouvert; denture fine, peu profonde, un peu obtuse. Grappe sur-moyenne ou grosse, cylindro-conique, ailée, sur un pédoncule fort, de moyenne longueur. Grain presque globuleux, sur des pédicelles courts, un peu forts; chair un peu molle, assez sucrée, relevée; peau un peu épaisse, peu résistante, d'un noir foncé pruiné à la Maturité de 3e époque. — Synonymes : *Prolongeau*, *Cujas*, *Gros Marty*, *Gros Bouchés*, etc.

Grecani ou **Grecaniu.** Sicile. [B. M.] Bourgeonnement duveteux, blanchâtre. Feuille moyenne, bullée, glabre et un peu luisante super., garnie infer. d'un duvet aranéeux, fin et compacte; sinus assez profonds, sinus pétiolaire un peu ouvert; denture assez profonde, un peu aiguë, finement et courtement acuminée. Grappe moyenne, un peu serrée, cylindro-conique, courte, sur un pédoncule assez long et fort. Grain sur-moyen, sphéro-ellipsoïde sur un pédicelle un peu court; chair juteuse, un peu astringente; peau ferme, assez épaisse, passant du rouge clair au noir foncé pruiné à la Maturité de 3° époque.

Grecau niuru ou **Grecau noir de**

Riposto. Sicile. [B. M.] Bourgeonnement bien
duveteux, blanchâtre, avec liseré roussâtre sur les
folioles. Feuille sur-moyenne, glabre et bullée
super., avec duvet lanugineux compacte infer.;
sinus assez profonds, sinus pétiolaire presque
fermé. Grappe moyenne, cylindro-conique, un peu
compacte, sur un pédoncule assez long, un peu
grêle. Grain moyen, sphéro-ellipsoïde sur des pédicelles un peu longs et un peu grêles; chair un peu
molle, assez sucrée, peu relevée; peau un peu
épaisse, résistante, d'un noir pruiné à la Maturité
de 3e époque tardive.

Greco Calavitanu. Sicile. [B. M.] Feuille
grande, glabre, un peu boursouflée super., garnie
infer., sur les nervures, d'un léger duvet pileux;
sinus assez profonds, sinus pétiolaire un peu
ouvert; denture assez large, un peu obtuse,
courtement mucronée. Grappe moyenne ou sur-
moyenne, cylindro-conique, un peu ailée, sur un
pédoncule assez long, un peu grêle. Grain gros,
olivoïde, sur des pédicelles assez longs, un peu
grêles; chair ferme, un peu filandreuse, assez
agréable; peau un peu épaisse, résistante, d'un
beau noir pruiné à la Maturité de 3e époque
tardive.

Greco di Napoli. Grec de Naples. [B. M.]

BOURGEONNEMENT d'un roux duveteux, passant au blanc verdâtre. FEUILLE grande, glabre, et lisse super., parsemée infer. de quelques filaments aranéeux; sinus supérieurs profonds, sinus pétiolaire presque fermé; denture profonde, large, longuement acuminée. GRAPPE sur-moyenne, cylindro-conique, ailée, sur un pédoncule assez long et fort. GRAIN moyen, à peu près globuleux, sur des pédicelles un peu courts; chair un peu ferme, sucrée, relevée; peau assez épaisse, résistante, d'un beau jaune un peu pruiné à la MATURITÉ de 3ᵉ époque.

Grec blanc. Isère. BOURGEONNEMENT duveteux, lavé de rose violacé. FEUILLE sur-moyenne, glabre super., garnie infer. d'un léger duvet lanugineux; sinus assez profonds, sinus pétiolaire un peu ouvert. GRAPPE très grosse, cylindro-conique, rameuse, un peu lâche. GRAIN gros, globuleux, sur des pédicelles assez longs, assez forts, légèrement ellipsoïdes; chair molle, juteuse, peu relevée; peau assez épaisse, peu résistante, d'un blanc jaunâtre à la MATURITÉ de 3ᵉ époque.

Grec rouge. [C. O.] BOURGEONNEMENT d'un vert clair, légèrement duveteux. FEUILLE moyenne, glabre super., garnie infer. d'un duvet très court, hérissé sur les nervures; sinus profonds, sinus pétiolaire un peu ouvert; denture assez profonde, un peu étroite et aiguë. GRAPPE très grosse, serrée, pyramidale ou courtement cylindro-conique, sur un pédoncule court et fort. GRAIN gros, globuleux, sur des pédicelles très courts et forts ; chair assez ferme, juteuse, peu sucrée ; peau épaisse, assez résistante, passant du vert terne au rose, puis au rouge plus ou moins foncé à la MATURITÉ de 2° époque. — Synonymes : *Barbaroux*, *Raisin du pauvre*, *Gros rouge*, *Gromier du Cantal*, *Monstrueux de Candolle*, etc.

Gredelin de Vaucluse. Carpentras. [N.] FEUILLE grande, glabre et à peu près lisse super., garnie infer. d'un duvet floconneux ; sinus supérieurs profonds, sinus pétiolaire fermé ; denture large, profonde, obtusée. GRAPPE moyenne ou sur-moyenne, ailée, longuement cylindro-conique, un peu lâche. GRAIN moyen, globuleux, sur des pédicelles grêles assez longs, assez forts ; chair un peu molle, juteuse, un peu acidulée ; peau assez épaisse, résistante, passant du blanc jaunâtre au jaune doré lavé de rose. — Cette variété se rapproche beaucoup de l'*Ugni blanc*.

Green's Golden. Amérique. [A. P.] BOURGEONNEMENT bien duveteux, blanchâtre. FEUILLE grande, glabre et légèrement bullée super., garnie infer. d'un duvet feutré très court, recouvert d'un duvet aranéeux réticulé; sinus bien marqués ou marqués, sinus pétiolaire un peu ouvert; denture large, peu profonde, courtement acuminée. Grappe moyenne, peu serrée, ailée, sur un pédoncule de moyenne force et de moyenne longueur. Grain moyen, globuleux, un peu pulpeux, assez sucré, à saveur un peu spéciale; peau assez épaisse, assez résistante, d'un jaune doré, qui passe au roux, à bonne exposition lors de la Maturité de 2ᵉ époque.

Greffou de Chignin. Savoie. [P. T.] Feuille moyenne, presque orbiculaire, glabre et finement bullée super., garnie infer. d'un léger duvet pileux sur les nervures, aranéeux sur le parenchyme; sinus peu profonds, sinus pétiolaire étroit; denture large, obtuse, grossièrement mucronée. Grappe moyenne ou sur-moyenne, un peu serrée, sur un pédoncule assez long, un peu grêle. Grain moyen, un peu globuleux, sur des pédicelles de moyenne force et de moyenne longueur; chair ferme, juteuse et sucrée, légèrement astringente; peau épaisse et résistante, d'un jaune doré à la Maturité de 1ʳᵉ époque. — Ce cépage se rapproche beaucoup du *Chasselas doré*.

Grenache blanc. [P. T.] Ce cépage a quelques rapports, par son feuillage, avec le *Grenache* ou *Alicante noir*, mais il en diffère par plusieurs autres caractères, et surtout par sa MATURITÉ plus tardive de 4ᵉ époque.

Grenache gris. Cette variation, d'après M. Foëx, existerait aux vignobles de Collioures.

Grenache noir ou **Alicante**. Hérault. [H. B.] BOURGEONNEMENT presque glabre, passant du vert jaunâtre plus ou moins foncé au vert brillant sur les folioles épanouies. FEUILLE moyenne, glabre et lisse sur les deux faces ; sinus assez profonds, sinus pétiolaire ouvert ; denture peu profonde, un peu aiguë. GRAPPE sur-moyenne, cylindro-conique, un peu serrée, sur un pédoncule de moyenne longueur, assez fort. GRAIN moyen, sphéro-ellipsoïde, sur des pédicelles assez forts, un peu courts ; chair un peu molle, bien sucrée, à saveur simple ; peau fine, peu résistante, d'un noir rougeâtre à la MATURITÉ de 3ᵉ époque.

Grignolino. Piémont [C. de R.]. BOURGEONNEMENT duveteux, d'un vert pâle, sur un fond cendré. FEUILLE sur-moyenne, lisse et glabre super., peu duveteuse infer. ; sinus supérieurs profonds, sinus pétiolaire un peu ouvert. GRAPPE moyenne cylindro-conique, souvent munie d'un grappillon sur le nœud pédonculaire. GRAIN moyen, globuleux ou à peu près globuleux, serré ; chair

un peu épaisse, assez résistante, d'un noir violacé foncé à la MATURITÉ de 2° époque tardive.
— Synonyme : *Barbesino*.

Gris de Salses ou **Salses Gris**. Pyrénées-
Orientales. [C. O.] BOURGEONNEMENT duveteux,
jaunâtre, passant au grenat brillant sur les jeunes
feuilles. FEUILLE adulte, un peu tourmentée, finement boursouflée, glabre super., garnie infer.
d'un duvet aranéeux assez compacte ; sinus assez
profonds, sinus pétiolaire ouvert. GRAPPE sous-
moyenne, cylindro-conique, assez serrée, sur un
pédoncule grêle, un peu court. GRAIN moyen, ellipsoïde, sur des pédicelles grêles, assez longs ; chair
assez ferme, bien sucrée, à saveur simple ; peau
assez épaisse, résistante, d'un jaune grisâtre à la
MATURITÉ de 2° époque tardive.

Gromier du Cantal. [C. O.] Voir *Grec rouge*.

Gros bleu. [H. M.] Voir *Frankenthal*.

Gros Bouschet. [Semis de M. Bouschet de
Bernard père, en 1829, publié en 1866 par son
fils M. Henri Bouschet de Bernard.] BOURGEONNE-
MENT très duveteux, d'un gris roussâtre teinté de
rouge. FEUILLE moyenne, glabre super., avec
léger duvet aranéeux infer.; sinus supérieurs peu
marqués ; denture peu profonde, obtuse, brusque-

ment mucronée. GRAPPE sur-moyenne, courtement cylindro-conique, sur un pédoncule fort et court. GRAIN moyen, globuleux, sur des pédicelles un peu grêles ; chair molle, juteuse, peu relevée, à jus rouge foncé ; peau épaisse, peu résistante, d'un noir violacé un peu pruiné à la MATURITÉ de 1re époque.

Gros Colman. [F. G.] Voir *Dodrelabi du Caucase*.

Gros Gamay. Voir *Gamay d'Orléans*.

Gros Guillaume. Var. [A. P.] Voir *Danugue*.

Groslot de Valère. Touraine. [C. O.] BOURGEONNEMENT un peu duveteux. FEUILLE moyenne, un peu tourmentée, lisse et glabre super., légèrement duvetée infer. ; sinus peu ou point marqués, sinus pétiolaire très ouvert. GRAPPE moyenne, un peu ailée, sur un pédoncule assez long, un peu grêle. GRAIN moyen, à peu près globuleux, assez serré, sur des pédicelles assez longs, un peu grêles ; chair un peu ferme, juteuse, bien sucrée, à saveur simple ; peau mince, assez résistante, d'un beau noir pruiné à la MATURITÉ de première 2e époque.

Gros Maroc. Voir *Ribier*.

Gros Molar. Voir *Molar des Hautes-Alpes*.

Gros noir de Latour du Pin. Isère. [N.] Bourgeonnement duveteux. Feuille grande, lisse super.,
garnie infer. d'un duvet lanugineux; sinus assez
profonds, sinus pétiolaire ouvert; denture large,
un peu aiguë. Grappe sur-moyenne, cylindro-
conique, un peu ailée, assez serrée, sur un pédoncule un peu grêle, peu allongé. Grain moyen,
globuleux, sur un pédicelle fort, un peu court et
verruqueux; chair un peu molle, sucrée, à saveur
simple; peau un peu épaisse, résistante, d'un
noir foncé pruiné à la Maturité de fin de 2ᵉ
époque.

Gros Pascal. Voir *Pascal noir*.

Gros Pied rouge Mérillé. Lot-et-Garonne.
Voir *Côt* ou *Malbeck*.

Gros Plant du Rhin. Suisse. Voir *Silvaner
blanc*.

Gros Ribier. Voir *Ribier*.

Grosse Mondeuse. Haute vallée de l'Isère.
[B. P.] Feuille grande, glabre et légèrement
bullée super., légèrement garnie infer. d'un duvet
aranéeux; sinus assez profonds, sinus pétiolaire
presque fermé; denture large, assez profonde,
obtuse. Grappe grosse ou très grosse, rameuse,
peu serrée, cylindro-conique, sur un pédoncule

très long, un peu grêle. GRAIN gros, ellipsoïde, sur des pédicelles longs, assez forts; chair molle, un peu serrée; peau un peu épaisse, résistante, un peu astringente, d'un noir pruiné à la MATURITÉ de 3ᵉ époque.

Grosser Hère. [J. B. de D.] BOURGEONNEMENT jaunâtre, duveté, teinté de rose sur les folioles. FEUILLE sur-moyenne, un peu boursouflée, glabre super., lanugineuse infer.; sinus bien marqués, celui du pétiole presque fermé. GRAPPE grosse, un peu ailée, assez serrée, sur un pédoncule assez long et assez fort. GRAIN sur-moyen, un peu ellipsoïde; chair un peu molle, juteuse, légèrement astrin-gente; peau assez épaisse, peu résistante, d'un noir foncé à la MATURITÉ de 3ᵉ époque hâtive. — — Cette variété se rapproche de la *Mérille* ou *Grosse Mérille*

Grosse Rogettaz. Savoie. Aime. [B. P.] FEUILLE moyenne, glabre et presque lisse super., garnie infer. d'un duvet aranéeux, compacte; sinus assez profonds, sinus pétiolaire ouvert; den-ture un peu large, assez profonde, courtement mucronée. GRAPPE grosse, cylindro-conique, peu serrée, un peu rameuse. GRAIN gros, globuleux, sur des pédicelles assez longs et grêles; chair assez ferme, juteuse, assez sucrée; peau un peu

épaisse, assez résistante, d'un noir pruiné à la
Maturité de 2ᵉ époque.

Gros rouge vert. Rhône. [N.] Bois-d'Oingt.
Feuille moyenne, glabre et presque lisse super.,
garnie infer. d'un duvet pileux assez épais; sinus
bien marqués, celui du pétiole bien fermé; denture
peu profonde, peu aiguë, brusquement acuminée.
Grappe grosse, longuement cylindro-conique, un
peu ailée, sur un pédoncule un peu long et grêle.
Grain moyen, globuleux, un peu serré, sur des
pédicelles un peu courts et grêles; peau un peu
épaisse, résistante, d'un rouge noirâtre à la Maturité de 3ᵉ époque.

Grun Muskateller. Hongrie. [J. B. de D.]
Bourgeonnement d'un vert clair, duveté. Feuille
moyenne, lisse et glabre super., lanugineuse
infer; sinus profonds, celui du pétiole ouvert.
Grappe sous-moyenne, un peu ailée, assez serrée.
Grain sous-moyen, légèrement ellipsoïde, d'un
blanc verdâtre, qui passe parfois au jaune à l'exposition du soleil. Maturité de 2ᵉ époque.

Guesler rose. [D. H.] Voir *Chasselas rose*.

Gueuche. [C. R.] Bourgeonnement bien duveteux, blanchâtre, passant au vert clair jaunâtre.
Feuille sous-moyenne, un peu boursouflée et

glabre super., garnie infer. d'un duvet aranéeux ;
sinus supérieurs très profonds, sinus pétiolaire
très ouvert. GRAPPE moyenne ou sur-moyenne,
serrée, cylindro-conique, sur un pédoncule court
et assez fort. GRAIN moyen ou sur-moyen, globuleux, sur des pédicelles courts et grêles ; chair
bien juteuse, peu sucrée, à saveur un peu astringente ; peau un peu fine, peu résistante, passant
au noir rougeâtre à la MATURITÉ de 3ᵉ époque. —
Synonymes : *Foirard*, *Plant de Treffort*, etc.

Guillan musqué. Noir *Muscadelle*.

Guindolenc gris. Voir *Gris de Salses*.

Guy blanc ou **Gouche.** Tarentaise. Savoie.
[B. P.] FEUILLE grande, glabre et presque lisse
super., garnie infer. d'un léger duvet aranéeux
sur le parenchyme, pileux sur les nervures ; sinus
peu profonds, sinus pétiolaire presque fermé ; denture un peu large, assez aiguë, brusquement acuminée. GRAPPE sur-moyenne, cylindro-conique, ailée,
sur un pédoncule long et grêle. GRAIN sur-moyen
à peu près globuleux, sur des pédicelles un peu
longs et grêles ; chair molle, un peu sucrée, à
saveur un peu astringente ; peau un peu mince,
assez résistante, d'un vert jaunâtre à la MATURITÉ
de 2ᵉ époque tardive.

Guy noir ou **Gouche noir.** Tarentaise.

Savoie. [B. P.] FEUILLE grande, légèrement bullée, à peu près glabre sur les deux faces ; sinus peu profonds, celui du pétiole ouvert ; denture assez profonde, un peu large, finement acuminée. GRAPPE sur-moyenne, cylindro-conique, un peu ailée, très serrée, sur un pédoncule assez long et grêle. GRAIN moyen, globuleux ; chair assez ferme, juteuse, acidulée ; peau mince, résistante, d'un noir pruiné à la MATURITÉ qui est de 2ᵉ époque tardive.

Haiden blanc du Valais. [De L.] Voir *Savagnin jaune* ou *Weiss Tremuier*.

Hambourg muscat. Voir *Muscat Hambourg*.

Hars Levelu. Hongrie. [J. P.] BOURGEONNEMENT d'un vert jaunâtre, duveté. FEUILLE grande, lisse et glabre super., parsemée infer. d'un duvet pileux, court ; sinus bien marqués, celui du pétiole un peu fermé ; denture assez profonde, un peu obtuse. GRAPPE sur-moyenne, cylindro-conique, un peu ailée, peu serrée ; chair un peu molle, assez juteuse, peu relevée, à saveur simple ; peau un peu épaisse, peu résistante, d'un blanc jaunâtre à la MATURITÉ de 3ᵉ époque.

Hartford prolific. Amérique. [J. P. B.] BOURGEONNEMENT duveteux, passant du roux teinté

de lie de vin au vert clair. Feuille grande, d'un
vert foncé, presque glabre super., garnie infer.
d'un duvet lanugineux, blanc, compacte ; sinus
un peu marqués, celui du pétiole peu ouvert.
Grappe moyenne, cylindro-conique, un peu serrée, sur un pédoncule assez long, de moyenne
force. Grain moyen, à peu près globuleux, sur
des pédicelles assez grêles, un peu longs ; chair
bien pulpeuse, assez sucrée, à saveur foxée très
prononcée ; peau épaisse, bien résistante, d'un
noir intense pruiné à la Maturité de 1re époque.

Harwood. Amérique. [I. B. et M.] Cette
magnifique vigne *Æstivalis* est ainsi décrite par
M. Champin : « Superbe Herbemont à grandes
grappes et à gros grains ; plus fertile encore et
plus vigoureux, si c'est possible, que l'Herbemont,
et de quinze jours plus précoce. Ce cépage n'a
qu'un défaut, sa rétivité au bouturage ; je le
greffe sur de vieilles souches de Jacquez ou de
Cunningham. — Synonyme : *Waren amélioré.* »

Henab ou **Haneb Turki** (Raisin turc).
Egypte. [J. R.] Bourgeonnement presque glabre.
Feuille sur-moyenne, glabre, presque lisse, un
peu tourmentée super., sans duvet infer. ; sinus
assez profonds, sinus pétiolaire presque fermé ;
denture assez large, inégale, obtuse, cour-

tement mucronée. GRAPPE très grosse, sujette à la coulure, lâche, ailée, rameuse, sur un pédoncule long, assez fort. GRAIN très gros, courtement olivoïde, sur des pédicelles longs, verruqueux et un peu grêles ; chair ferme, croquante, sucrée, agréable ; peau assez épaisse, résistante, passant du rose très clair au rose foncé, avec quelques grains restant blanc verdâtre à la MATURITÉ de 3° époque.

Herbemont ou **Waren**. Amérique. [J. P. B.] BOURGEONNEMENT duveteux, roussâtre, passant au blanc teinté de rose violacé. FEUILLE grande ou très grande, avec duvet pileux court et un peu rude, et peu apparent infer. ; sinus supérieurs profonds, sinus pétiolaire ouvert. GRAPPE sur-moyenne ou grande, peu serrée, sur un pédoncule long et fort. GRAIN petit, globuleux, sur des pédicelles un peu courts et assez forts ; chair assez ferme, peu juteuse, un peu pulpeuse, à saveur spéciale ; peau assez épaisse, bien résistante, d'un rouge foncé tirant sur le noir à la MATURITÉ de 3e époque.

Hermann. Amérique. [J. P. B.] *Æstivalis*. FEUILLE grande, glabre et finement bullée super., avec duvet pileux sur les nervures, floconneux, fin sur le parenchyme ; sinus supérieurs profonds, celui du pétiole bien ouvert. Grappe longuement cylindrique, assez serrée, sur un pédoncule long, grêle. Grain petit, globuleux, sur des pédicelles assez longs, un peu grêles; chair ferme, peu juteuse, un peu astringente; peau un peu épaisse, résistante, d'un rouge foncé à la Maturité de 3ᵉ époque. — Variété peu appréciée.

Hibou blanc. Savoie. [P. T.] Bourgeonne-ment légèrement duveteux, blanchâtre, passant au vert jaunâtre brillant. Feuille moyenne, complète-ment glabre sur les deux faces; sinus peu ou point marqués, sinus pétiolaire fermé. Grappe presque sur-moyenne, sur un pédoncule assez long, un peu grêle. Grain sur-moyen ou un peu gros, glo-buleux; chair molle, juteuse, peu relevée, à saveur simple; peau assez épaisse, sujette à pour-rir, d'un blanc jaunâtre à la Maturité de 2ᵉ époque.

Hibou rouge. Savoie. [P. T.] Bourgeonne-ment fortement duveté, blanchâtre, teinté de rouge sur les bords. Feuille grande ou sur-moyenne, assez épaisse, glabre et presque lisse super., avec léger duvet floconneux infer.; sinus supérieurs assez profonds, peu ouverts, les secondaires bien marqués, celui du pétiole ouvert; denture large, profonde, courtement mucronée. Grappe grosse, cylindro-conique, un peu lâche, un peu rameuse. GRAIN gros, à peu près globuleux, sur des pédicelles un peu longs et grêles ; chair ferme, juteuse, bien sucrée, un peu astringente ; peau un peu épaisse, d'un rouge violacé à la MATURITÉ de 2ᵉ époque.

Hine. Amérique. [I. B. et M.] BOURGEONNE-MENT bien duveteux. FEUILLE grande, à peu près glabre super., bien duveteuse infer. ; sinus peu marqués ; denture peu profonde. GRAPPE moyenne ou sur-moyenne, serrée, un peu ailée. GRAIN moyen, globuleux, d'un noir pruiné à la MATURITÉ de 2ᵉ époque.

Honigler blanc de Bude. Voir *Mézès de Hongrie*.

Humagne. Valais. [N.] BOURGEONNEMENT duve-teux, blanchâtre. FEUILLE moyenne, glabre et un peu grossièrement bullée super., garnie infer. d'un duvet cotonneux ; sinus assez profonds ; den-ture large, obtuse, courtement mucronée. GRAPPE moyenne, cylindro-conique, un peu ailée, sur un pédoncule un peu court. GRAIN sous-moyen, glo-buleux ou à peu près, sur des pédicelles assez longs ; chair juteuse, un peu acidulée ; peau fine, bien résistante, d'un blanc jaunâtre à la MATURITÉ de 2ᵉ époque. — Cette vigne est très anciennement

cultivée dans le Valais ; c'est elle qui y produi-
sait vers le xii° siècle le *Vinum humanum*.

Huntingdon. Amérique. [I. B. et M.] Bourgeonnement glabre ou presque glabre, un peu
jaunâtre. Feuille petite, à peu près aussi large
que longue, sur un pétiole court, courtement
cordiforme, presque plane ou un peu relevée en
gouttière, à peu près glabre sur les deux faces ;
sinus à peu près nuls, celui du pétiole bien ouvert ;
denture peu profonde. Grappe petite ou très petite,
cylindro-conique, sur un pédoncule assez long et
relativement assez fort. Grain petit, à peu près
globuleux, un peu déprimé, sur des pédicelles
courts et glabres ; chair un peu pulpeuse, sucrée,
à saveur spéciale peu prononcée ; peau un peu
mince, bien résistante, riche en matière colorante,
d'un noir foncé peu pruiné à la Maturité de
1re époque.

Hybride de Roger n° 7. Amérique. [I. B.
et M.] Feuille grande ou très grande, glabre et
finement bullée super., garnie infer. d'un duvet
feutré très court ; sinus supérieurs profonds, sinus
pétiolaire ouvert ; denture assez large, peu profonde, finement acuminée. Grappe sous-moyenne,
courtement cylindro-conique, sur un pédoncule
long et grêle. Grain sur-moyen ou gros, sphérique ;

chair pulpeuse, foxée, bien sucrée ; peau épaisse,
résistante, d'un rouge foncé noirâtre à la Maturité
de 2ᵉ époque.

Hybride de Roger nᵒ 9. Amérique. [I. B.
et M.] Bourgeonnement duveteux, blanchâtre,
teinté de violet. Feuille très grande, glabre et à
peu près lisse super., garnie infer. d'un duvet
feutré compacte d'un blanc verdâtre ; sinus assez
profonds ; sinus pétiolaire ouvert ; denture large,
peu profonde, courtement mucronée. Grappe
moyenne, courtement cylindro-conique, sur un
pédoncule assez long, un peu grêle. Grain très
gros, globuleux ou légèrement ellipsoïde, sur des
pédicelles forts, assez longs ; chair bien pulpeuse,
foxée, sucrée ; peau épaisse, résistante, d'un noir
foncé pruiné à la Maturité de 2ᵉ époque.

Hycalès. Espagne. Andalousie. [C. O.]
Bourgeonnement duveteux, d'un roux blanchâtre
teinté de violet. Feuille moyenne, très légèrement
duveteuse super. sur les nervures, bien duveteuse
infer. ; sinus profonds et fermés, celui du pétiole
ouvert ; denture large, assez longue, courtement
acuminée. Grappe sur-moyenne ou grosse, cylindro-conique, ailée, peu serrée. Grain sur-moyen,
sphéro-ellipsoïde, sur des pédicelles assez longs
et assez forts ; chair un peu ferme, juteuse, assez

sucrée, peu relevée ; peau un peu épaisse, peu résistante, passant du vert clair au jaune transparent finement pruiné à la Maturité de 2ᵉ époque tardive.

Impérial jaune. [Dʳ H.] Sous ce nom, nous avons reçu de notre correspondant angevin un cépage blanc qui reproduit tous les caractères de la *Bicane* avec ses qualités et ses défauts.

Impérial noir. Semis ou prétendu semis de M. Moreau-Robert qui reproduit identiquement le *Bellino du Piémont*.

Insolia bianca. Italie, Calabres et Sicile. [B. M.] Bourgeonnement légèrement duveteux, d'un roux clair rosé passant insensiblement au vert glabre et brillant. Feuille grande, glabre super. et infer. ; sinus supérieurs profonds, sinus pétiolaire le plus souvent fermé ; denture large et profonde, obtuse à son extrémité. Grappe moyenne ou sur-moyenne, cylindro-conique, ailée, un peu tronquée, peu serrée, sur un pédoncule long et grêle. Grain sur-moyen, olivoïde, sur des pédicelles grêles, assez longs ; chair ferme, croquante, sucrée et relevée ; peau un peu épaisse, résistante, passant du blanc verdâtre au jaune maculé de roux à la Maturité de 3ᵉ époque.

Insolia niura. Sicile. [B. M.] Bourgeonnement d'un roux teinté de rose, presque glabre,
passant au vert grenat clair brillant. Feuille
grande, glabre ou à peu près glabre sur les deux
faces ; sinus supérieurs profonds, sinus pétiolaire
le plus souvent fermé ; denture longue, obtuse,
brusquement acuminée. Grappe grosse, cylindro-
conique, ailée, un peu lâche, sur un pédoncule
long et fort. Grain gros, olivoïde, sur des pédicelles longs et forts ; chair ferme, croquante, bien
sucrée et relevée ; peau épaisse, résistante, d'un
beau noir pruiné à la Maturité de 3ᵉ époque.

Iona. Amérique. [J. P. B.] Bourgeonnement
duveteux, d'un roux rosé passant au rose foncé.
Feuille sur-moyenne ou grande, glabre super.,
garnie infer. d'un duvet lanugineux compacte ;
sinus supérieurs profonds, sinus pétiolaire ouvert ;
denture large, peu profonde, bien obtuse, courtement acuminée. Grappe moyenne, à peu près
cylindrique et arrondie à son sommet, un peu
serrée, sur un pédoncule long et grêle. Grain à
peu près globuleux, sur pédicelles assez longs, un
peu grêles ; chair pulpeuse, sucrée, à saveur foxée ;
peau épaisse, bien résistante, d'un beau rouge
clair pruiné à la Maturité de 2ᵉ époque.

Iri kara. [Dʳ H.] Bourgeonnement à peu près

glabre, passant au jaune verdâtre, lisse et brillant sur la jeune feuille. FEUILLE à peine moyenne, d'un vert foncé, glabre et luisante super., sans duvet infer.; sinus profonds et fermés, sinus pétiolaire ouvert; denture profonde, un peu aiguë. GRAPPE à peine moyenne, cylindro-conique, un peu ailée, sur un pédoncule court, assez fort. GRAIN sous-moyen ou petit, sur des pédicelles assez longs et forts; chair assez ferme, juteuse, sucrée, à saveur simple; peau un peu épaisse, résistante, d'un blanc verdâtre un peu teinté de jaune à la MATURITÉ qui est de 4e époque.

Isabelle d'Amérique. [C. O.] BOURGEON-NEMENT duveteux, jaunâtre. FEUILLE grande ou très grande, glabre super., fortement duvetée infer.; sinus bien marqués, celui du pétiole ouvert. GRAPPE moyenne, cylindrique, arrondie à son extrémité, assez serrée. GRAIN sur-moyen, à peu près globuleux, sur des pédicelles minces, assez longs; chair pulpeuse, épaisse, à saveur foxée très prononcée; peau épaisse, très résistante, d'un noir foncé pruiné à la MATURITÉ de 2e époque. — Synonymes : *Alexander, Raisin du Cap* ou *Black Cape, Constantia, Raisin framboise, Schuylkill*, etc., etc.

Isaker Daisiko. [C. O.] Synonyme sous lequel

le comte Odart a prétendu que le *Muscat de Frontignan* était connu aux environs de Smyrne. Notre correspondant d'Anatolie, M. Paris d'Andria, nous certifie que cette synonymie, qui n'appartient à aucune langue connue en Asie-Mineure, est inconnue à Smyrne et aux environs.

Ischia noir. [Collections françaises.] BOURGEONNEMENT bien duveteux, passant du roux clair au blanc grisâtre. FEUILLE moyenne, glabre et un peu boursouflée super., parsemée infer. d'un duvet aranéeux; sinus bien marqués, celui du pétiole le plus souvent ouvert; denture un peu obtuse, peu profonde. GRAPPE petite, cylindrique, arrondie, un peu serrée, sur un pédoncule un peu long, assez fort. GRAIN petit ou sous-moyen, sphéro-ellipsoïde; chair un peu ferme, juteuse, sucrée; peau d'un noir pruiné. MATURITÉ précoce.

Israella. Amérique. [J. P. B.] BOURGEONNEMENT duveteux, d'un roux clair teinté de rose foncé. FEUILLE grande, d'un vert foncé, glabre super., garnie infer. d'un duvet lanugineux, blanc, compacte; sinus supérieurs peu profonds, sinus pétiolaire peu ouvert. GRAPPE sur-moyenne, un peu lâche, sur un pédoncule long, un peu grêle. GRAIN sur-moyen, sphéro-ellipsoïde, sur des pédicelles un peu longs et grêles; chair ferme, pulpeuse, à saveur peu foxée ; peau épaisse, résistante, d'un beau noir bleuâtre pruiné à la Maturité de 2ᵉ époque.

Ives Seedling. Amérique. [J. P. B.] Bourgeonnement duveteux, roussâtre, teinté de rose sur le sommet et le revers des folioles. Feuille grande ou très grande, glabre et à peu près lisse super., garnie infer. d'un duvet lanugineux, blanc, compacte ; sinus bien marqués, celui du pétiole peu ouvert ; denture peu profonde ou presque nulle, obtuse et courtement acuminée. Grappe moyenne, cylindrique, légèrement conique, sur un pédoncule grêle, assez long. Grain moyen, cylindro-conique, sur des pédoncules courts, assez forts ; chair pulpeuse, assez sucrée, douce, fortement foxée ; peau épaisse, d'un noir pruiné à la Maturité de 2ᵉ époque.

Jacquère blanc. Savoie. [P. T.] Bourgeonnement duveteux, d'un roux clair passant au vert blanchâtre teinté de rose. Feuille sur-moyenne, presque lisse super., parsemée infer. d'un duvet aranéeux ; sinus bien marqués, celui du pétiole bien ouvert ; denture large, assez aiguë, finement acuminée. Grappe moyenne, sucrée, cylindro-conique, le plus souvent ailée ; chair molle, acidulée, peu ou point relevée ; peau épaisse, assez résistante, d'un jaune doré à la Maturité de 2° époque.

Jacquez. Amérique. [J. P. P.] Bourgeonnement bien duveteux, roussâtre, passant au rouge lie de vin. Feuille grande ou très grande, presque lisse, glabre super., garnie infer. d'un léger duvet lanugineux ; sinus supérieurs profonds, sinus pétiolaire ouvert ; denture peu profonde, large, obtuse et courtement acuminée. Grappe grande, rameuse, un peu lâche, cylindro-conique, sur un pédoncule long et grêle. Grain petit, globuleux, sur des pédicelles longs et grêles ; chair un peu pulpeuse, légèrement acidulée, peu sucrée, à saveur spéciale à l'espèce ; peau mince, bien résistante, d'un noir foncé, finement pruiné à la Maturité de 2ᵉ époque hâtive.

Jank zolo. Hongrie. [J. K.] Bourgeonnement très duveteux, blanchâtre, légèrement teinté de rose sur le revers des folioles. Feuille sous-moyenne, glabre et presque lisse super., garnie infer. d'un épais duvet lanugineux ; sinus supérieurs profonds, sinus pétiolaire fermé ; denture large, profonde, un peu aiguë. Grappe moyenne, cylindro-conique, sur un pédoncule assez long et grêle. Grain sur-moyen, globuleux, sur des pédicelles assez forts, de moyenne longueur ; chair un peu molle, peu sucrée, à saveur de Sauvignon ; peau un peu épaisse, assez résistante, d'un beau jaune un peu doré à la MATURITÉ de 1re époque.

Jardovan. Hongrie. [J. P.] BOURGEONNEMENT duveteux, passant du roux clair au blanc légèrement teinté de rose sur le revers des folioles. FEUILLE moyenne, glabre super., garnie infer. d'un duvet aranéo-pileux ; sinus supérieurs bien marqués, celui du pétiole presque toujours fermé ; denture profonde, un peu obtuse, brusquement acuminée. GRAPPE moyenne, cylindro-conique, un peu ailée, un peu serrée, sur un pédoncule assez long, assez fort. GRAIN sur-moyen, globuleux, sur pédicelles un peu courts ; chair assez ferme, sucrée, un peu parfumée à la façon du Sauvignon ; peau mince, assez résistante, passant du jaune clair au jaune ambré à la MATURITÉ de 2e époque.

Joannenc charnu. Voir *Lignan*.

Joli blanc. [Dr H.] BOURGEONNEMENT duveteux, d'un roux clair passant au blanc teinté de grenat brillant. FEUILLE moyenne, à peu près lisse super., garnie infer. d'un duvet pileux ; sinus profonds ; denture un peu aiguë. GRAPPE moyenne, cylindro-conique, peu serrée. GRAIN globuleux ou à peu près, sur des pédicelles assez longs, un peu grêles ; chair un peu molle, sucrée, peu relevée ; peau un peu épaisse, résistante, d'un jaune clair qui se dore à la Maturité de 2ᵉ époque hâtive.

Jonvin de Savoie. Seyssel. [P. T.] Bourgeonnement peu ou point duveteux. Feuille sous-moyenne, glabre sur les deux faces ; sinus supérieurs assez profonds, sinus pétiolaire ouvert ; denture un peu profonde, assez étroite, courtement acuminée. Grappe moyenne, un peu serrée, cylindro-conique, parfois ailée, sur pédoncule grêle, assez long. Grain sur-moyen, ellipsoïde, sur pédicelles assez longs, grêles ; chair ferme, juteuse, sucrée, assez relevée ; peau fine, bien résistante, d'un jaune doré à la Maturité de 1ʳᵉ époque tardive.

Jubi. [C. O.] Voir *Augibi*.

Jurançon. Basses-Pyrénées. [Frc.] Bourgeonnement d'un blanc jaunâtre, duveteux. Feuille moyenne, presque orbiculaire, à peu près lisse et glabre super., garnie infer. d'un duvet lanugineux assez compacte ; sinus assez profonds, celui du pétiole presque fermé ; denture fine, peu profonde, finement acuminée. Grappe moyenne, cylindro-conique, serrée, sur un pédoncule un peu court et fort. GRAIN moyen, globuleux, sur des pédicelles un peu longs et forts ; chair molle, juteuse, à saveur simple un peu relevée ; peau un peu épaisse, passant du vert pâle au jaune doré à la MATURITÉ de 2ᵉ époque. — Synonymes : *Quillat, Quillard, Plant dressé*, etc.

Kadarka blanc. Hongrie. [J. K.] BOURGEON-NEMENT duveteux, légèrement teinté de rouge grenat sur le sommet des folioles. FEUILLE moyenne, glabre et presque lisse super., duveteuse infer. ; sinus bien marqués, celui du pétiole étroitement ouvert. GRAPPE moyenne, cylindro-conique, peu ailée. GRAIN moyen, à peu près globuleux ; chair bien juteuse, sucrée, un peu astringente ; peau assez épaisse, résistante, passant du blanc verdâtre au jaune doré à la MATURITÉ de 2ᵉ époque tardive.

Kadarka kek (Kadarka bleu) ou **Kadarka fekete** (Kadarka noir). [J. K.] BOURGEONNEMENT duveteux, d'un roux grisâtre, teinté de rose violacé. FEUILLE moyenne, d'un vert foncé, glabre et à peu près lisse super., garnie infer. d'un duvet lanugineux, court et compacte ; sinus supérieurs assez profonds, sinus pétiolaire fermé, laissant un vide à la base ; denture large, un peu aiguë, grossièrement acuminée. GRAPPE moyenne ou sur-moyenne, cylindro-conique, rarement ailée, assez serrée, sur un pédoncule un peu court, assez fort ; chair assez ferme, bien juteuse, sucrée, bien relevée ; peau mince, bien résistante, d'un noir bleuâtre à la MATURITÉ de 3e époque. — Synonymes : *Torok zolo* (Raisin turc), *Fekete Czigany*, *Raisin noir de Scutari*, etc., etc.

Kakour. Perse. [A. L.] BOURGEONNEMENT blanchâtre, duveteux, avec liseré rouge sur le pourtour des folioles. FEUILLE moyenne, glabre et presque lisse super., garnie infer. d'un duvet aranéeux ; sinus supérieurs profonds, sinus pétiolaire presque fermé, s'élargissant à la base ; denture large, obtusément acuminée. GRAPPE moyenne, cylindro-conique, un peu ailée, sur un pédoncule long, assez fort. GRAIN sur-moyen, olivoïde, irrégulier, un peu incurvé à la façon des grains du cornichon ; chair ferme, juteuse, un peu acidulée ; peau un peu mince, résistante, passant du vert clair au jaune un peu doré à la MATURITÉ de 3e époque tardive.

Kamouri. Caucase. [B. de L.] BOURGEONNEMENT duveteux, teinté de rouge clair passant au jaune verdâtre sur la jeune feuille. FEUILLE moyenne, d'un vert foncé, glabre et presque lisse super., garnie infer d'un duvet lanugineux raide ;

sinus supérieurs assez profonds, sinus pétiolaire un peu ouvert; denture peu profonde, un peu large, obtuse, courtement acuminée. GRAPPE à peine moyenne, cylindro-conique, un peu lâche, sur un pédoncule assez long, mince. GRAIN moyen, longuement ellipsoïde, sur des pédicelles assez longs, un peu grêles; chair un peu ferme, assez sucrée, légèrement acidulée, astringente; peau assez épaisse, résistante, d'un gris rosé à la MATURITÉ de 3ᵉ époque.

Karoad. [Dʳ H.]. BOURGEONNEMENT duveteux. FEUILLE moyenne, glabre super., garnie infer. d'un duvet lanugineux; sinus presque nuls, sinus pétiolaire étroit; denture large, peu profonde, courtement acuminée. GRAPPE sur-moyenne, ailée, rameuse, sur des pédicelles assez longs et assez forts. GRAIN sur-moyen, ellipsoïde, sur des pédicelles un peu longs, assez forts; chair ferme, croquante, sucrée, bien relevée; peau un peu mince, résistante, d'un beau jaune doré à la MATURITÉ de 2ᵉ époque.

Kechmish Ali violet. [C. O.] BOURGEONNEMENT légèrement duveteux. FEUILLE sur-moyenne, glabre et un peu bullée super., garnie infer. d'un léger duvet pileux sur les nervures; sinus bien marqués, celui du pétiole fermé ou presque fermé;

denture assez profonde, un peu obtuse. Grappe sur-moyenne, cylindro-conique, un peu rameuse et un peu lâche, sur un pédoncule de moyenne longueur et de moyenne force. Grain gros, globuleux, souvent un peu déprimé au point pistillaire ; pédicelles longs et grêles ; chair ferme, juteuse, sucrée, à saveur simple ; peau épaisse, résistante, passant du rouge au noir violacé à la Maturité de 2e époque tardive. — Dans nos premières descriptions, nous avions donné le *Kechmish Ali* comme synonyme du *Frankenthal;* nous reconnaissons aujourd'hui que ce sont deux variétés distinctes, quoique très rapprochées l'une de l'autre.

Kechmish blanc à grains ronds. [C. O.] Bourgeonnement peu duveteux, teinté de rose qui passe au vert jaunâtre brillant sur les jeunes feuilles. Feuille grande ou sur-moyenne, glabre, lisse et brillante super. (souvent un peu révolutée en dessous), légèrement garnie infer., sur les nervures, d'un très léger duvet lanugineux; sinus profonds, ordinairement fermés, sinus pétiolaire bien ouvert; denture large, assez profonde, obtuse et finement acuminée. Grappe moyenne, cylindro-conique, ailée, peu serrée, sur un pédoncule assez long, un peu grêle. Grain sous-moyen, sub-globuleux, un peu déprimé sur le point pistillaire et à son insertion sur les pédicelles ; chair ferme, sucrée, relevée, à saveur simple ; peau mince, résistante, d'un beau jaune maculé de roux à la Maturité de 2ᵉ époque.

Kechmish blanc à grains oblongs. [C. de R.] Feuille sur-moyenne, presque plane, peu ou point tourmentée, lisse super., duveteuse infer.; sinus assez profonds, avec lobes aigus. Grappe moyenne, cylindro-conique, un peu ailée. Grain olivoïde, assez gros, d'un jaune ambré à la Maturité de 2ᵉ époque.

Kecs Kecs ecsu blanc. Hongrie. [J. P.] Voir *Pis de Chèvre blanc*.

Kecs Kecs ecsu rouge. Hongrie. [J. P.] *Voir Pis de Chèvre rouge*.

Kek zolo (Raisin bleu). Hongrie. [J. K.] Feuille moyenne, glabre et un peu boursouflée super., garnie infer. d'un duvet pileux; sinus supérieurs assez profonds, celui du pétiole un peu ouvert ; denture un peu large, assez profonde, un peu obtuse, courtement acuminée. Grappe longuement cylindro-conique, un peu ailée, assez serrée, sur un pédoncule un peu court, assez fort. Grain moyen, à peu près globuleux, sur des pédicelles assez longs, un peu grêles; chair molle, juteuse, sucrée, à saveur simple, un peu relevée ; peau un peu mince, assez résistante, d'un bleu noir pruiné à la MATURITÉ de 1re époque.

Kientsheim. Alsace. Voir *Lignan*.

Kiraly. Hongrie. [J. P.] BOURGEONNEMENT duveteux, d'un roux clair passant au blanc teinté de rose. FEUILLE le plus souvent tourmentée, sous-moyenne, glabre super., garnie infer. d'un duvet lanugineux ; sinus bien marqués, celui du pétiole ordinairement fermé ; denture assez profonde, un peu obtuse. GRAPPE sous-moyenne, un peu rameuse, peu serrée, sur un pédicelle assez long, un peu grêle. GRAIN moyen, globuleux ; chair molle, juteuse, relevée ; peau un peu mince, peu résistante, d'un beau jaune doré à la MATURITÉ de 2° époque. — Synonyme, *Lempor*.

Klauner ou **Kleuner blau**. Alsace. Voir *Pineau noir*.

Klein Reuschling. Alsace. [B. S.] BOURGEONNEMENT bien duveteux, d'un blanc jaunâtre teinté de rose. FEUILLE grande, aussi large que longue, lisse et glabre super., garnie infer. d'un duvet aranéeux ; sinus presque nuls, sinus pétiolaire le plus souvent ouvert ; denture aiguë, un peu courte, finement acuminée. GRAPPE petite, courte-

ment cylindrique, arrondie, sur un pédoncule court
et grêle. GRAIN sous-moyen, très serré, à peu près
globuleux ; chair molle, juteuse, un peu acidulée,
à saveur simple ; peau un peu mince, peu résistante, d'un blanc verdâtre passant un peu au
jaune à chaude exposition à la MATURITÉ de 2ᵉ
époque.

Klein roth (Petit rouge). Valais. [N.] BOURGEON-
NEMENT duveteux, blanchâtre. FEUILLE moyenne,
glabre et lisse super., garnie infer. d'un duvet aranéeux ; sinus supérieurs profonds, sinus pétiolaire
ouvert. GRAPPE moyenne, longuement cylindro-
conique, un peu rameuse, sur un pédoncule assez
long, un peu grêle. GRAIN moyen, globuleux,
pédicelles longs et grêles ; chair juteuse, un peu
acerbe, assez sucrée ; peau mince, résistante, passant du rouge clair au noir pruiné à la MATURITÉ
de 2ᵉ époque hâtive ou fin de 1ʳᵉ.

Kniperlé. Alsace. [B. S.] Voir *Klein Rauschling.*

Kolner blau (Raisin de Cologne noir). [H. G.]
BOURGEONNEMENT bien duveteux, blanchâtre. FEUILLE
grande, d'un vert foncé, glabre et lisse super.,
garnie infer. d'un duvet compacte, assez profondément sinuée ; sinus supérieurs fermés, laissant un
vide à la base, les secondaires ouverts, celui du

pétiole presque fermé; denture inégale, un peu large, un peu obtuse, courtement acuminée. Grappe grosse, cylindro-conique, rameuse, sur un pédoncule long et fort. Grain gros, globuleux, sur des pédicelles forts et verruqueux; chair un peu ferme, sucrée, peu relevée; peau un peu épaisse, assez résistante, d'un noir bleuâtre pruiné à la Maturité de 2e époque tardive.

Koumsa Msouané. Caucase. [B. de L.] Bourgeonnement duveteux, d'un roux légèrement violacé passant au blanc. Feuille presque orbiculaire, un peu bullée, glabre super., lanugineuse infer.; sinus peu ou point marqués, sinus pétiolaire le plus souvent fermé; denture obtuse, courtement acuminée. Grappe moyenne, cylindro-conique, assez serrée. Grain moyen, globuleux; chair assez ferme, un peu acidulée, à saveur simple; peau assez épaisse d'un vert blanchâtre passant au jaune à la Maturité de 3e époque.

Lacryma Christi. Voir *Aleatico*. *Chasselas violet*.

Lacryma di Maria. Sicile. [B. M.] Bourgeonnement d'un roux verdâtre, peu duveteux, passant au vert jaunâtre brillant, à peu près glabre. Feuille grande, vert foncé, glabre sur les deux faces ; sinus peu profonds, celui du pétiole un peu ouvert ; denture large, assez profonde, un peu obtuse. GRAPPE grosse, lâche, longuement cylindro-conique, peu ou point ailée, sur un pédoncule assez long, un peu mince. GRAIN gros, olivoïde, sur des pédicelles assez forts, un peu longs ; chair ferme, croquante, sucrée, à saveur simple ; peau épaisse, résistante, d'un jaune un peu doré à la MATURITÉ de 3e époque tardive. — Synonyme : *Lacryma di Madona*.

Lacryma nera. Naples. [B. M.] BOURGEONNE-MENT d'un roux très clair, largement teinté de rose passant au grenat clair et brillant. FEUILLE moyenne, glabre et presque lisse super., très légè-rement garnie infer., surtout sur les nervures, d'un très léger duvet pileux ; sinus supérieurs profonds, sinus pétiolaire bien ouvert ; denture profonde, assez large, bien aiguë, finement acuminée. GRAPPE moyenne, cylindro-conique, peu serrée, sur un pédoncule un peu grêle et un peu court. GRAIN moyen, ellipsoïde, sur des pédicelles assez longs et un peu forts ; chair un peu ferme, juteuse, sucrée, assez relevée ; peau un peu épaisse, assez résistante, d'un rouge noirâtre à la MATURITÉ de 3e époque.

Lacryma nera de Rome. [C. de R.] BOUR-GEONNEMENT peu duveteux, d'un vert jaunâtre.

12

Feuille sur-moyenne, presque plane, lisse et glabre super., très légèrement parsemée infer. de poils sur les nervures; sinus bien marqués ou marqués, celui du pétiole étroitement ouvert; denture large, profonde, aiguë, finement acuminée. Grappe moyenne, cylindrique ou parfois cylindro-conique, ailée, serrée, sur un pédoncule assez long, un peu grêle. Grain moyen, ellipsoïde, sur des pédicelles assez longs, un peu grêles; chair ferme, juteuse, bien sucrée, relevée; peau un peu épaisse, assez résistante, d'un noir un peu éclairé de rouge un peu pruiné à la Maturité de 3e époque. — Ce cépage se rapproche beaucoup de la *Lacryma Nera* de Naples, mais il nous semble cependant distinct.

Lallemand fruh (Lallemand précoce). [C. de R.] Voir *Blauer Portugieser*.

Lambrusca. Piémont. [M. I.] Voir *Crovetto* ou *Croetto*.

Lambrusca Viola [C. de R.] Bourgeonne-ment duveteux. Feuille moyenne, glabre et un peu bullée super., garnie infer. d'un duvet lanugi-neux, compacte; sinus supérieurs profonds, sinus pétiolaire fermé; denture peu profonde, obtuse, courtement acuminée. Grappe moyenne, cylindro-

conique, peu serrée, sur un pédoncule assez fort
et assez long. GRAIN moyen, globuleux, fortement
attaché à des pédicelles assez forts et un peu courts ;
chair ferme, un peu acerbe, peu sucrée ; peau
épaisse, résistante, d'un beau noir violacé, un peu
pruiné à la MATURITÉ de 2e époque tardive.

Languedocien. Isère. Voir *Sirah*.

Lardeau. Drôme. [A. R.] BOURGEONNEMENT
assez duveteux, blanchâtre. FEUILLE à peine
moyenne, presque lisse super., garnie infer. d'un
duvet lanugineux ; sinus supérieurs profonds,
celui du pétiole étroit ou fermé ; denture un peu
étroite, aiguë, brusquement acuminée. GRAPPE
moyenne, cylindro-conique, sur un pédoncule
assez fort, un peu long. GRAIN moyen, sphéro-
ellipsoïde, sur des pédicelles assez longs, un peu
grêles ; chair bien ferme, charnue, un peu astringente, assez sucrée, à saveur simple ; peau fine,
bien résistante, d'un beau jaune un peu pruiné à
la MATURITÉ de 1re époque.

Leanika. [J. P.] Hongrie. BOURGEONNEMENT
peu duveteux, passant du roux au grenat clair.
FEUILLE sur-moyenne, glabre et un peu lisse
super., portant infer. sur les nervures un duvet
pileux, un peu clair ; sinus supérieurs assez pro-

fonds, sinus pétiolaire ouvert; denture peu profonde, courtement aiguë. Grappe petite, presque cylindrique, un peu compacte, sur un pédoncule fort, assez long. Grain petit, globuleux, sur un pédicelle court et fort; chair tendre, sucrée, bien relevée; peau un peu épaisse, résistante, d'un vert clair passant au vert jaunâtre à la Maturité de 2e époque.

Leani-Zolo. Hongrie. [J. P.] Bourgeonnement gris, duveteux, teinté de roux. Feuille sous-moyenne, un peu tourmentée, glabre super, couverte à sa page inférieure d'un duvet lanugineux; sinus supérieurs profonds et fermés, sinus pétiolaire le plus souvent ouvert; denture un peu large, peu profonde, assez aiguë. Grappe moyenne ou à peine moyenne, presque cylindrique et lâche, sur pédoncule assez long et grêle; chair un peu molle, bien sucrée, agréablement relevée; peau un peu épaisse, peu résistante, passant du vert clair au jaune un peu ambré à la Maturité de première 2e époque.

Le Canut ou **Canut**. Lot-et-Garonne. [D. I. de M.] Voir *Œil de Tours*.

Lefort. Haute-Loire. [F. P.] Voir *Sirah l'Ermitage*.

Leipsiger. Autriche. [Dr G.] Voir *Lignan*.

Lempor ou **Lampor feher**. Hongrie. [J. P.]
Bourgeonnement très duveteux, teinté de rose.
Feuille sur-moyenne, presque plane, glabre super.,
un peu duveteuse infer.; sinus profonds. Grappe
moyenne, courtement cylindro-conique, un peu
serrée, sur un pédoncule assez fort. Grain moyen,
sphéro-ellipsoïde, sur des pédicelles assez longs,
un peu grêles; chair assez ferme, juteuse, sucrée,
relevée; peau un peu épaisse, résistante, d'un
blanc verdâtre passant au jaune à la Maturité de
2ᵉ époque tardive.

Lenoir. Amérique. [J. P. B.] Voir *Jacquez*.

Lignan. Jura. [C. R.] Bourgeonnement presque
glabre, d'un vert clair. Feuille grande ou sur-
moyenne, glabre super., sans duvet apparent infer.,
sauf sur les nervures qui sont un peu pileuses;
sinus supérieurs profonds, sinus pétiolaire le plus
souvent ouvert; denture très large, longue et aiguë.
Grappe sur-moyenne, cylindro-conique, ordinairement ailée, un peu serrée, sur un pédoncule assez
long et fort; chair ferme, assez croquante, bien
sucrée et relevée; peau fine, assez résistante, passant du vert clair un peu translucide au jaune doré
à la Maturité qui est précoce. — Synonymes :

Joannen, Joannenc, Madeleine blanche, Blanc de Pagès, etc., en France ; *Kientzheim* ou *Précoce de Kientzheim, Leipsiger, Fruhweisser*, etc., en Allemagne ; *Luglienga, Buona in casa*, etc., en Italie ; *Augustaner, Seiden traub, Margit feher*, etc., Hongrie ; *Early white Malvosia, Early Kientzheim*, etc., Angleterre ; *San Jacopo*, Espagne, etc.

Lindi-Kanat. Semis du comte Odart qui reproduit à peu près tous les caractères du *Grec rouge*.

Lindley. Amérique. [J. P. B.] Bourgeonnement duveteux, d'un roux passant au rose foncé, puis au vert jaunâtre. Feuille sur-moyenne, glabre super., lanugineuse infer.; sinus supérieurs marqués, sinus pétiolaire plus ou moins ouvert; denture peu profonde ou presque nulle, obtuse, courtement acuminée. Grappe sous-moyenne, cylindro-conique, peu serrée. Grain sur-moyen, globuleux, sur des pédicelles un peu courts et forts; chair ferme, pulpeuse, relevée d'une saveur spéciale un peu foxée; peau épaisse, bien résistante, d'un beau rouge pruiné à la Maturité de 2ᵉ époque.

Listan. Andalousie. [C. O.] Bourgeonnement duveteux, d'un blanc roussâtre, légèrement teinté de rose sur le revers des folioles. Feuille moyenne ou sur-moyenne, lisse et glabre super., garnie infer. d'un duvet floconneux; sinus supérieurs peu profonds, sinus pétiolaire fermé ou presque fermé; denture étroite, profonde, courtement acuminée. Grappe sur-moyenne ou grosse, un peu rameuse, lâche, cylindro-conique. Grain sur-moyen, sub-globuleux, un peu déprimé, sur des pédicelles assez longs et assez forts; chair un peu molle, sucrée, un peu relevée; peau fine, passant du vert très clair au vert jaunâtre un peu ambré à la Maturité de 2ᵉ époque. — Synonyme : *Palominos*.

Logan. Amérique. [I. B. et M.] Bourgeonnement duveteux, d'un roux clair passant au rose fortement violacé. Feuille moyenne, un peu épaisse, glabre super., garnie infer. d'un duvet lanugineux, compacte; sinus supérieurs profonds, celui du pétiole ouvert; denture peu profonde, assez large, finement acuminée. Grappe sous-moyenne, cylindro-conique, sur un pédoncule assez long, un peu grêle. Grain moyen, courtement ovoïde, s'atténuant à l'insertion sur le pédicelle; chair pulpeuse, assez sucrée, relevée d'une saveur spéciale qui n'est pas foxée; peau épaisse, résistante, d'un noir bleuâtre à la Maturité de 1ʳᵉ époque tardive.

Long. Amérique. [J. P. B.] Voir *Cunningham*.

Loubal blanc. Tarn-et-Garonne. [C. O.]
Bourgeonnement d'un vert jaunâtre, légèrement
duveté, blanchâtre. Feuille moyenne, presque
plane, glabre super., garnie infer. d'un duvet
pileux, court ; sinus supérieurs profonds, celui du
pétiole un peu étroit ou fermé ; denture assez
large, un peu obtuse, très courtement acuminée.
Grappe moyenne, cylindro-conique, un peu tronquée, ailée, rameuse, un peu serrée, sur un pédoncule assez long, un peu grêle. Grain moyen, olivoïde, sur des pédicelles assez forts et un peu
longs ; chair un peu molle, assez sucrée, à saveur
simple, peau relevée ; peau d'un blanc verdâtre, un
peu mince, assez résistante, passant au jaune
paille à la Maturité de 2ᵉ époque tardive.

Lourdaot ou **Lourdot**. [A. R.] Drôme et
Isère. Voir *Chasselas doré*.

Luglienga bianca. Piémont. [C. de R.]
Voir *Lignan*.

Luglienga nera. [C. de R.] Piémont. Bourgeonnement verdâtre, presque glabre. Feuille
sur-moyenne, glabre super. et infer.; sinus supérieurs bien marqués, sinus pétiolaire toujours bien
ouvert ; denture assez longue, large, courtement

acuminée. Grappe sur-moyenne, cylindro-conique.
allongée, un peu lâche. Grain sur-moyen ou gros,
ellipsoïde, sur des pédicelles assez longs et grêles ;
chair un peu ferme, sucrée, agréablement relevée ;
peau un peu épaisse, résistante, passant du rouge
au noir violacé à la Maturité de première 2e
époque.

Maccabeo des Pyrénées-Orientales.
[P. T.] Voir *Ugni blanc.*

Maclin ou **Méclin noir.** Ain. [N.] Montagnieu.
Bourgeonnement bien duveteux, blanchâtre.
Feuille moyenne, d'un vert foncé, glabre et à peu
près lisse super., garnie infer. d'un duvet lanugineux, compacte ; sinus supérieurs profonds, sinus
pétiolaire presque fermé et laissant un vide élargi
à sa base ; denture peu profonde, aiguë, finement
acuminée. Grappe sur-moyenne, un peu cylindro-
conique, assez serrée, un peu ailée, sur un pédoncule grêle, assez long. Grain sur-moyen, globuleux, sur des pédicelles un peu grêles ; chair assez
ferme, sucrée, bien relevée, un peu astringente ;
peau un peu épaisse, résistante, d'un noir foncé
pruiné à la Maturité de 3e époque.

Maclon. Côte-Rôtie. Rhône. [N.] Bourgeonnement bien duveteux, teinté de rouge violacé sur un

fond blanc. Feuille d'un vert foncé, glabre super., garnie infer. d'un duvet aranéeux et pileux ; sinus supérieurs assez profonds, sinus pétiolaire ouvert ; denture large, un peu obtuse, courtement acuminée. Grappe moyenne, cylindro-conique, souvent ailée, sur un pédoncule long et fort. Grain sous-moyen, ellipsoïde, sur des pédicelles longs, un peu grêles ; chair juteuse, bien sucrée, à saveur simple ; peau épaisse, peu résistante, passant du vert clair au vert teinté de jaune à la Maturité de 2ᵉ époque. — Synonymes : *Altesse de la Savoie, Anet de l'Isère.*

Madame Coignet. [Semis de graines rapportées du Japon par Mᵐᵉ Coignet, et qui nous furent remises, par M. J. Sisley, son père, en 1877.] Bourgeonnement très duveteux, d'un roux clair teinté de rouge. Feuille très grande, presque orbiculaire, un peu révolutée infer., finement bullée, légèrement tomenteuse super. sur les jeunes feuilles, garnie infer. d'un tomentum roussâtre, court et compacte ; sinus supérieurs peu ou point marqués, sinus pétiolaire relativement court, fort, un peu duveteux ; denture courte et fine. — Cette variété fleurit, mais ne fructifie pas en France. Au Japon elle produit des raisins employés par les indigènes pour la vinification. C'est la variété importée par M.

Degron, 1885. La vigne *Madame Coignet* est très ornementale par son beau feuillage, surtout lorsque ce dernier se teinte de rouge foncé dans les premiers jours d'octobre.

Madchanaouri. Caucase. [B. de L.] Voir *Dodrelabi*.

Madeleine Angevine. [Semis de Moreau Robert, 1863.] Bourgeonnement duveteux, blanchâtre, teinté de rouge violacé. Feuille moyenne, glabre super., bien duvetée infer., surtout sur les nervures ; sinus supérieurs profonds, sinus pétiolaire tantôt fermé, tantôt un peu ouvert ; denture un peu large, assez aiguë, brusquement et obtusément acuminée. Grappe moyenne ou sur-moyenne, un peu rameuse, cylindro-conique, sur un pédoncule un peu grêle, assez long. Grain moyen ou sur-moyen, un peu ovoïde, sur des pédicelles longs et grêles ; chair un peu molle, bien juteuse, très sucrée ; peau fine, assez résistante, passant du vert pâle au jaune doré à la Maturité de toute première précocité.

Madeleine blanche. Voir *Lignan*.

Madeleine blanche de Jacques. [H. B.] Bourgeonnement duveteux, d'un blanc jaunâtre. Feuille grande, un peu tourmentée, glabre super., duveteuse infer.; sinus supérieurs profonds, celui du pétiole ouvert; denture inégale, large, obtuse, courtement acuminée. Grappe moyenne, cylindro-conique, sur un pédoncule un peu long, assez fort. Grain moyen, sphéro-ellipsoïde, sur des pédicelles longs et grêles; peau un peu épaisse, résistante, d'un beau jaune clair à la Maturité qui est presque de 1re précocité.

Madeleine noire. Cette variété, aujourd'hui abandonnée pour d'autres variétés plus précoces et meilleures, reproduit à peu près tous les caractères des *Pineaux*, dont elle diffère par des grains se maculant de rouge violacé au début de la maturation, et par une chair coriace, peu sucrée et peu agréable.

Madeleine royale. [F. G.] Bourgeonnement duveteux, d'un vert blanchâtre super., teinté de rose infer. Feuille sur-moyenne ou grande, un peu tourmentée, bullée, glabre super., couverte infer. d'un duvet feutré, compacte; sinus supé-rieurs profonds, celui du pétiole toujours fermé; denture large, courte, obtuse. Grappe sur-moyenne, un peu cylindro-conique, ailée, peu serrée, sur un pédoncule assez fort, de moyenne longueur. Grain moyen ou sur-moyen, à peu près globuleux, pédicelles assez longs, un peu grêles; chair molle, sucrée, un peu relevée ; peau mince, peu résistante, d'un vert blanchâtre, qui passe au jaune à la MATURITÉ précoce.

Madeleine violette. Cette variété diffère de la *Madeleine noire* par ses feuilles dentées plus aiguës, plus boursouflées, et par la couleur violacée de ses grains. Elle n'est pas meilleure que la *Madeleine noire*.

Madère Vandel. Portugal. [C. O.] Voir *Muscat rouge de Madère*.

Madon. [Dr H.] BOURGEONNEMENT peu duveteux. FEUILLE moyenne, glabre et presque lisse super., très légèrement garnie infer. sur les nervures d'un duvet pileux ; sinus supérieurs peu profonds, sinus pétiolaire un peu fermé ; denture un peu large, peu profonde, un peu aiguë, obtusément acuminée. GRAPPE moyenne, cylindro-conique, peu serrée, sur un pédoncule un peu grêle, assez long. GRAIN sous-moyen, ellipsoïde, sur des pédicelles un peu grêles ; chair molle, assez sucrée, relevée d'une saveur de Sauvignon ; peau fine, résistante, passant du vert clair au jaune doré à la MATURITÉ de 2ᵉ époque.

Magliocolo nero. Calabres. [B. M.] BOURGEONNEMENT peu ou point duveteux, d'un blanc verdâtre. FEUILLE grande, lisse super., glabre sur les deux faces ; sinus supérieurs assez profonds, sinus pétiolaire fermé ; denture profonde, large, un peu obtusée, courtement acuminée. GRAPPE sur-moyenne, cylindro-conique, un peu ailée, sur un pédoncule un peu long, assez fort. GRAIN à peu près globuleux, sur des pédicelles un peu courts et verruqueux ; chair ferme, croquante, sucrée, relevée ; peau épaisse, résistante, d'un beau noir foncé pruiné à la MATURITÉ de 3ᵉ époque.

Malaga Balog Pal. Hongrie. [J. P. — Vigne obtenue de semis, en Hongrie, il y a peu d'années, nous écrit M. John Paget.] BOURGEON-NEMENT d'un roux clair verdâtre, peu ou point duveteux. FEUILLE sur-moyenne, glabre sur les deux faces, lisse super. ; sinus supérieurs peu profonds, celui du pétiole ouvert ; denture un peu obtuse et un peu révolutée en dessous. GRAPPE grosse, cylindro-conique, un peu serrée ; pédoncule assez long, un peu grêle. GRAIN gros, le plus souvent olivoïde ; pédicelles assez longs, forts ; chair ferme, croquante, sucrée, à saveur simple ; peau assez fine, peu résistante, passant du vert clair au jaune doré à la MATURITÉ de 3ᵉ époque. — Cette variété se rapproche du *Muscat d'Alexandrie* par les formes de la feuille et du fruit.

Malaga blanc. Lot. [A. M.] Voir *Sémillon*. Sous ce même nom de Malaga, on désigne dans beaucoup de vignobles le *Muscat d'Alexandrie*.

Malbeck ou **Côt**. Voir *Côt*.

Malingre ou **Précoce de Malingre**. [Semis de M. Malingre, vers 1840.] Bourgeonnement légèrement duveteux, d'un vert clair. Feuille moyenne ou sous-moyenne, glabre sur les deux faces ; sinus supérieurs bien marqués, celui du pétiole ouvert ; denture longue, bien aiguë, finement acuminée. Grappe moyenne, cylindro-conique, un peu lâche, ailée, sur un pédoncule long et grêle. Grain sous-moyen, olivoïde ; pédicelles longs et grêles ; chair tendre, juteuse, bien sucrée, peu relevée ; peau fine, peu résistante, passant du blanc verdâtre au jaune un peu doré à la Maturité de 1re précocité.

Malvasia bianca. Piémont. [C. de R.] Bourgeonnement duveteux, passant du roux au vert jaunâtre, presque glabre. Feuille moyenne ou sur-moyenne, glabre, garnie infer. sur les nervures d'un duvet pileux, hérissé ; sinus supérieurs profonds, sinus pétiolaire ouvert. Grappe moyenne, cylindro-conique, ailée ; pédoncule long, assez fort. Grain sur-moyen, ellipsoïde, sur pédicelles courts et forts ; chair juteuse, sucrée, bien relevée ; peau assez mince, résistante, d'un vert clair qui passe au jaune verdâtre à la Maturité de 2ᵉ époque. — Ce raisin est un des plus beaux et des meilleurs que l'on puisse cultiver ; il se conserve très bien au fruitier. — Synonymes : *Malvoisie blanche de la Drôme* (par erreur), *Boutignon blanc*, du jardin botanique de Dijon.

Malvasia grossa. [C. O.] Voir *Vermentino*.

Malvasia nera du Piémont ou de Casale. [C. de R.] Bourgeonnement un peu duveté, blanchâtre. Feuille large, garnie infer. d'un duvet fin ; sinus supérieurs irréguliers, le plus souvent peu profonds, sinus pétiolaire presque fermé. Grappe sur-moyenne, cylindro-conique, légèrement ailée. Grain moyen, globuleux, sur des pédicelles longs et grêles ; chair assez ferme, sucrée, relevée par une fine saveur musquée, pas toujours persistante ; peau fine, assez résistante, d'un rouge foncé pruiné à la Maturité de 2ᵉ époque hâtive. — Variété recommandable.

Malvasia odorosissima. Sicile. [B. M.] Voir *Aleatico*.

Malvoisie blanche de Syracuse. [B. M.] Bourgeonnement d'un roux clair, duveteux, passant au blanc teinté de rouge violacé. Feuille grande, glabre et légèrement bullée super., garnie infer. d'un duvet lanugineux, compacte; sinus supérieurs bien marqués, celui du pétiole fermé; denture large, bien obtuse à l'extrémité des lobes, finement et brusquement acuminée. Grappe sur-moyenne, cylindro-conique, ailée, sur un pédoncule assez fort et un peu long; chair assez ferme, juteuse et sucrée, bien relevée; peau assez épaisse, résistante, passant du blanc verdâtre au jaune clair à la Maturité de 3ᵉ époque tardive.

Malvoisie blanche de Tarn-et-Garonne. [C. O.] Voir *Malvasia bianca.*

Malvoisie blanche de la Drôme. [C. O.] Voir *Malvasia bianca.* C'est par erreur que le comte Odart signale cette *Malvoisie* dans la Drôme; elle y est inconnue.

Malvoisie de Lipari. [C. O.] Bourgeonnement peu ou point duveté, passant du grenat clair au grenat teinté de rouge. Feuille moyenne, glabre sur les deux faces, sauf quelques poils courts sur les nervures inférieures; sinus profonds. Grappe moyenne, longuement cylindro-conique, lâche, sur un pédoncule assez long, de moyenne force. Grain moyen, ellipsoïde, sur des pédicelles un peu grêles ; chair juteuse, sucrée, bien relevée ; peau un peu fine, bien résistante, d'un beau rose un peu pruiné à la Maturité de 4ᵉ époque.

Malvoisie des Pyrénées - Orientales. [P. T.] Bourgeonnement bien duveteux, blanchâtre. Feuille à peine moyenne, glabre super., garnie infer. d'un léger duvet aranéeux ; sinus supérieurs très profonds, arrondis à la base, sinus secondaires bien marqués, assez profonds, celui du pétiole fermé. Grappe sur-moyenne, cylindroconique, parfois ailée. Grain à peine moyen, ellipsoïde ; chair juteuse, sucrée, relevée ; peau fine, résistante, passant du vert clair au jaune doré à la Maturité de 3ᵉ époque tardive.

Malvoisie rouge ou **rose du Pô. Malvasia rossa du Piémont.** [C. O.] Bourgeonnement duveteux, d'un rouge vineux. Feuille sur-moyenne ou grande, aussi large que longue, glabre super., un peu duveteuse sur les nervures infer. ; sinus supérieurs très profonds, fermés, sinus secondaires bien marqués, sinus pétiolaire bien ouvert ; denture large ou très large, obtuse, courtement acuminée. Grappe à peine moyenne ou sousmoyenne, cylindro-conique, compacte, ailée lorsqu'elle devient grosse, pédoncule assez court et

grêle. GRAIN sous-moyen, sphéro-ellipsoïde, sur
des pédicelles courts et grêles ; chair un peu
molle, fondante, bien serrée et relevée ; peau fine,
souple, débutant à la MATURITÉ par le vert clair
rosé qui passe au rouge clair brillant à la MATURITÉ
de toute 1ʳᵉ époque. — Synonymes : *Valteliner
fruh roth*, *Malvoisie d'Italie*.

Malvoisie rousse de Tarn-et-Garonne.
[C. O.] BOURGEONNEMENT très duveteux, d'un blanc
rosé teinté de rouge clair au revers des folioles.
FEUILLE petite, cordiforme, orbiculaire, légèrement
tomenteuse super., couverte infer. d'un duvet feutré ; sinus supérieurs marqués, celui du pétiole toujours ouvert ; denture large, très courte et obtuse,
sur un pétiole court et très grêle. GRAPPE sous-
moyenne, cylindro-conique, un peu compacte,
pédoncule court, un peu fort. GRAIN sous-moyen,
ellipsoïde, sur des pédicelles courts et grêles ;
chair fondante, sucrée, relevée ; peau un peu
épaisse, passant du vert mat au roux veiné de
rose à la MATURITÉ de 2ᵉ époque tardive.

Malvoisie verte. [C. O.] BOURGEONNEMENT
duveteux, passant du roux clair au blanc verdâtre.
FEUILLE petite, presque orbiculaire, lisse et glabre super., lanugineuse infer. ; sinus peu ou point marqués,
sinus pétiolaire ouvert. GRAPPE petite, courte, un

peu ailée. Grain à peu près globuleux, peu serré ;
chair un peu molle, bien sucrée et relevée ; peau
fine, bien résistante, d'un vert jaunâtre à la
Maturité de 2ᵉ époque.

Mamelon ou **Le Mamelon**. [Semis Moreau-
Robert, 1856.] Bourgeonnement se rapprochant
de celui du Chasselas. Feuille grande ou sur-
moyenne, glabre et lisse super., sans duvet infer. ;
sinus supérieurs assez profonds, sinus pétiolaire
ouvert ; denture large, un peu obtuse, courtement
acuminée. Grappe grosse ou très grosse, sur un
pédoncule assez long et fort. Grain gros, globuleux, sur des pédicelles un peu longs et forts ;
chair un peu ferme, assez sucrée, à saveur simple ;
peau épaisse, assez résistante, d'un blanc jaunâtre
à la Maturité de 2ᵉ époque facile. — Le *Mamelon* se rapproche du *Chasselas* par plusieurs
caractères, mais il est loin d'avoir toutes ses
qualités.

Manéchal. Ardèche, Aubenas. [N.] Bourgeonnement fortement duveté, teinté de rose sur fond
blanchâtre. Feuille moyenne, presque plane,
glabre et à peu près lisse super., garnie infer.
d'un duvet aranéeux, compacte ; sinus supérieurs
bien marqués, celui du pétiole presque fermé.
Grappe moyenne, un peu serrée, cylindro-conique,

souvent ailée ; pédoncule un peu court, assez fort.
Grain moyen, sphéro-ellipsoïde, sur des pédicelles
moyens ; chair assez ferme, sucrée, à saveur
simple ; peau épaisse, bien résistante, d'un noir
foncé pruiné à la Maturité de 3ᵉ époque hâtive.

Manosquen ou **Plant de Manosque.** Basses-Alpes. [N.] Voir *Téoulier.*

Mansenc blanc. Basses-Pyrénées. [Frc.]
Bourgeonnement légèrement duveteux, blanchâtre.
Feuille moyenne, lisse et glabre super., parsemée infer. d'un duvet floconneux ; sinus supérieurs bien marqués, celui du pétiole ouvert ;
denture aiguë et profonde. Grappe moyenne,
cylindro-conique, un peu ailée, assez serrée, sur
un pédoncule assez fort, de moyenne longueur.
Grain moyen, à peu près globuleux, sur des
pédicelles assez forts ; chair assez ferme, un peu
âpre, juteuse, à saveur simple ; peau un peu
épaisse, assez résistante, passant du blanc verdâtre
au jaune un peu doré à la Maturité de 3ᵉ époque.

Mansenc rouge ou **Mansenc gros rouge.**
Basses-Pyrénées. [Frc.] Bourgeonnement légèrement duveté, blanchâtre. Feuille moyenne, glabre,
finement bullée super., garnie infer. d'un duvet
aranéeux, fin ; sinus supérieurs peu profonds,
celui du pétiole ouvert ; denture étroite, peu pro-

fonde, obtuse, courtement acuminée. Grappe
moyenne, un peu ailée, peu serrée, sur un
pédoncule assez long et assez fort. Grain moyen,
globuleux, sur un pédicelle un peu court et fort;
chair juteuse, à saveur simple bien relevée, un
peu âpre; peau assez épaisse, bien résistante, d'un
noir rougeâtre peu pruiné à la Maturité de
3ᵉ époque.

Mansenc petit. [Frc.] Le cépage connu sous ce
nom dans les Hautes-Pyrénées est absolument
semblable au *Mansenc gros rouge* des Basses-
Pyrénées.

Marco catabano ou **Catabano de Catane.**
Voir *Regina bianca*.

Maréchal Bosquet. [Semis Moreau-Robert,
1857. -- Dʳ H.] Bourgeonnement teinté de violet sur
un fond bleuâtre, avec une nuance grenat au sommet des folioles. Feuille moyenne, légèrement
tomenteuse super. (nervures des vieilles feuilles),
garnie infer. d'un duvet pileux, court et raide;
sinus supérieurs assez profonds, celui du pétiole
ouvert; denture assez profonde, un peu obtuse,
courtement acuminée. Grappe sur-moyenne,
cylindro-conique, ailée, un peu serrée, sur un
pédoncule long et grêle. Grain sur-moyen, sphéro-
ellipsoïde, sur des pédicelles assez longs et assez

forts ; chair un peu molle, sucrée, agréable ; peau fine, résistante, passant du blanc verdâtre au jaune doré à la MATURITÉ de 2ᵉ époque.

Marion. Amérique. [I. B. et M.] BOURGEON-NEMENT un peu duveteux, d'un blanc glauque. FEUILLE sur-moyenne, d'un vert foncé, glabre super., presque sans duvet infer. ; sinus supérieurs plus ou moins marqués, celui du pétiole bien ouvert ; denture peu profonde, très finement acuminée, avec des lobes terminés en pointes aiguës. GRAPPE sous-moyenne, cylindro-conique, sur un pédoncule un peu long, assez fort. GRAIN à peine moyen, sub-globuleux ou un peu déprimé par le point pistillaire, sur des pédicelles courts ; chair un peu pulpeuse, teintée de rouge sous la pellicule du pépin ; peau épaisse, résistante, d'un noir foncé peu ou point pruiné ou noir de nègre à la MATURITÉ de 2ᵉ époque.

Marocain gris. [H. B.] Cette variété ne diffère de la suivante que par la couleur gris rose de son grain.

Marocain noir. Pyrénées-Orientales. [H. B.] BOURGEONNEMENT duveteux, d'un vert jaunâtre. FEUILLE à peine moyenne, un peu tourmentée, glabre super., garnie infer. d'un duvet aranéeux, assez compacte ; sinus supérieurs profonds, un peu fermés, sinus pétiolaire toujours bien fermé ;

denture un peu obtuse. Grappe sur-moyenne, cylindro-conique, peu serrée, sur un pédoncule assez long et assez fort. Grain gros, ellipsoïde, sur des pédicelles assez longs, un peu grêles ; chair ferme, sucrée, bien relevée, à saveur simple ; peau mince, résistante, d'un rouge foncé bien pruiné à la Maturité de 4e époque un peu hâtive.

Marraouet. Basses-Pyrénées. [Frc.] Bourgeonnement duveteux, d'un blanc violacé passant au blanc verdâtre. Feuille moyenne, lisse et glabre super., parsemée infer. d'un duvet floconneux ; sinus supérieurs peu profonds, celui du pétiole un peu ouvert ; denture obtuse, brusquement acuminée. Grappe moyenne, cylindroconique, assez serrée ou serrée, ailée. Grain moyen, un peu ellipsoïde, sur des pédicelles un peu courts, assez forts ; chair assez ferme, juteuse, sucrée, assez relevée ; peau un peu épaisse, résistante, d'un noir assez foncé à la Maturité de 3e époque.

Marsanne blanche. Drôme. Ermitage. [N.] Bourgeonnement très duveteux, blanchâtre. Feuille grande, épaisse, tourmentée, bullée, glabre super., garnie infer. d'un duvet aranéeux ; sinus supérieurs assez profonds, sinus pétiolaire toujours bien fermé ; denture large, obtuse, courtement

mucronée. Grappe grosse, rameuse, ailée, cylindro-conique, peu serrée, sur un pédoncule moyen.
Grain sous-moyen, globuleux, sur des pédicelles
assez longs, un peu grêles; chair un peu molle,
juteuse, bien sucrée, à saveur simple; peau assez
fine, peu résistante, passant du blanc verdâtre au
jaune doré à bonne exposition. Maturité de 3ᵉ
époque.

Marsanne noire. Saint-Marcellin. Isère. [N.]
Voir *Sirah*.

Marsigliana bianca. Sicile. [B. M.] Bourgeonnement verdâtre, presque glabre, passant au
vert brillant jaunâtre. Feuille grande, forte,
glabre et lisse sur les deux faces; sinus supérieurs
assez profonds, sinus pétiolaire un peu ouvert;
denture profonde, large, un peu obtuse. Grappe
longuement cylindro-conique, rameuse, lâche, sur
un pédoncule assez long, un peu grêle. Grain
gros ou très gros, ellipsoïde; chair un peu ferme,
peu juteuse, sucrée, peu relevée; peau un peu
épaisse, bien résistante, d'un jaune paille à la
Maturité de 4ᵉ époque.

Marsigliana nera. Girgenti. Sicile. [B. M.]
Bourgeonnement peu ou point duveteux. Feuille
grande, un peu épaisse, d'un beau vert, glabre et

lisse sur les deux faces ; sinus supérieurs profonds. celui du pétiole ordinairement ouvert ; denture longue, assez large, un peu obtuse, courtement acuminée. Grappe grosse, courtement cylindro-conique, un peu tronquée, sur un pédoncule assez long et grêle. Grain gros, olivoïde, sur des pédicelles forts et assez longs ; chair ferme, assez fine, bien sucrée ; peau un peu mince, bien résistante. d'un rouge foncé, passant au noir violacé à la Maturité de 4e époque.

Martelet. Isère. Les Avenières. [N.] Bourgeon-nement duveteux, blanchâtre. Feuille grande, glabre et lisse super., garnie infer. d'un duvet aranéeux ; sinus supérieurs assez profonds, sinus pétiolaire très ouvert. Grappe sous-moyenne, un peu serrée, cylindro-conique, un peu ailée, sur un pédoncule assez long. Grain moyen, à peu près globuleux, sur des pédicelles un peu courts ; chair assez juteuse, un peu acerbe ; peau un peu mince, bien résistante, d'un noir violacé à la Maturité de 3e époque tardive.

Martha. Amérique. [J. P. B.] Bourgeonne-ment très duveteux, d'un blanc pur teinté de rose sur l'extrémité des folioles. Feuille sur-moyenne, glabre et à peu près lisse super., garnie infer. d'un duvet blanc glaucescent, épais et court ; sinus

peu profonds, sinus pétiolaire bien ouvert. GRAPPE.
moyenne, cylindro-conique, peu serrée, sur un
pédoncule assez long et un peu grêle. GRAIN sous-
moyen, globuleux, sur des pédicelles courts, un
peu grêles ; chair pulpeuse, assez sucrée, bien
foxée ; peau épaisse, résistante, passant du blanc
verdâtre au jaune paille à la MATURITÉ de première 3ᵉ époque.

Marzemina. Piémont. [C. de R.] BOURGEON-
NEMENT précoce, duveteux, blanchâtre. FEUILLE
sur-moyenne, lisse et glabre super., garnie infer.
d'un duvet pileux ; sinus supérieurs marqués,
celui du pétiole bien fermé. GRAPPE longuement
cylindro-conique, ailée, lâche. GRAIN moyen, globuleux, sur des pédicelles longs, assez forts ; chair
juteuse, sucrée, assez relevée ; peau assez épaisse,
bien résistante, d'un noir foncé bien pruiné à la
MATURITÉ de 3ᵉ époque.

Mataro. Espagne. Voir *Mourvèdre*.

Mauro nero di Egitto. [C. de R.] BOUR-
GEONNEMENT blanchâtre, très duveteux. FEUILLE
presque orbiculaire, d'un vert foncé non luisant,
plane et rude super., fortement duveteuse infer. ;
sinus supérieurs peu marqués, sinus pétiolaire
bien fermé. GRAPPE moyenne, un peu cylindro-

conique, ailée, assez serrée, sur un pédoncule court, assez fort. GRAIN moyen, sphéro-ellipsoïde, sur des pédicelles assez longs, un peu grêles ; chair un peu molle, juteuse, astringente, à saveur simple ; peau bien épaisse, résistante, d'un noir bleuâtre à la MATURITÉ de 3ᵉ époque hative.

Mauzac blanc. Gers. [C. O.] BOURGEONNEMENT duveteux, teinté de rouge violacé. FEUILLE petite, d'un vert intense, presque orbiculaire, à peu près glabre super., garnie infer. d'un léger duvet aranéeux ; sinus supérieurs un peu marqués, celui du pétiole bien fermé ; denture peu profonde, assez aiguë, finement mucronée. GRAPPE sous-moyenne, cylindro-conique, un peu serrée, sur un pédoncule un peu long, assez fort. GRAIN sous-moyen, sphéro-ellipsoïde, sur des pédicelles assez forts ; chair ferme, assez juteuse, bien sucrée, relevée ; peau épaisse, résistante, passant du blanc verdâtre au jaune doré à la MATURITÉ de 2ᵉ époque. — Synonymes : *Picardan, Feuille ronde.*

Mauzac grand ou **Grand Mauzac**. Gers. [J. Seillan.] BOURGEONNEMENT duveteux, teinté de rouge violacé. FEUILLE petite, d'un vert foncé, presque orbiculaire, glabre et à peu près lisse super., garnie infer. d'un léger duvet lanugineux ; sinus supérieurs marqués ou un peu profonds,

les secondaires nuls, celui du pétiole bien fermé ;
denture large, peu profonde, bien obtuse, courtement acuminée. Grappe moyenne ou sous-
moyenne, un peu serrée, cylindro-conique, un
peu allongée, pédoncule un peu long, fortement
empâté. Grain sur-moyen ou moyen (14 milli-
mètres sur 16) ; chair ferme, juteuse, bien sucrée,
relevée ; peau épaisse, bien résistante, passant du
blanc verdâtre au jaune doré clair à la Maturité
de 2ᵉ époque. — Le *Mauzac grand* se rapproche
beaucoup du *Mauzac blanc ordinaire*.

Mauzac noir. Tarn-et-Garonne. Gers.
[J. Seillan.] Ne diffère du *Mauzac blanc* que par
la couleur noire de son raisin.

Mauzac rose. Mêmes caractères que le
Mauzac blanc et *noir* avec des grains roses.

Maxatawnay. Amérique. [J. P. B.] Bourgeonnement duveteux d'un roux foncé, passant au
gris violacé. Feuille sur-moyenne, un peu bour-
soufflée, glabre super., garnie infer. d'un duvet
pileux, fin, poils courts et rudes sur les nervures ;
sinus supérieurs bien marqués, celui du pétiole
ouvert. Grappe moyenne, assez longue, un peu
compacte, cylindro-conique, rarement ailée. Grain
moyen, sphéro-ellipsoïde, sur des pédicelles un

peu courts; chair un peu pulpeuse, assez sucrée, foxée; peau épaisse, résistante, d'un jaune pâle obscur à la Maturité de 2ᵉ époque.

Mayorquin ou **Mayorcain blanc.** [A. P.] Bourgeonnement tardif, fortement duveté blanc, légèrement teinté de rose sur le revers des folioles. Feuille grande, un peu épaisse, vert foncé, glabre, finement bullée super., garnie infer. d'un duvet aranéeux; sinus supérieurs bien marqués, celui du pétiole toujours fermé; denture large, assez profonde, obtuse, courtement acuminée. Grappe très grosse, cylindro-conique, fortement ailée, plus ou moins serrée suivant les sols, pédoncule assez fort, de moyenne longueur. Grain gros, ellipsoïde court, sur des pédicelles assez longs, un peu grêles; chair un peu ferme, juteuse, sucrée, à saveur simple; peau assez fine, assez résistante, passant du blanc verdâtre au jaune doré à la Maturité de 3ᵉ époque. — Synonymes : *Damas blanc, Plant de Marseille, Bormenc.*

Mècle. Isère. Bourgoin. [N.] Bourgeonnement un peu duveteux, blanchâtre. Feuille sur-moyenne, glabre et un peu boursouflée super., garnie infer. d'un duvet aranéeux; sinus supérieurs bien marqués, celui du pétiole étroitement ouvert. Grappe sur-moyenne, longuement cylindro-conique, un

peu rameuse et lâche, sur un pédoncule long,
grêle et cassant. Grain moyen, ellipsoïde, un peu
allongé, sur des pédicelles assez longs, un peu
grêles ; chair bien juteuse, sucrée, relevée, à saveur
simple ; peau un peu mince, assez résistante, d'un
rouge foncé un peu pruiné à la Maturité de 2ᵉ
époque.

Meleori. Caucase. [B. de L.] Bourgeonnement duveteux, teinté de blanc sur un fond jaunâtre. Feuille sur-moyenne, glabre et presque
lisse super., à peu près sans duvet infer., sauf
des poils courts sur les nervures ; sinus supérieurs
bien marqués ou marqués, celui du pétiole le plus
souvent fermé ; denture assez large, peu profonde,
un peu obtuse, courtement acuminée. Grappe
grosse, longuement cylindro-conique, ailée, sur
un pédoncule long, assez fort. Grain moyen ou
sous-moyen, globuleux, sur des pédicelles assez
forts, de moyenne largeur ; chair molle, juteuse,
légèrement astringente, un peu sucrée ; peau un
peu mince, bien résistante, passant du blanc verdâtre au jaune doré à la Maturité de 3ᵉ époque.

Melinet. [Semis de Moreau-Robert, 1851.]
Bourgeonnement d'un roux violacé, duveteux,
folioles épanouies brillantes sur la face supérieure. Feuille moyenne, glabre super., garnie

infer. d'un duvet pileux, surtout sur les nervures :
sinus supérieurs assez profonds, celui du pétiole
peu ou point ouvert; denture peu profonde, peu
aiguë, courtement acuminée. GRAPPE longuement
cylindro-conique, peu serrée, sur un pédoncule
long, un peu grêle. GRAIN sur-moyen, sphéro-
ellipsoïde, sur des pédicelles un peu longs et
grêles; chair molle, bien juteuse, assez sucrée, à
saveur simple; peau un peu mince, passant du
blanc jaunâtre pâle au jaune un peu doré à la
MATURITÉ de première 2ᵉ époque.

Melon de l'Auxerrois. [D. D.] Voir *Savagnin jaune*.

Melon de la Côte-d'Or. [Jules Ricaud.]
Voir *Gamay blanc* feuille ronde.

Melon du Jura. [C. R.] Voir *Pineau blanc
Chardonnay*.

Mérille grosse ou **Grosse Mérille**.[D'I de
M.] BOURGEONNEMENT d'un blanc jaunâtre, bien
duveteux, avec un léger liseré rose sur le pourtour des folioles. FEUILLE moyenne ou sur-
moyenne, glabre super., garnie infer. d'un duvet
lanugineux un peu serré; sinus supérieurs peu ou
point marqués, sinus pétiolaire étroitement ouvert;
denture peu profonde, assez étroite, finement

acuminée. GRAPPE sur-moyenne, cylindro-conique, sur un pédoncule moyen, fortement empâté. GRAIN moyen ou sur-moyen, globuleux, sur des pédicelles un peu longs, assez forts ; chair un peu ferme, juteuse, un peu astringente, assez sucrée ; peau épaisse, résistante, d'un noir foncé pruiné à la MATURITÉ de 3ᵉ époque. — Synonymes : *Périgord, Saint-Rabier, Grand noir* (Gers), *Plant de Bordeaux*, etc.

Merlot. Bordelais. [M. d'A.] BOURGEONNEMENT un peu duveteux, d'un blanc verdâtre, légèrement rosé sur le bord des folioles. FEUILLE moyenne, glabre et presque lisse super., garnie infer. d'un duvet lanugineux ; sinus supérieurs assez profonds, un peu ouverts, celui du pétiole largement ouvert ; denture un peu profonde, assez aiguë. GRAPPE sur-moyenne, longuement cylindro-conique, un peu rameuse, sur un pédoncule long, de moyenne force. GRAIN moyen ou sous-moyen, globuleux, sur des pédicelles assez longs, un peu grêles ; chair juteuse, sucrée, bien relevée ; peau un peu mince, peu résistante, d'un noir foncé pruiné à la MATURITÉ de 2ᵉ époque.

Mescle du Bugey. [N.] Voir *Poulsard du Jura*.

Meslier. Région des vignobles du Nord de la

14

France. [M. Perron.] Bourgeonnement d'un roux grisâtre, passant au blanc duveté, teinté de rose. Feuille sous-moyenne, d'un vert intense, glabre et à peu près lisse super., garnie infer. de poils courts et raides ; sinus supérieurs assez profonds, sinus pétiolaire ouvert, à angle aigu ; denture large, obtuse, finement mucronée. Grappe sous-moyenne ou petite, cylindro-conique, peu ou point ailée, peu serrée, sur un pédoncule grêle, assez long. Grain sous-moyen, un peu ellipsoïde, sur des pédicelles assez forts, un peu longs ; chair juteuse, bien sucrée, agréablement relevée par une saveur de Sauvignon ; peau fine, assez résistante, passant du blanc verdâtre au jaune piqueté de petits points roussâtres. Maturité précoce, arrivant avant la 1re époque. — Synonymes : *Maillé*, *Arbonne*, *Arbois* ou *Orbois*, etc.

Methe. Bugey (Ain). [N.] Voir *Poulsard du Jura*.

Meunier ou **Pineau Meunier**. Région des vignobles du Nord-Est. [N.] Bourgeonnement fortement duveté, très blanc. Feuille moyenne, garnie super. d'un duvet blanc, finement filamenteux, surtout sur les feuilles jeunes, avec un duvet blanc très compacte infer. ; sinus peu profonds ; denture un peu obtuse, peu profonde, brusquement acuminée. Grappe sous-moyenne ou petite, cylindrique, arrondie, assez serrée, rarement ailée, sur un pédoncule assez fort, un peu court ; chair un peu ferme, juteuse, assez sucrée. à saveur simple ; peau assez épaisse, résistante, d'un noir foncé très pruiné à la Maturité de 1ʳᵉ époque. — Synonymes : *Plant Meunier*, *Morillon - Taconné*, *Blanche feuille*, *Plant de Brie*, dans le Nord ; *Muller rebe*, *Muller*, etc., en Allemagne : *Molnar-Eoke Kek*, en Hongrie, etc., etc.

Mezeguera ou **Meseguera**. Espagne. [C. de R.] Bourgeonnement d'un roux rosé, passant au blanc duveteux. Feuille moyenne ou sur-moyenne, un peu tourmentée, presque toujours révolutée infer., glabre super., garnie infer. d'un duvet lanugineux, assez compacte ; sinus supérieurs profonds, sinus pétiolaire presque fermé ; denture large et profonde. Grappe moyenne ou sur-moyenne, un peu serrée, parfois un peu rameuse, sur un pédoncule de moyenne longueur et de moyenne force. Grain moyen ou sur-moyen, ellipsoïde, sur des pédicelles assez longs, un peu forts ; chair ferme, juteuse, sucrée, à saveur simple ; peau assez épaisse, résistante, passant du vert clair au jaune plus ou moins doré à la Maturité à la fin de la 2ᵉ époque.

Mezès. Hongrie. [J. P. et J. K.] Bourgeonnement duveteux, d'un gris roussâtre un peu teinté de rose. Feuille moyenne ou sur-moyenne, glabre super., avec duvet lanugineux infer. et poils courts et raides sur les nervures ; sinus supérieurs profonds, celui du pétiole ouvert ; denture large, longue, peu aiguë ou brusquement acuminée. Grappe moyenne, cylindro-conique, un peu ailée, peu serrée, sur pédoncule assez fort, un peu court. Grain moyen, globuleux, un peu déprimé au point pistillaire ; pédicelles courts et forts ; chair un peu molle, sucrée, peu relevée ; peau très fine, souple, un peu translucide, passant du blanc verdâtre au jaune doré à la Maturité de 1re époque. — Synonymes : *Budaie feJer* (Blanc de Bude), *Veisser Honigler*, *Frühe weisse Magdalen*, etc.

Miles. Amérique. [J. P. B.] Bourgeonnement d'un rouge clair, duveteux, passant au rose violacé. Feuille moyenne, glabre super., garnie infer. d'un duvet lanugineux, compacte ; sinus supérieurs bien marqués, celui du pétiole ouvert ; denture peu profonde, finement acuminée. Grappe petite ou sous-moyenne, cylindrique, arrondie, sur un pédoncule un peu grêle, de moyenne longueur. Grain sous-moyen, sphéro-ellipsoïde, sur un pédicelle assez long, de moyenne force ; chair un peu pulpeuse, assez sucrée, foxée ; peau épaisse, résistante, d'un noir foncé bien pruiné à la Maturité de 1re époque.

Milhaud du Pradel. [N.] Voir *Boudalès*.

Mill hill Hambourg. [Semis anglais.] Variation du *Frankenthal*.

Miller. [Semis de Moreau-Robert, 1854.] Raisin blanc à grain sphéro-ellipsoïde, sur-moyen, à chair un peu ferme, mais peu relevée. Variété de peu de valeur.

Milton. [Semis de Moreau-Robert, 1857.] Bourgeonnement duveteux, blanchâtre, teinté de couleur lie de vin sur les folioles. Feuille glabre et un peu bullée super., garnie infer. d'un duvet court et un peufeutré; sinus profonds, sinuspétiolaire un peu ouvert; denture large, un peu profonde, obtuse, peu ou point acuminée. Grappe sur-moyenne ou grosse, cylindro-conique, assez serrée, peu ou point ailée, sur un pédoncule long, assez fort; chair un peu ferme, bien sucrée, agréablement relevée; peau épaisse, résistante, passant du rouge clair au rouge violacé pruiné à la Maturité de 1re époque.

Minestra. [A. L.] La variété que nous avons reçue sous ce nom est en tous points semblable au *Frankenthal*.

Minna di Vacca. Favara, Sicile. [B. M.]
Bourgeonnement d'un gris verdâtre, légèrement
teinté de rose. Feuille grande ou très grande,
glabre sur les deux faces ; sinus supérieurs assez
profonds, sinus pétiolaire le plus souvent fermé ;
denture large, un peu longue et obtuse. Grappe
moyenne, un peu lâche, cylindro-conique, un peu
rameuse. Grain moyen ou sur-moyen, longuement
ellipsoïde, sur des pédicelles un peu longs et grêles ;
chair un peu ferme, assez sucrée, un peu relevée ;
peau assez épaisse, bien résistante, passant du
blanc verdâtre au jaune plus ou moins doré à la
Maturité de 3ᵉ époque.

Minnedda bianca de Catane. [B. M.] Bourgeonnement bien duveteux, blanchâtre. Feuille
moyenne ou sous-moyenne, glabre et un peu bullée super., garnie infer. d'un duvet aranéeux,
assez compacte ; sinus supérieurs bien marqués,
celui du pétiole ouvert ; denture un peu large,
assez profonde, obtuse, courtement acuminée.
Grappe moyenne, lâche, un peu rameuse, sur un
pédoncule long ou très long, un peu grêle. Grain
moyen ou sur-moyen, longuement olivoïde, légèrement incurvé, sur des pédicelles longs et grêles ;
chair un peu ferme, juteuse, bien sucrée, relevée ;

peau épaisse, résistante, passant du blanc verdâtre au jaune paille à la Maturité de 3ᵉ époque.

Minedda niura. Catane. [B. M.] Bourgeon-nement duveteux, blanchâtre. Feuille sous-moyenne, glabre et lisse super., garnie infer. d'un duvet lanugineux ; sinus supérieurs bien marqués, celui du pétiole bien ouvert ; denture assez profonde, obtuse, courtement acuminée. Grappe moyenne, cylindro-conique, un peu ailée, parfois un peu aplatie, sur un pédoncule long, un peu grêle. Grain moyen, longuement olivoïde, un peu sujet à la coulure ; chair un peu ferme, juteuse, sucrée, à saveur simple ; peau un peu épaisse, bien résistante, astringente, d'un beau noir un peu pruiné à la Maturité de 3ᵉ époque. — Joli et bon raisin de table se rapprochant du *Razaki zolo* de Hongrie, mais à grains plus petits.

Minutedda Cannudu. [B. M.] Feuille sur-moyenne ou grande, presque lisse super., garnie infer. d'un duvet lanugineux, assez compacte ; sinus supérieurs bien marqués, celui du pétiole fermé sur les vieilles feuilles. Grappe moyenne ou sur-moyenne, un peu lâche, cylindro-conique, ailée. Grain moyen ou sous-moyen, ellipsoïde, sur des pédicelles un peu courts, assez forts ; chair un peu ferme, juteuse et sucrée, à saveur simple ;

peau mince, résistante, d'un beau noir pruiné à la
MATURITÉ de 3ᵉ époque.

Mirkowackssa. Hongrie. [J. P.] BOURGEON-
NEMENT duveteux, passant du roux clair au blanc
légèrement teinté de rose. FEUILLE grande, glabre
super., garnie infer. sur les nervures d'un duvet
pileux et lanugineux sur le parenchyme; sinus supérieurs bien marqués, celui du pétiole le plus souvent fermé; denture profonde, longuement acuminée. GRAPPE grosse, longuement cylindro-
conique, le plus souvent ailée, assez serrée, sur un
pédoncule fort, assez long. GRAIN sur-moyen, à
peu près globuleux, sur des pédicelles longs, assez
grêles; chair un peu ferme, juteuse, assez sucrée,
peu relevée; peau un peu épaisse, assez résistante,
passant du jaune verdâtre au jaune clair à la
MATURITÉ de fin de 2ᵉ époque.

Molard. Hautes-Alpes. [C. O.] BOURGEONNE-
MENT d'un vert blanchâtre, un peu duveteux, passant au vert jaunissant. FEUILLE grande, presque
plane, glabre et lisse super., un peu duveteuse
infer.; sinus nuls ou presque nuls, sinus pétiolaire
presque fermé; denture peu profonde, peu aiguë,
courtement acuminée. GRAPPE moyenne, cylindro-
conique, sur un pédoncule de moyenne force et de
moyenne longueur. GRAIN moyen ou **un** peu sur-

moyen, sphéro-ellipsoïde, sur des pédicelles courts, assez forts ; chair un peu ferme, sucrée, peu relevée, à saveur simple ; peau mince, assez résistante, d'un noir foncé pruiné à la Maturité de 2ᵉ époque.

Molette blanche de Seyssel. Savoie. [P. T.] Bourgeonnement peu duveteux, blanchâtre. Feuille moyenne, glabre et presque lisse super., garnie infer. sur les nervures d'un duvet pileux, court et raide ; sinus supérieurs marqués ou un peu marqués, celui du pétiole un peu ouvert ; denture assez large, un peu longue, obtusément acuminée. Grappe sur-moyenne ou grosse, cylindro-conique, ailée, un peu serrée, sur un pédoncule un peu court, assez fort ; chair un peu molle, assez sucrée, à saveur simple ; peau assez épaisse, un peu résistante, passant du vert au blanc jaunâtre à la Maturité de 2ᵉ époque.

Molette noire de Seyssel. Savoie. [P. T.] Feuille à peine moyenne, glabre et lisse super., à peu près glabre infer. ; sinus supérieurs plus ou moins marqués, celui du pétiole ouvert ou étroitement ouvert ; denture un peu étroite, peu profonde, presque obtuse. Grappe moyenne, peu serrée, sur un pédoncule grêle et un peu long ; grain sur-moyen, courtement ellipsoïde, sur des pédicelles longs et un peu grêles ; chair molle, bien sucrée, un peu relevée ; peau un peu fine, bien résistante, d'un noir foncé pruiné à la Maturité de 2ᵉ époque.

Monachelle des Abruzzes. [B. M.] Bour-geonnement d'un roux clair passant au blanc très duveteux. Feuille grande, glabre et lisse super., légèrement garnie infer., sur les nervures, d'un léger duvet pileux, raide ; sinus supérieurs pro-fonds, celui du pétiole ouvert ; denture profonde, assez large, aiguë. Grappe moyenne, cylindro-conique, un peu serrée, sur un pédoncule assez long, un peu grêle. Grain moyen, sphéro-ellip-soïde, sur des pédicelles assez longs et un peu grêles ; chair un peu ferme, juteuse, assez sucrée, un peu astringente ; peau un peu épaisse, résis-tante, d'un beau noir rougeâtre à la Maturité de 3ᵉ époque.

Mondeuse blanche. Savoie. [P. T.] Ce cépage ressemble par tous ses caractères à la *Mondeuse noire*, sauf la couleur du grain.

Mondeuse grise. Bugey (Ain). [N.] Mêmes remarques que pour la variété précédente.

Mondeuse noire. Savoie. [P. T.] Bourgeon-nement bien duveteux, d'un blanc clair teinté de rose. Feuille grande, plus longue que large,

glabre super., portant infer. un duvet peu abondant, un peu floconneux ; sinus supérieurs profonds
et fermés, les secondaires plus ou moins marqués,
celui du pétiole fermé ou presque fermé ; denture
peu allongée, très inégale et un peu obtuse. GRAPPE
sur-moyenne ou grosse, longuement cylindro-conique, ailée, un peu claire, sur un pédoncule moyen.
GRAIN moyen, courtement ellipsoïde, sur des pédicelles assez longs, un peu forts ; chair un peu molle,
assez sucrée, un peu astringente ; peau épaisse, peu
résistante, passant du pourpre foncé au noir violacé à la MATURITÉ entre la 2ᵉ et la 3ᵉ époque. —
Synonymes : *Marve, Molette, Persagne, Gros plant,
Grand Chétuan, Savoyanche, Marsanne ronde,
Grosse Sirah, Maldoux, Morlanche noire*, etc., etc.

Montmélian. Ain. Voir *Corbeau*.

Montanera. Piémont. [C. de R.] BOURGEON-
NEMENT d'un roux clair, peu duveteux, passant au
vert clair brillant. FEUILLE grande, un peu tourmentée, à peu près glabre sur les deux faces ; sinus
assez profonds. GRAPPE grande, cylindro-conique,
ailée, un peu serrée. GRAIN sur-moyen ou gros,
globuleux, d'un noir rougeâtre peu pruiné à la
MATURITÉ de 2ᵉ époque.

Montanicu niuru de l'Etna. [B. M.] Est sans
doute la même variété que la suivante.

Montanica de Catane. [B. M.] Bourgeonnement bien duveteux, teinté de rose sur un fond
blanchâtre. Feuille grande, un peu tourmentée,
bullée, glabre super., garnie infer. d'un duvet
aranéeux, fin et compacte; sinus supérieurs profonds et fermés, les secondaires marqués, celui du
pétiole toujours fermé ; denture large, assez profonde, obtuse et courtement acuminée. Grappe
moyenne, cylindro-conique, un peu ailée, sur un
pédoncule assez long et un peu fort. Grain sur-
moyen, légèrement ellipsoïde, sur des pédicelles
un peu longs et grêles ; chair ferme, assez juteuse,
un peu relevée, à saveur un peu astringente ; peau
un peu épaisse, résistante, d'un beau jaune doré
à la Maturité de 3e époque.

Montelaure ou **Roussette blanche de
Montagnieu**. Ain. [N.] Bourgeonnement un peu
duveteux, d'un blanc roussâtre. Feuille sous-
moyenne, d'un vert pâle, glabre et presque lisse
super., garnie infer. d'un duvet lanugineux ; sinus
supérieurs bien marqués, celui du pétiole ouvert ;
denture assez profonde, aiguë, finement acuminée.
Grappe moyenne ou sous-moyenne, cylindro-
conique, un peu ailée, assez serrée, sur un pédoncule assez long, un peu grêle. Grain sur-moyen,
globuleux ou à peu près globuleux, sur des pédi-

celles assez forts; chair ferme, assez juteuse, sucrée, mais un peu astringente; peau un peu épaisse, résistante, d'un jaune bien doré à la Maturité de 2ᵉ époque tardive.

Montepulciano nero, **Montepulciano Cordesco** (Piémont et Abruzzes). Synonymes de *Sangiovese* ou *Sangioveto*, nom sous lequel ce cépage est cultivé dans le territoire de Montepulciano près Savone en Toscane. Voir *Sangiovese*.

Moranet blanc. [Semis de Moreau-Robert, 1849.] Bourgeonnement peu ou point duveteux, teinté de grenat à la façon du *Chasselas*. Feuille sous-moyenne, glabre super., garnie infer., sur les nervures, d'un duvet pileux, court et raide; sinus supérieurs profonds, sinus pétiolaire fermé; denture longue, aiguë. Grappe sur-moyenne, peu rameuse, cylindro-conique, ailée. Grain moyen, courtement ellipsoïde; chair molle, peu sucrée; peau d'un vert jaunâtre à la Maturité de 3ᵉ époque.

Morastel. Languedoc. [H. B.] Bourgeonnement d'un roux clair passant au blanc duveteux teinté de rose. Feuille moyenne, glabre et à peu près lisse super., garnie infer. d'un duvet aranéeux assez compacte; sinus supérieurs marqués, celui du pétiole peu ouvert; denture assez profonde, aiguë, un peu large. Grappe sur-moyenne, cylindro-conique, un peu rameuse, assez serrée, sur pédoncule court et fort. Grain sous-moyen, globuleux, sur des pédicelles un peu courts; chair un peu ferme, assez juteuse, sucrée, à saveur simple; peau épaisse, bien résistante, riche en matière colorante, d'un noir foncé pruiné à la Maturité de 3e époque

Morellino de Florence. [C. de R.] Bourgeonnement un peu duveteux, blanchâtre, teinté de rouge sur le sommet des folioles. Feuille grande, lisse, convexe ou un peu révolutée en dessous, presque glabre infer. ou finement pileuse; sinus profonds bien marqués, celui du pétiole un peu ouvert. Grappe moyenne ou sur-moyenne, cylindro-conique, ailée. Grain de forme ovoïde, d'un noir foncé pruiné à la Maturité entre la 2e et la 3e époque.

Morillon blanc. Champagne. [C. O.] Voir *Pineau blanc Chardonnay.*

Morillon. Aux environs de Paris, tous les *Pineau* portent le nom de *Morillon.*

Mornen blanc, Morlanche. Beaujolais, Lyonnais. Voir *Chasselas doré.*

Mornen noir. Lyonnais, canton de Mornant. [N.] Bourgeonnement d'un rouge grenat passant au

grenat clair brillant. FEUILLE moyenne, glabre et
finement boursouflée super., sans aucun duvet
infer.; sinus supérieurs bien marqués, celui du
pétiole un peu ouvert; denture peu profonde,
large et obtuse. GRAPPE moyenne, cylindro-conique,
un peu ailée, sur un pédoncule assez long et assez
fort. GRAIN moyen, globuleux, sur des pédicelles
grêles, de moyenne longueur ; peau un peu épaisse,
assez résistante, d'un noir un peu rougeâtre à la
MATURITÉ de 2e époque hâtive.

Moro bianco d'Acqui. Piémont. [C. de R.]
BOURGEONNEMENT duveteux, blanchâtre. FEUILLE
sous-moyenne, un peu bullée et rugueuse super.,
légèrement lanugineuse infer.; sinus supérieurs
profonds, sinus pétiolaire un peu ouvert. GRAPPE
sur-moyenne, un peu rameuse, cylindro-conique,
un peu lâche. GRAIN sur-moyen, ellipsoïde; chair
ferme, croquante, bien juteuse; peau un peu
épaisse, résistante, un peu translucide, d'un jaune
passant au roux légèrement pruiné à la MATURITÉ
de 1re époque.

Mortérille noire. Haute-Garonne. Voir *Boudalès*.

Moscatellone nero. Girgenti. [B. M.]
BOURGEONNEMENT presque glabre, d'un roux rosé

passant au grenat clair brillant. FEUILLE moyenne ou sous-moyenne, glabre super., garnie infer. sur les nervures d'un léger duvet pileux, un peu raide; sinus supérieurs bien marqués ou profonds, celui du pétiole ouvert; denture longue et aiguë. GRAPPE grosse, cylindro-conique, ailée, un peu lâche, sur un pédoncule assez long et grêle. GRAIN gros ou très gros, globuleux et même un peu déprimé au point pistillaire; chair ferme, juteuse, sucrée et relevée par un léger goût musqué; peau un peu épaisse, assez résistante, d'un noir violacé un peu luisant, peu ou point pruiné à la MATU-RITÉ de 3ᵉ époque.

Moscateo des Pyrénées-Orientales.

[P. T.] BOURGEONNEMENT jaunâtre, presque glabre, passant au vert clair brillant. FEUILLE moyenne, glabre sur les deux faces, vert foncé, presque lisse super.; sinus supérieurs marqués, celui du pétiole bien ouvert; denture profonde, un peu large, légèrement obtuse, courtement acuminée. GRAPPE moyenne, cylindro-conique, peu serrée, sur un pédoncule un peu grêle. GRAIN moyen, sphéro-ellipsoïde, sur des pédicelles assez forts et courts; chair molle, un peu filandreuse, bien sucrée, très finement musquée; peau épaisse, d'un blanc ver-dâtre passant au jaune doré, pointillé de points

bruns à la MATURITÉ de 3ᵉ époque. — Cette variété
est bien distincte du *Muscat de Frontignan* et du
Muscat de Jésus.

Moscato dell arciduca Giovani. [B. M.]
BOURGEONNEMENT d'un roux clair rosé, passant au
grenat clair brillant sur les folioles. FEUILLE sur-
moyenne, glabre sur les deux faces, légèrement
boursouflée ; sinus supérieurs assez profonds, les
secondaires marqués, celui du pétiole ordinairement fermé ; denture longue, assez aiguë, finement acuminée. — Ce cépage, que nous n'avons
pas encore vu fructifier, produit, dit le baron
Mendola, de beaux et bons raisins blancs sans
saveur musquée, malgré le nom qu'il porte.

Moscato de Corfou. [C. B.] BOURGEON-
NEMENT d'un blanc jaunâtre, presque glabre.
FEUILLE moyenne, glabre et lisse super., à peu
près glabre infer. ; sinus supérieurs assez profonds,
les secondaires marqués, celui du pétiole presque
toujours fermé ; denture assez profonde, aiguë,
finement mucronée. GRAPPE moyenne, cylindro-
conique, assez serrée, sur un pédoncule assez
long et grêle. GRAIN sur-moyen, ellipsoïde, porté
par des pédicelles assez forts et un peu longs ;
chair ferme et croquante, finement relevée par
une saveur musquée se rapprochant de celle du

15

Muscat de Jésus ; peau fine, assez résistante, d'un blanc de cire jaunâtre à la MATURITÉ de 4° époque. — Ce raisin se rapproche du *Muscat d'Alexandrie*, mais il en diffère par plusieurs caractères.

Moscato di Calabria. [C. de R. — Pépinières Burdin de Turin.] BOURGEONNEMENT entièrement vert, à peu près glabre. FEUILLE grande, lobes bien acuminés ; sinus supérieurs étroits, peu profonds, celui du pétiole arrondi par le fond et fermé par le haut ; denture longue, aiguë, finement mucronée. GRAPPE cylindrique, un peu ailée, parfois un peu serrée. GRAIN gros ou sur-moyen, sur des pédicelles courts et à grosse tête verte, tantôt globuleux, tantôt un peu ellipsoïde ; chair ferme, croquante, agréablement parfumée ; peau un peu épaisse, ferme, assez résistante, d'un blanc rosé opaque ou ambré à la MATURITÉ de 3ᵉ époque.

Mostera Ivrea. Piémont. [C. de R.] BOURGEONNEMENT duveteux, blanchâtre, teinté de rose. FEUILLE moyenne ou sur-moyenne, presque plane, glabre et presque lisse super., garnie infer. d'un duvet aranéeux, assez épais ; sinus supérieurs marqués, celui du pétiole étroit ou presque fermé ; denture large, assez profonde, un peu aiguë, finement mucronée. GRAPPE moyenne, serrée, cylindro-conique, ordinairement ailée, sur un pédoncule court et fort. GRAIN moyen ou sur-moyen, sphéro-ellipsoïde, sur des pédicelles courts et assez forts ; chair un peu ferme, assez sucrée, un peu astringente, à saveur simple ; peau assez épaisse, résistante, d'un noir foncé pruiné à la MATURITÉ de 2ᵉ époque tardive.

Moulas ou **Amoulas**. Aubenas. [N.] BOURGEONNEMENT d'un gris roussâtre, légèrement duveteux, passant au vert clair. FEUILLE moyenne, d'un vert peu foncé, glabre, lisse et un peu brillante super., garnie infer., sur les nervures, d'un duvet pileux, court et raide ; sinus supérieurs assez profonds, presque fermés, les secondaires bien marqués, celui du pétiole ordinairement fermé avec un vide à sa base ; denture peu profonde, peu aiguë, courtement mucronée. GRAPPE moyenne ou sur-moyenne, cylindro-conique, un peu ailée, sur un pédoncule un peu long, assez fort. GRAIN gros ou sur-moyen, globuleux, sur des pédicelles courts et forts ; chair un peu molle ou molle, sucrée, peu relevée ; peau un peu ferme, assez résistante, passant du rouge clair au noir pruiné à la MATURITÉ de 3ᵉ époque.

Mouraud ou **Plant de Souillac**. [A. M.] Lot. BOURGEONNEMENT duveteux, d'un blanc rosé

sur le pourtour des folioles. FEUILLE sous-moyenne,
glabre et légèrement bullée super., garnie infer.
d'un léger duvet lanugineux, assez compacte ;
sinus supérieurs bien marqués, assez profonds,
celui du pétiole un peu ouvert ; denture peu profonde, un peu fine, courtement acuminée. GRAPPE
moyenne, cylindro-conique, ailée, peu serrée,
sur un pédoncule un peu long, assez fort. GRAIN
moyen ou sous-moyen, courtement ellipsoïde, sur
des pédicelles un peu grêles et assez longs ; chair
un peu ferme, mais juteuse, assez sucrée, à saveur
simple et un peu astringente ; peau épaisse,
résistante, d'un noir foncé pruiné à la MATURITÉ
de 2ᵉ époque hâtive.

Mouret. Isère. Le mot *Moure, Mouret, Mou-*
raud, que l'on donne, dans plusieurs vignobles,
à certains cépages à jus rouge ou à grappes très
noires, veut dire noir foncé et noir brillant
comme le fruit de la ronce (que l'on nomme
muron) ou d'un noir de nègre. Le *Mouret de*
l'Isère n'est pas autre chose que le *Corbel* portant
un raisin à pellicule d'un noir foncé brillant ou
couleur de nègre. Il existe dans la Bourgogne
une variation du *Pineau noir* de même nuance
que le *Corbel-Mouret;* on le nomme *Pineau*
Moure ou *Pineau tête de nègre.*

Mourisco preto (Mourisco noir). Portugal.
[C. de V. M.] Bourgeonnement duveteux, blanchâtre. Feuille moyenne, d'un vert foncé, presque
orbiculaire, un peu tourmentée, glabre et presque
lisse super., garnie infer. d'un léger duvet
aranéeux ; sinus supérieurs peu ou point marqués, celui du pétiole fermé ou presque fermé ;
denture assez large, peu profonde, obtuse, insensiblement mucronée. Grappe moyenne, cylindro-
conique, ailée, peu serrée, sur un pédoncule assez
long, un peu grêle. Grain sur-moyen, sub-globuleux, un peu déprimé par le point pistillaire
(18^{mm} sur 20), fortement attaché à des pédicelles
assez forts, un peu verruqueux ; chair ferme,
sucrée, bien juteuse, à saveur simple ; peau
épaisse, bien résistante, d'un noir rougeâtre à la
Maturité de 2e époque tardive.

Mourvèdre. Provence. [A. P.] Bourgeonnement duveteux, uniformément blanchâtre. Feuille
moyenne, d'un vert foncé, légèrement rugueuse
super., avec duvet blanc assez compacte infer. ;
sinus supérieurs assez profonds et fermés, sinus
secondaires peu marqués, sinus pétiolaire ouvert ;
denture assez large, un peu aiguë. Grappe cylindro-conique, ailée, le plus souvent serrée, sur
un pédoncule fort et court. Grain moyen, globu-

leux, sur des pédicelles forts et un peu courts; chair un peu ferme, juteuse, assez sucrée, mais un peu âpre et astringente; peau épaisse, résistante, d'un noir pruiné à la Maturité de 3ᵉ époque.

Mourvèdre de Nikita. [D. H.] Bourgeonnement duveteux, d'un blanc roussâtre un peu teinté de rose. Feuille sous-moyenne, à peu près lisse super., avec duvet pileux infer. sur les nervures; sinus supérieurs profonds et fermés, sinus secondaires peu marqués, celui du pétiole fermé; denture peu profonde, un peu obtuse, courtement acuminée. Grappe moyenne, cylindroconique, un peu ailée, peu serrée, sur un pédoncule assez long, assez fort; chair ferme, assez sucrée, à saveur simple; peau épaisse, résistante, d'un noir bien pruiné à la Maturité de 1ʳᵉ époque.

Moustardier du Gard. Roquemaure. [N.] Bourgeonnement un peu duveteux, d'un blanc verdâtre. Feuille moyenne, un peu lisse super., garnie infer. de poils rudes, assez longs; sinus étroits, les supérieurs assez profonds, les secondaires marqués ou un peu marqués, sinus pétiolaire presque fermé; denture un peu longue, un peu obtusée et courtement acuminée. Grappe grosse, un peu rameuse, cylindro-conique, ailée, assez

serrée, sur un pédoncule court, assez fort. GRAIN
sur-moyen, sub-globuleux, sur des pédicelles un
peu courts ; chair ferme, un peu juteuse, astringente et un peu acerbe ; peau assez épaisse,
résistante, d'un violet foncé un peu noirâtre très
pruiné à la MATURITÉ de 3ᵉ époque. — Synonyme :
Saure en Languedoc. C'est par erreur que quelques
auteurs ont fait le *Moustardier* synonyme du
Boudalès.

Moustou blanc. Nice. [N.] BOURGEONNEMENT
duveteux, légèrement teinté de rose sur fond blanc
roussâtre. FEUILLE grande, un peu épaisse, toujours révolutée infer., glabre et à peu près lisse
super., garnie infer. d'un duvet aranéeux ; sinus
supérieurs profonds et étroits, les secondaires
bien marqués et ouverts, celui du pétiole fermé ;
denture un peu profonde, assez large, un peu
aiguë. GRAPPE moyenne, cylindro-conique, un
peu serrée, sur un pédoncule assez fort, un peu
long. GRAIN moyen, sphéro-ellipsoïde, sur un
pédoncule grêle et assez long ; chair un peu
molle, bien sucrée, assez relevée ; peau un peu
mince, résistante, d'un blanc verdâtre doré à la
MATURITÉ de 3ᵉ époque.

Muscadelle. Région du Sud-Ouest. [M. d'A.]
BOURGEONNEMENT duveteux, d'un gris rous-

sâtre un peu teinté de rouge grenat. FEUILLE grande, glabre et à peu près lisse super., avec duvet aranéeux infer. ; sinus supérieurs bien marqués ou profonds, les secondaires un peu ouverts, celui du pétiole large ; denture longue, aiguë et assez large. GRAPPE moyenne, cylindro-conique, plus ou moins serrée, sur un pédoncule assez long et un peu fort. GRAIN moyen, à peu près globuleux, sur des pédicelles assez forts ; chair un peu ferme, juteuse, sucrée, agréablement relevée ; peau fine, peu résistante, passant du vert clair au jaune doré à la MATURITÉ de 2ᵉ époque. — Synonymes : *Guillan musqué, Muscat fou, Gascon, Vesparo, Angelicau, Ambroisie, Malvoisie*, etc., etc.

Muscadet. Loire-Inférieure. [M. A. Bouchard.] Voir *Gamay blanc feuille ronde*.

Muscadet du Tarn. [D'I. de M.] BOURGEONNEMENT duveteux, blanchâtre, passant au vert jaunâtre. FEUILLE grande, aussi large que longue, glabre et à peu près lisse super., légèrement parsemée infer. d'un duvet aranéeux ; sinus supérieurs bien marqués, celui du pétiole un peu ouvert. GRAPPE moyenne, cylindro-conique, ailée, sur un pédoncule un peu long et fort. GRAIN petit, assez serré, sur des pédicelles un peu courts ; chair un

peu molle, juteuse, sucrée, assez relevée; peau un
peu mince, peu résistante, d'un noir foncé pruiné
à la MATURITÉ de 3ᵉ époque.

Muscat bifer. [A. L.] BOURGEONNEMENT un
peu duveteux, légèrement teinté de rouge passant
au vert brillant. FEUILLE moyenne, d'un vert
foncé, un peu rugueuse super., avec duvet infer.
sur les nervures; sinus supérieurs assez profonds,
presque fermés, les secondaires marqués, celui du
pétiole ouvert. GRAPPE moyenne ou sur-moyenne,
presque cylindrique, assez serrée, sur un pédoncule fort et court. GRAIN sur-moyen, à peu près
globuleux, sur des pédicelles courts et forts; chair
assez ferme, juteuse, sucrée, bien relevée par une
saveur musquée; peau assez épaisse, peu résistante, passant du blanc verdâtre au jaune un peu
doré à la MATURITÉ de 2ᵉ époque tardive.

Muscat blanc d'Espagne. [D. H.] Voir
Muscat Caminada.

Muscat blanc du Cantal. Voir *Muscat hâtif
du Puy-de-Dôme.*

Muscat blanc commun ou de **Frontignan.** Cultivé dans tous les pays viticoles. BOUR-
GEONNEMENT duveteux teinté de grenat. FEUILLE
moyenne ou sur-moyenne, glabre et un peu bril-

lante super., avec un léger duvet pileux infer. sur
les nervures; sinus supérieurs assez profonds, les
secondaires marqués, celui du pétiole étroitement
ouvert ou presque fermé; denture large, longue
et aiguë. GRAPPE moyenne, presque cylindrique,
rarement ailée, serrée, sur un pédoncule court et
fort. GRAIN moyen, à peu près globuleux, s'il
n'est pas déformé par le tassement, porté par des
pédicelles assez courts et grêles; chair ferme, croquante, juteuse, sucrée, hautement relevée par
une saveur musquée; peau épaisse, ferme, fort
peu résistante, passant du vert pâle au vert jaunâtre, puis au jaune doré mêlé de roux brun à la
MATURITÉ de première 3ᵉ époque. — Synonymes :
Weisser, Muscateller des Allemands, *Franczier
voros Muskatel* des Hongrois, *Moscato bianco*
d'Italie, *Moscatel menudo blanco* des Espagnols,
White Frontignan des Anglais, *Myskett* à Smyrne,
Anatholicon Moschaton des Grecs, etc., etc.

Muscat Caminada. [C. O.] BOURGEONNEMENT
d'un roux rosé passant au vert blanchâtre. FEUILLE
grande, glabre sur les deux faces; sinus supérieurs
assez profonds, sinus secondaires marqués, sinus
pétiolaire presque fermé ou un peu ouvert; denture assez profonde, aiguë. GRAPPE sur-moyenne
ou grosse, cylindro-conique, sur un pédoncule

assez long, de moyenne force. GRAIN gros, ellipsoïde, un peu déprimé au point pistillaire, sur des
pédicelles assez longs et forts ; chair ferme, juteuse
et sucrée, bien relevée par une saveur musquée ;
peau très fine, assez résistante, d'un vert mat qui
passe au jaune plus ou moins doré à la MATURITÉ
de 4ᵉ époque. — Ce cépage se rapproche beaucoup
du *Muscat* d'Alexandrie.

Muscat Canon-Hall. [F. G.] Est à peu près
identique avec le précédent.

Muscat croquant. [J.-B. de D.] Voir *Raisin
de Calabre* ou *Calabrèse*.

Muscat d'Alexandrie. [C. de R.] BOURGEON-
NEMENT duveteux, légèrement teinté de grenat.
FEUILLE moyenne, glabre sur les deux faces ; sinus
supérieurs profonds et fermés, sinus secondaires
bien marqués, sinus pétiolaire ouvert ; denture
longue, assez large et aiguë. GRAPPE grande,
cylindro-conique, ailée, un peu rameuse, sur un
pédoncule assez long, un peu fort. GRAIN gros,
ellipsoïde, sur des pédicelles longs et forts ; chair
ferme, croquante, juteuse et sucrée, bien relevée
par une saveur musquée ; peau assez fine, assez
résistante, d'abord d'un vert mat qui passe au
jaune verdâtre plus ou moins doré à la MATURITÉ

de 4ᵉ époque. — Cette variété ne peut bien mûrir que sous le climat de l'olivier et de l'oranger. — Synonymes : *Raisin de Malaga*, *Panse musquée*, *Moscatel Romano* en Espagne, *Salamana* en Toscane, *Zibibbu*, *Gerosolimitana bianca* en Sicile, *Muscat of Alexandria* en Angleterre, etc., etc.

Muscat d'Eisenstad. Voir *Caillaba*.

Muscat de Frontignan. Voir *Muscat blanc de Frontignan*.

Muscat de Jésus. [C. O.] Bourgeonnement peu ou point duveteux, d'un rouge brun luisant passant au grenat brillant. Feuille moyenne, d'un vert foncé, glabre sur les deux faces, sauf quelques poils courts et raides sur les nervures ; sinus supérieurs bien marqués et élargis, sinus secondaires presque nuls, sinus pétiolaire fermé ou presque fermé ; denture très large, longue et aiguë. Grappe moyenne, presque cylindrique, compacte, parfois ailée, sur un pédoncule assez long, de moyenne force. Grain sur-moyen, globuleux, sur des pédicelles gros et très courts ; chair ferme, croquante, à saveur sucrée, relevée très agréablement d'un parfum qui tient du musqué et de la fleur d'oranger ; peau épaisse, peu ou très peu résistante, qui se fendille au début de la Maturité et passe du vert blanchâtre terne au jaune verdâtre un peu doré à la MATURITÉ de 2ᵉ époque. — Synonymes : *Muscat de Rivesaltes*, *Muscat Primavis*, *Muscat fleur d'oranger* en France ; *Raisin vanille* des Allemands.

Muscat de Lunel. Voir *Muscat blanc de Frontignan.*

Muscat de Rivesaltes. Voir *Muscat de Jésus.*

Muscat de Stokwood. [H. M.] Se rapproche beaucoup du *Muscat d'Alexandrie* et du *Muscat Caminada.*

Muscat Eugénie Courtillier. [Semis de M. Courtillier, ancien directeur des collections de vignes de Saumur.] Ce cépage ressemble à s'y méprendre au *Muscat de Jésus.*

Muscat fleur d'orange. [C. O.] Voir *Muscat de Jésus.*

Muscat gris du comte Odart. Cette vigne ne diffère du *Muscat blanc commun* ou *Muscat de Frontignan* que par la couleur rose grisâtre de son grain.

Muscat gris de la Calmette. [Semis de M. Henri Bouschet.] BOURGEONNEMENT d'un rouge intense, peu ou point duveteux. FEUILLE sous-

moyenne ou petite, glabre sur les deux faces;
sinus supérieurs assez profonds, les secondaires
un peu marqués, sinus pétiolaire un peu ouvert;
denture courte, un peu étroite, brusquement acuminée. GRAPPE petite ou sous-moyenne, cylindrique ou presque cylindrique, sur un pédoncule
un peu grêle et long. GRAIN sous-moyen, globuleux, de couleur rouge violacé après la fleur et
passant au rouge clair grisâtre à la MATURITÉ de
1re époque.

Muscat Hambourg ou **Hambourg musqué**, d'origine anglaise. [H. M.] BOURGEONNEMENT
duveteux, roussâtre, passant au vert gren at,lé ç
rement recouvert d'un duvet blanc. FEUILLE
moyenne ou sur-moyenne, glabre super., garnie
infer. d'un duvet pileux, court et raide; sinus
supérieurs très profonds, toujours fermés, sinus
secondaires bien marqués, un peu ouvert, sinus
pétiolaire ordinairement ouvert; denture large, un
peu profonde, légèrement aiguë. GRAPPE sur-
moyenne ou grosse, cylindro-conique, ailée, un
peu lâche, un peu rameuse, sur un pédoncule
assez long, un peu grêle. GRAIN sur-moyen, ellipsoïde, sur des pédicelles longs et un peu grêles;
chair assez ferme, bien juteuse, sucrée, bien relevée par une saveur de muscat très fine et très

agréable; peau un peu mince, assez résistante,
d'un beau noir pruiné à la MATURITÉ de 2ᵉ époque
tardive.

Muscat hâtif du Puy-de-Dôme. [C. O.]
BOURGEONNEMENT duveteux, teinté de rose violacé.
FEUILLE moyenne d'un vert un peu foncé, glabre
ou à peu près glabre sur les deux faces; sinus
supérieurs un peu profonds, les secondaires bien
marqués, sinus pétiolaire étroit; denture un peu
large, assez longue et aiguë. GRAPPE moyenne,
cylindrique ou légèrement cylindro-conique, un
peu serrée, sur un pédoncule assez long, de
moyenne force. GRAIN moyen, globuleux, assez
serré, sur des pédicelles un peu courts; chair
ferme, juteuse, bien sucrée, finement relevée par
une saveur musquée; peau un peu épaisse, peu
résistante, passant du blanc verdâtre au jaune doré
et ambré à la MATURITÉ de première 2ᵉ époque.

Muscat Henri Marès. [Semis de M. le
baron Mendola, dédié à M. Henri Marès de Montpellier.] BOURGEONNEMENT un peu duveteux, d'un
blanc roussâtre teinté de rose. FEUILLE sous-
moyenne, glabre et à peu près lisse super., garnie
infer. d'un duvet aranéeux assez compacte; sinus
supérieurs assez profonds, les secondaires marqués,
celui du pétiole étroitement ouvert ou presque

fermé ; denture étroite, aiguë, finement acuminée.
GRAPPE sur-moyenne, un peu lâche, un peu ailée
sur un pédoncule de moyenne force. GRAIN moyen,
globuleux, fortement attaché aux pédicelles assez
forts et assez longs ; chair ferme, assez juteuse,
bien sucrée, musquée à la façon du *Muscat de
Jésus* ; peau épaisse, assez résistante, passant du
blanc verdâtre au jaune roux à la MATURITÉ de 3ᵉ
époque.

Muscat Houdbine. [Semis du Dʳ Houdbine.]
BOURGEONNEMENT peu duveteux. FEUILLE sous-
moyenne, glabre sur les deux faces, sauf un duvet
pileux sur les nervures infer. ; sinus supérieurs
très profonds et fermés, celui du pétiole toujours
fermé ; denture large, obtuse, courtement acuminée. GRAPPE petite, cylindro-conique, sur un
pédoncule assez long et assez fort ; GRAIN sous-
moyen, à peu près globuleux, sur des pédicelles un
peu courts, assez forts ; chair molle, bien sucrée,
relevée d'une fine saveur musquée ; peau épaisse,
assez résistante, d'un beau jaune doré à la MATU-
RITÉ de 1ʳᵉ époque.

Muscat Lierval. [A. L. Semis de Moreau-
Robert, 1851.] BOURGEONNEMENT d'un roux grenat
passant au grenat clair brillant. FEUILLE petite,
glabre super., garnie infer. sur les nervures d'un

duvet pileux, court ; sinus supérieurs très profonds,
toujours fermés par le rapprochement des lobes ;
denture courte, très obtuse. GRAPPE petite, cylindrique, arrondie, un peu serrée, sur un pédoncule
long et mince. GRAIN sous-moyen, globuleux, sur
des pédicelles un peu courts ; chair un peu molle,
assez sucrée, bien relevée par une saveur musquée ;
peau épaisse, bien résistante, d'un noir foncé
pruiné à la MATURITÉ précoce.

Muscat noir commun. Voir *Caillaba*.

Muscat noir du Jura. Voir *Caillaba*.

Muscat Ottonel. [Dr H. Semis de Moreau-
Robert, 1852.] BOURGEONNEMENT peu duveteux,
teinté de rose sur le revers et le sommet des
folioles. FEUILLE petite, glabre et à peu près lisse
super., légèrement garnie infer., sur les nervures,
d'un duvet pileux ; sinus bien marqués, celui du
pétiole fermé ; denture assez large, un peu obtuse.
GRAPPE petite, cylindro-conique, un peu serrée,
sur un pédoncule assez fort et un peu long. GRAIN
sous-moyen, à peu près globuleux, sur des pédicelles courts et assez forts ; chair un peu molle,
bien sucrée, agréablement relevée d'une fine
saveur musquée ; peau fine, peu résistante, d'un
beau jaune doré à la MATURITÉ de 1re époque.

16

Muscat Primavis. Voir *Muscat de Jésus*.

Muscat rouge de Madère. [C. O.] Bourgeonnement légèrement duveteux, de couleur
grenat clair. Feuille moyenne, glabre et à peu
près lisse super., légèrement duveteuse infer. ;
sinus supérieurs bien marqués, fermés, celui du
pétiole presque fermé ; denture longue, assez
large, un peu aiguë. Grappe moyenne, cylindro-
conique, allongée, peu serrée, sur un pédoncule
un peu long, assez fort. Grain moyen, globuleux,
sur des pédicelles courts, assez forts ; chair ferme,
bien sucrée, finement musquée ; peau épaisse,
bien résistante, d'un beau rouge pruiné à la Maturité de 1re époque. — A l'extrême maturité, la
grappe passe à la couleur noire.

Muscat Saint-Laurent. [Semis Moreau-
Robert, 1854.] Bourgeonnement presque glabre,
d'un grenat clair. Feuille sous-moyenne ou
petite, glabre super., garnie infer. sur les nervures d'un duvet pileux court et rude ; sinus
supérieurs très profonds et fermés, sinus pétiolaire
un peu ouvert ; denture large, peu profonde et
obtuse. Grappe sous-moyenne ou petite, cylindro-
conique, peu serrée, sur un pédoncule assez long,
un peu grêle. Grain sous-moyen, à peu près

globuleux, sur des pédicelles courts et forts ; chair molle et juteuse, sucrée et légèrement musquée ; peau un peu épaisse, passant du vert pâle au jaune doré à la MATURITÉ de 1re époque.

Muscat Troweren. [Semis de Moreau-Robert, 1852.] BOURGEONNEMENT peu duveteux, passant du grenat foncé au grenat clair brillant. FEUILLE grande, un peu tourmentée, lisse super., glabre sur les deux faces, sauf sur les nervures inférieures qui sont garnies de poils rudes ; sinus supérieurs assez profonds, les secondaires marqués, celui du pétiole fermé ; denture large, longue, obtusément acuminée. GRAPPE grosse, cylindro-conique, parfois ailée, sur un pédoncule long, assez fort. GRAIN gros, globuleux, sur des pédicelles assez longs et assez forts ; chair bien ferme, charnue, sucrée, finement relevée d'une saveur musquée ; peau fine, peu résistante, d'un blanc verdâtre qui passe au jaune doré à la MATURITÉ de 3e époque.

Muscatellier noir. [C. O.] BOURGEONNEMENT d'un vert clair, à peine duveteux. FEUILLE petite ou sous-moyenne, glabre sur les deux faces ; sinus supérieurs profonds, bien ouverts, les secondaires marqués, sinus pétiolaire étroit ou fermé ; denture un peu large, assez longue et aiguë. GRAPPE moyenne ou sur-moyenne, cylindro-conique, un peu allongée. GRAIN sur-moyen, sphéro-ellipsoïde, sur des pédicelles un peu longs et grêles ; chair un peu molle, assez sucrée, relevée d'une saveur agréable ; peau mince, assez résistante, passant du rouge clair au rouge noirâtre à la MATURITÉ de 2ᵉ époque hâtive.

Muscatidduni noir de Sicile. [B. M.] BOURGEONNEMENT roussâtre, passant au blanc duveté teinté de rose sur le sommet des folioles. FEUILLE grande, un peu tourmentée, légèrement bullée super., garnie infer. d'un duvet lanugineux, assez compacte ; sinus supérieurs profonds, les secondaires marqués, celui du pétiole presque fermé. GRAPPE moyenne, cylindro-conique, peu serrée, sur un pédoncule assez long et grêle. GRAIN courtement ellipsoïde, sur des pédicelles de moyenne longueur, un peu grêles ; chair juteuse, acidulée, un peu musquée ; peau un peu épaisse, noir violacé à la MATURITÉ de 3ᵉ époque.

Muskateller blauer des Allemands. Voir *Caillaba.*

Muskateller grau ou **grauer.** Voir *Muscat gris* du comte Odart.

Muskateller roth. Voir *Muscat rouge de Madère.*

Muskateller Schwarts. Voir *Caillaba.*

Mustang ou **Vitis candicans.** Région du
Sud-Ouest des Etats-Unis. [J. P. B.] Cette vigne
se trouve à l'état sauvage dans le Texas, l'Arkansas. Elle n'est intéressante que pour les collectionneurs ou comme plante d'ornement. Très
difficile à multiplier par la greffe et le bouturage,
elle ne supporte pas les grands froids et donne
des fruits immangeables et impropres à faire du
vin. Pour tous ces motifs, le *Mustang*, qui est bien
résistant au phylloxera, a été rejeté comme porte-
greffe. Il est surtout caractérisé par un duvet
très blanc et très compacte qui recouvre ses jeunes
pousses et la page inférieure de ses feuilles
adultes ; c'est ce caractère très distinctif qui lui a
valu le nom de *Vitis candicans.*

Naturé blanc ou **jaune.** Jura. Voir *Savagnin jaune.*

Naturé rose. Jura. Voir *Savagnin rose.*

Nebbiolo. Piémont. [C. de R.] Bourgeonnement duveteux, blanchâtre, légèrement pointillé
de rose. Feuille sous-moyenne, glabre et presque
lisse super., légèrement cotonneuse infer. ; sinus
supérieurs profonds, les secondaires un peu marqués, celui du pétiole ouvert ; denture peu pro-

---

fonde, courtement aiguë. Grappe sur-moyenne, cylindro-conique, un peu ailée, assez serrée, sur un pédoncule assez long, un peu grêle. Grain moyen, courtement ellipsoïde, bien attaché à des pédicelles assez longs, un peu grêles; chair juteuse, assez sucrée, un peu acidulée; peau un peu mince, assez résistante, d'un rouge violacé tirant sur le noir à la Maturité de 2ᵉ époque tardive.

Nebbiolo di Dronero. Piémont. [C. de R.] Le *Nebbiolo di Dronero* se rapproche beaucoup par tous ses caractères du *Nebbiolo* ou *Spana*, mais il nous paraît en différer par sa feuille moins grande, à duvet moins épais, par sa grappe pleine, grosse et plus serrée. Toutefois la denture de la feuille de ces deux cépages est bien la même, leur maturité coïncide. On devrait, à notre avis, considérer le *Nebbiolo di Dronero* plutôt comme une variante du *Nebbiolo-Spana* que comme une variété proprement dite. Cette variété serait une amélioration de la première.

Nebbiolo di Stropo. Environs de Saluces. Piémont. [C. de R.] Ce cépage n'a pas les caractères du *Nebbiolo-Spana*. Il s'en distingue par une maturité plus précoce, par des feuilles rugueuses peu profondément sinuées, par une denture aiguë. GRAPPE cylindrique ou légèrement cylindro-conique, ailée. GRAIN moyen, sub-globuleux, d'un noir bleuâtre à la MATURITÉ de première 2e époque.

Negrera de Bologne. [C. R.] BOURGEONNEMENT peu ou point duveteux, hâtif, teinté de rose. FEUILLE moyenne, glabre sur les deux faces; sinus supérieurs très profonds, celui du pétiole fermé. GRAPPE moyenne, cylindro-conique, sur un pédoncule long et grêle. GRAIN moyen, sphérollipsoïde, sur des pédicelles courts; chair un peu molle, assez sucrée, à saveur simple; peau épaisse, assez résistante, d'un noir foncé pruiné à la MATURITÉ de 3e époque.

Negrera di Gattinara. [C. de R.] Ce cépage reproduit absolument les mêmes caractères que le précédent.

Negret du Tarn. [C. O. — D'I. de M.] BOURGEONNEMENT très duveteux, blanchâtre, teinté de rose au sommet des folioles. FEUILLE grande, lisse et glabre super., garnie infer. d'un épais duvet aranéeux; sinus supérieurs bien marqués, les secondaires presque nuls, celui du pétiole ordinairement fermé. GRAPPE sur-moyenne ou grosse, ailée, cylindro-conique, sur un pédoncule

moyen. Grain sur-moyen, ellipsoïde, sur des
pédicelles forts ; chair juteuse, sucrée, assez relevée ; peau assez fine, résistante, d'un noir foncé
pruiné à la Maturité de 3ᵉ époque.

**Neiretta del bianco. Neiretta à bois
blanc.** Saluces, Piémont. [C. de R.] Bourgeonnement duveteux, blanchâtre, teinté de roux doré.
Feuille grande, tourmentée, un peu rugueuse,
peu ou point sinuée, glabre super., un peu duveteuse infer. ; sinus pétiolaire étroit. Grappe grosse,
cylindro-conique, ailée, sur un pédoncule assez
fort, un peu court. Grain moyen ou sur-moyen,
globuleux ; chair un peu molle, sucrée, peu
relevée ; peau assez fine, peu résistante, d'un
noir violacé bien pruiné à la Maturité de 3ᵉ
époque.

**Neiretta del rosso. Neiretta à bois
rouge.** Saluces. Piémont. [C. de R.] Feuille
grande, presque orbiculaire, glabre super. et infer.,
sauf quelques poils rudes sur les nervures ; sinus
supérieurs presque nuls, sinus pétiolaire largement
ouvert ; denture peu profonde, un peu obtuse. Grappe
grosse, cylindro-conique, ailée, un peu rameuse,
un peu lâche. Grain moyen ou sur-moyen, globuleux ; chair molle, sucrée et peu relevée ; peau
un peu mince, peu résistante, d'un noir rougeâtre

pruiné à la MATURITÉ de 3ᵉ époque. — Ces deux *Neirettes* sont des variétés très fertiles, mais ne produisent que des vins ordinaires.

Némorin. [Semis de Moreau-Robert, 1851.] Variété portant une belle grappe à gros grains globuleux d'un beau jaune, mais de médiocre qualité.

Neosho. Amérique. [I. B. et M.] BOURGEONNEMENT d'un blanc roussâtre teinté de rose sur l'extrémité et le revers des folioles. FEUILLE surmoyenne, un peu épaisse, finement bullée, glabre super., parsemée infer. d'un duvet floconneux très fin ; sinus supérieurs bien marqués, les secondaires presque nuls, sinus pétiolaire bien ouvert ; denture très peu profonde, obtusément et courtement mucronée. GRAPPE moyenne, longuement cylindroconique, sur pédoncule assez long, un peu grêle. GRAIN moyen, globuleux, sur des pédicelles grêles et courts ; chair un peu ferme, assez sucrée, à saveur d'*Æstivalis ;* peau épaisse, résistante, riche en matière colorante, d'un noir foncé à la MATURITÉ de 3ᵉ époque tardive.

Neretto di Marengo. Piémont. [C. de R.] FEUILLE sur-moyenne, glabre sur les deux faces ; sinus profonds ou très profonds, fermés par le

rapprochement des lobes ; denture assez longue
et aiguë. Grappe moyenne ou sur-moyenne,
courtement cylindro-conique, ailée, un peu lâche.
Grain moyen, sphéro-ellipsoïde ; chair un peu
molle, sucrée, peu relevée ; peau un peu épaisse,
d'un rouge noirâtre pruiné à la Maturité de
3ᵉ époque.

Neretto di Verzuolo. Ce cépage nous paraît
être absolument semblable au précédent.

Nero amaro. Province de Bari. [M. Perelli.]
Feuille moyenne, glabre et presque lisse super.,
garnie infer. d'un duvet blanchâtre ; sinus profonds ; denture aiguë et assez longue. Grappe
moyenne, cylindro-conique. Grain ellipsoïde, de
grosseur moyenne, bien attaché à des pédicelles
courts ; chair ferme, succulente, avec une pointe
d'astringence ; peau un peu épaisse, bien résistante, d'un rouge foncé noirâtre et pruiné à la
Maturité de 3ᵉ époque.

Nero dolce. Pouille. Perelli. Nous paraît
être synonyme du *Dolceto nero* comme aussi le
Primitivo de la même région.

Neyrou petit. Allier. Voir *Pineau noir*.

Niedda Salua de Sardaigne. [C. de R.]
Bourgeonnement duveteux, blanchâtre. Feuille

grande, un peu tourmentée, glabre et à peu près
lisse super., avec duvet lanugineux infer.; sinus
supérieurs profonds et fermés, sinus secondaires
bien marqués, celui du pétiole ouvert; denture
assez large, un peu longue, assez aiguë, finement
acuminée. GRAPPE grosse, cylindro-conique,
rameuse, un peu lâche, sur un pédoncule un peu
long, assez fort. GRAIN gros, courtement ellipsoïde,
sur des pédicelles un peu longs, assez forts; chair
bien ferme, sucrée, agréable, avec fine saveur
de Sauvignon; peau épaisse, bien résistante,
passant du rouge foncé au noir pruiné à la MATU-
RITÉ de 3e époque hâtive. — Variété recommandable.

Niedda guzzaghe. Sardaigne. [B. M.] BOUR-
GEONNEMENT duveteux, passant du roux au blanc
teinté de rose. FEUILLE moyenne, glabre et presque
lisse super., garnie infer. d'un léger duvet lanugineux; sinus supérieurs et secondaires bien marqués, celui du pétiole un peu ouvert; denture un
peu profonde, assez large, obtusément mucronée.
GRAPPE moyenne, cylindro-conique, ailée, peu
serrée, sur un pédoncule assez long, un peu grêle.
GRAIN moyen, courtement ellipsoïde, sur des pédicelles assez longs, un peu grêles; chair ferme,
succulente, sucrée; peau épaisse, résistante, d'un

beau jaune doré à la Maturité de fin de 2e époque.

Niedda mannu. [B. M.] Sardaigne. Bourgeonnement duveteux, blanchâtre. Feuille moyenne, glabre et un peu bullée super., bien garnie infer. d'un duvet aranéeux, compacte ; sinus supérieurs profonds, presque fermés, les secondaires marqués et ouverts, celui du pétiole ordinairement ouvert. Grappe moyenne, ou sur-moyenne, lâche, rameuse, ailée, sur un pédoncule long et grêle. Grain sur-moyen, olivoïde régulier, sur des pédicelles longs et grêles ; chair assez ferme, un peu pulpeuse, assez sucrée ; peau assez épaisse, résistante, d'un beau noir pruiné à la Maturité de 3e époque.

Nirello. Calabres. [B. M.] Bourgeonnement très duveteux, d'un blanc verdâtre passant au vert foncé. Feuille moyenne, glabre super. et légèrement bullée, garnie infer. d'un léger duvet lanugineux ; sinus supérieurs marqués, les secondaires presque nuls, celui du pétiole ordinairement ouvert ; denture assez profonde, large et aiguë. Grappe moyenne, cylindro-conique, un peu lâche, sujette à la coulure ; pédoncule long et grêle. Grain moyen, globuleux, sur des pédicelles assez longs, un peu grêles ; chair un peu

ferme, juteuse, assez sucrée, relevée ; peau fine,
assez résistante, d'un beau noir pruiné à la
Maturité de 3ᵉ époque.

Niurreddu Cappuciu (Petit noir double).
Sicile. [B. M.] Bourgeonnement peu duveteux,
d'un roux clair teinté de rose. Feuille sur-
moyenne ou moyenne, glabre et à peu près lisse
super., sans duvet bien apparent infer. ; sinus
supérieurs profonds et fermés, sinus secondaires
marqués, sinus pétiolaire très étroit ; denture large,
assez profonde, finement acuminée. Grappe sur-
moyenne, cylindro-conique, ailée, assez serrée,
sur un pédoncule assez long et assez fort. Grain
moyen, sphéro-ellipsoïde, sur des pédicelles assez
forts, un peu courts ; chair ferme, juteuse, sucrée,
bien relevée ; peau très épaisse, résistante, d'un
beau noir pruiné à la Maturité de 3ᵉ époque. —
Ce cépage est le plus estimé et le plus cultivé pour
la vinification parmi les noirs en Sicile. — Synonymes : *Perrizone, Niureddu-Mascoli, Niureddu-
Minuteddu.*

Niureddu Calabrisi. Est, à notre avis, synonyme du précédent.

Niuru grossu. Sicile. [B. M.] Bourgeonnement un peu duveteux, teinté de roux. Feuille

grande, un peu tourmentée, glabre, lisse et brillante super., duvet pileux, court et raide sur les nervures infer.; sinus supérieurs étroits et profonds, les secondaires plus ou moins marqués, celui du pétiole presque fermé; denture large, assez profonde, obtuse, courtement acuminée. GRAPPE grosse, cylindro-conique, peu serrée, sur un pédoncule un peu court, fort. GRAIN gros, ellipsoïde, sur des pédicelles un peu longs, assez forts; chair ferme, juteuse, un peu astringente; peau épaisse, résistante, passant du rouge brillant au noir pruiné à la MATURITÉ de 3ᵉ époque tardive.

Noah. Amérique. [I. B. et M.] BOURGEONNEMENT duveteux, d'un blanc roux, teinté de rouge sur l'extrémité des folioles. FEUILLE grande, rarement lobée; sinus supérieurs marqués par une dépression, les secondaires à peu près nuls, sinus pétiolaire ouvert, glabre et à peu près lisse super., garnie infer. d'un épais duvet blanc un peu teinté de roux. GRAPPE sous-moyenne, cylindrique, arrondie, sur un pédoncule ligneux, un peu court, assez fort. GRAIN un peu serré, sous-moyen, à peu près globuleux, sur des pédicelles courts, assez forts; chair pulpeuse, épaisse, foxée, assez sucrée; peau épaisse, bien résistante, passant du vert au jaunâtre à la MATURITÉ de 1ʳᵉ époque.

Nocera de Catane. [B. M.] Bourgeonnement duveteux, d'un blanc verdâtre, teinté de rose. Feuille grande, presque plane et presque lissse super., garnie infer. d'un duvet blanchâtre ; sinus supérieurs assez profonds et étroits, les secondaires presque nuls, sinus pétiolaire étroit ou presque fermé ; denture large, aiguë, finement acuminée. Grappe grosse, serrée, cylindro-eonique, ailée, sur un pédoncule fort et ligneux. Grain moyen ou sur-moyen, sphéro-ellipsoïde, sur des pédicelles de moyenne longueur, assez forts ; chair un peu molle, sucrée, peu relevée, à saveur simple ; peau épaisse, bien résistante, d'un noir bleuâtre pruiné à la Maturité de 3ᵉ époque.

Noir de Casbine. Cette variété est identique à celle que nous avons reçue d'Alger sous le nom de Raisin de la *Casbah* et que nous décrivons plus loin.

Noir de Conflans. Savoie. [B. P.] Feuille très grande, bullée, un peu épaisse, glabre et presque lisse super., garnie infer. d'un léger duvet aranéeux, avec duvet pileux sur les nervures ; sinus supérieurs peu profonds, les secondaires à peine marqués, sinus pétiolaire ouvert en triangle ; denture très large, assez profonde, grossièrement acuminée. Grappe moyenne, cylindro-conique,

sur un pédoncule fort et assez long. GRAIN moyen,
sphéro-ellipsoïde, sur des pédicelles forts, assez
longs ; chair un peu ferme, juteuse et bien sucrée ;
peau mince, résistante, d'un beau noir pruiné à
la MATURITÉ de 2e époque.

Noir de Genève. Territoire de Vevey. Suisse.
[N.] FEUILLE sur-moyenne, glabre, grossièrement
bullée super., garnie infer. d'un léger duvet floconneux ; sinus supérieurs marqués, les secondaires
nuls, sinus pétiolaire un peu ouvert ; denture
étroite, finement acuminée. GRAPPE sur-moyenne,
cylindro-conique, sur un pédoncule assez long et
assez fort. GRAIN sur-moyen, globuleux ou sphéro-
ellipsoïde, sur des pédicelles courts et grêles ; chair
juteuse, sucrée, un peu astringente, à saveur
simple ; peau un peu épaisse, d'un beau noir
pruiné à la MATURITÉ de 2e époque.

Noir de Lorraine. Région de l'Est. [S. L.]
BOURGEONNEMENT duveté, jaunâtre, passant au
blanc un peu roux, teinté de rose. FEUILLE moyenne,
aussi large que longue, glabre et à peu près lisse
super., garnie infer. d'un duvet aranéeux ; sinus
supérieurs peu profonds, sinus pétiolaire peu
ouvert ; denture assez large, obtuse à la base de
la feuille et finement acuminée au sommet. GRAPPE
sous-moyenne, cylindro-conique, un peu ailée,

sur un pédoncule long et grêle. GRAIN moyen ou sous-moyen, sphéro-ellipsoïde, sur des pédicelles longs et un peu grêles ; chair un peu molle, assez sucrée, un peu relevée ; peau un peu mince, assez résistante, passant du rouge foncé au noir pruiné à la MATURITÉ de première 2ᵉ époque.

Noir de Pressac. Gironde. Voir *Côt, Malbeck.*

Noir de Vaucluse de plusieurs catalogues et par erreur. Voir *Corbeau.*

Noireau. Brioude. Haute-Loire. [F. P.] C'est par erreur que nous avons donné, dans le Vignoble, le *Noireau de Brioude* comme synonyme du *Brumeau* de cette région et de l'*Argant du Jura.* Le premier diffère des deux derniers, qui sont bien identiques, par une feuille plus petite, moyenne ou sous-moyenne, duveteuse infer., par sa grappe moyenne, cylindro-conique, très serrée. GRAIN moyen, globuleux, d'un noir luisant à la MATURITÉ de 2ᵉ époque.

Noir menu. [S. L.] Région de Metz et de l'Est. Cette variété, que l'on a considérée jusque-là comme distincte du *Pineau noir*, n'en est qu'une variante par quelques caractères insignifiants et d'ailleurs pas persistants.

17

Noir précoce de Hongrie, par erreur de plusieurs catalogues, attendu que ce cépage est inconnu en Hongrie, sous ce nom du moins. Voir *Ischia*.

Noir printanier. Semis de M. Pomier, qui reproduit à peu près les caractères de l'*Ischia*, mais qui est plus fertile.

North-America. [J. P. B.] Bourgeonnement duveteux, roussâtre, passant au rose foncé. Feuille sur-moyenne, bien duveteuse infer.; sinus peu profonds; denture très courte, peu ou point acuminée. Grappe petite, cylindrique, arrondie, un peu serrée, sur un pédoncule assez long et grêle. Grain petit ou sous-moyen, globuleux; chair pulpeuse, foxée, assez sucrée; peau épaisse, bien résistante, d'un noir très pruiné à la Maturité de 1re époque.

North-Carolina. Amérique. [J. P. B.] Bourgeonnement très duveteux et roux, passant à la teinte violacée. Feuille sur-moyenne, d'un vert foncé, glabre super., bien duveteuse infer.; sinus peu profonds; denture peu profonde ou très courte, finement acuminée. Grappe moyenne ou sous-moyenne, un peu ailée, assez serrée. Grain sur-moyen, sphéro-ellipsoïde; chair pulpeuse, peu

fondante, à saveur foxée; peau épaisse et résistante, d'un noir bleuâtre à la Maturité de 1ʳᵉ
époque.

Northen précoce. [J. P. B.] Amérique.
Bourgeonnement roux clair se teintant de rose.
Feuille moyenne, finement bullée, glabre super.,
garnie infer. d'un duvet cotonneux, court; sinus
peu profonds; denture courte et finement acuminée. Grappe moyenne ou sous-moyenne, cylindrique, arrondie, serrée, sur un pédoncule assez
long, un peu grêle. Grain moyen ou sous-moyen,
globuleux; chair pulpeuse, épaisse, assez sucrée,
bien foxée; peau épaisse, très résistante, d'un
jaune ambré à la Maturité de 1ʳᵉ époque. — Les
trois variétés qui viennent d'être décrites ont peu
de valeur, elles sont aujourd'hui abandonnées.

Norton Virginia. Amérique. [I. B. et M.]
Voir *Cynthiana*.

Nougaret. Le raisin que nous avions reçu
sous ce nom, de divers pépiniéristes, représente
absolument le *Frankenthal*.

Nuciddara de Catane. [B. M.] Le cépage
envoyé sous ce nom, par M. Mendola, ne nous
semble pas différer de la *Nocera* décrite plus haut.

Ochio di pernice bianca. [M. I.] Toscane.
Bourgeonnement peu duveteux, d'un vert clair,

légèrement teinté de rose. FEUILLE moyenne,
glabre sur les deux faces, légèrement révolutées
infer.; sinus supérieurs presque nuls, celui du
pétiole ouvert; denture aiguë, assez profonde.
GRAPPE sur-moyenne, cylindro-conique, un peu
ailée, peu serrée. GRAIN globuleux, sur-moyen,
sur des pédicelles assez longs et assez forts; chair
juteuse, bien sucrée, agréablement relevée; peau
fine, bien résistante, d'un jaune doré, passant un
peu au roux, à bonne exposition, à la MATURITÉ de
3° époque.

Ocru di boe nero. Sardaigne. [B. M.] BOUR-
GEONNEMENT duveteux, blanchâtre. FEUILLE
moyenne, d'un vert foncé, glabre et lisse super.,
garnie infer., sur les nervures et le parenchyme,
de poils roux un peu raides; sinus supérieurs profonds, très étroits, les secondaires profonds,
presque fermés, sinus pétiolaire ouvert; denture
un peu large, assez profonde, assez longue, mais
obtuse et courtement acuminée. GRAPPE sur-
moyenne, cylindro-conique, ailée, un peu
rameuse, un pédoncule assez long et fort. GRAIN
très gros, légèrement obovoïde, sur des pédicelles
assez longs, un peu grêles; chair très ferme, assez
sucrée, bien relevée; peau un peu mince, assez
résistante, d'un noir violacé à la MATURITÉ de 4°
époque.

Œil de Tours. [D'I. de M.] Voir *Canut*.

Ohio. Amérique. [J. P. B.] Voir *Jacquez*.

Oktaouri. Caucase. [B. de L.] Bourgeonnement bien duveté, d'un blanc violacé, légèrement
teinté de rose sur le revers des folioles. Feuille
moyenne, glabre et lisse super., bien duveteuse
infer.; sinus profonds. Grappe moyenne ou sous-
moyenne, cylindro-conique, peu serrée. Grain
moyen, ellipsoïde, sur des pédicelles un peu longs,
assez forts; chair un peu molle, assez sucrée, un
peu acidulée; peau assez fine, résistante, passant
du vert clair au jaune un peu doré à la Maturité
de 2ᵉ époque tardive.

Olivette blanche. [H. B.] Provence. Bourgeonnement glabre ou à peu près glabre, d'un vert
jaunâtre. Feuille moyenne, glabre et lisse super.,
sans duvet apparent infer.; sinus supérieurs assez
profonds, les secondaires marqués, celui du pétiole
bien ouvert; denture large, assez profonde, aiguë,
finement acuminée. Grappe moyenne ou sur-
moyenne, un peu lâche, sur un pédoncule moyen.
Grain sur-moyen ou gros, régulièrement olivoïde,
bien attaché à des pédicelles un peu longs et de
moyenne force; chair ferme, assez sucrée, un peu
relevée, à saveur simple; peau épaisse, ferme et

résistante, passant du blanc de cire au blanc jaunâtre à la Maturité de 3ᵉ époque.

Olivette de Cadenet. Voir *Teneron de Vaucluse*.

Olivette jaune à petits grains. Voir *Eparse*.

Olivette noire. Languedoc. [H. B.] Bourgeonnement fortement duveté, blanchâtre. Feuille grande ou très grande, glabre et à peu près lisse super., garnie infer. d'un duvet lanugineux ; sinus supérieurs très profonds, fermés, les secondaires bien marqués, celui du pétiole toujours ouvert ; denture large, assez profonde, obtuse et courtement acuminée. Grappe grosse, cylindro-conique, un peu rameuse, sur un pédoncule assez fort, de moyenne longueur. Grain gros ou très gros, ellipsoïde, sur des pédicelles forts, assez longs et garnis de taches lenticulaires ; chair ferme, un peu sucrée ; peau épaisse, résistante, d'un rouge noirâtre à la Maturité de 3ᵉ époque. — Faute d'autre nom, nous laissons à cette variété celui sous lequel nous l'avons reçue de M. Bouschet de Bernard, quoiqu'elle n'ait pas les caractères propres des Olivettes.

Oporto de Hongrie. [J. P.] Voir *Blauer Portugieser*.

Oporto d'Amérique. [H. B.] Bourgeonnement bien duveteux, d'un blanc roussâtre, un peu teinté de rose. Feuille sur-moyenne, un peu cordiforme, glabre et presque lisse super., garnie infer., surtout sur les nervures, d'un duvet très court, sensible au toucher; sinus supérieurs peu ou point profonds, sinus pétiolaire étroit ou presque fermé; denture courte, un peu obtuse, mais finement acuminée. Grappe sous-moyenne ou petite, cylindrique, arrondie, sur un pédoncule grêle, assez long. Grain moyen, globuleux, pédicelles assez forts, un peu courts; chair ferme, pulpeuse, un peu sucrée, foxée; peau épaisse, bien résistante, d'un noir intense et pruiné à la Maturité de 1re époque tardive.

Orjelechi. Caucase. [B. de L.] Bourgeonnement teinté de rose, passant au blanc, très duveteux. Feuille sur-moyenne, plane et presque orbiculaire, à peu près glabre super., garnie infer. d'un duvet aranéeux compacte; sinus supérieurs peu ou point profonds, sinus pétiolaire ouvert. Grappe moyenne ou sous-moyenne, courtement cylindro-conique, rameuse, lâche, sur un pédoncule long et grêle. Grain moyen, presque globuleux, fortement attaché à des pédicelles courts, assez forts; chair ferme, peu sucrée, juteuse, à saveur simple;

peau épaisse, bien résistante, d'un noir foncé pruiné à la MATURITÉ de 3ᵉ époque.

Orleaner ou **Orleander**. Rhingau. [C. O.] BOURGEONNEMENT un peu duveteux, passant du roux clair au vert blanchâtre. FEUILLE moyenne, brillante et glabre super., garnie infer. de poils subulés, surtout sur les nervures ; sinus supérieurs profonds, les secondaires à peine marqués, celui du pétiole presque fermé ; denture un peu large, obtuse, très courtement acuminée. GRAPPE moyenne, cylindro-conique, assez serrée, sur un pédoncule moyen. GRAIN sur-moyen, fortement attaché à des pédicelles forts, de forme un peu ovoïde, par suite du tassement ; chair ferme, assez juteuse, sucrée, un peu relevée ; peau épaisse, ferme, passant du blanc verdâtre au jaune doré à la MATURITÉ de 2ᵉ époque tardive.

Ortlieber jaune ou **blanc**. Voir *Klein Reuschling*.

Ortlieber noir. Styrie. [B. S.] BOURGEONNE-MENT bien duveteux, d'un blanc roussâtre, teinté de rose au revers des folioles. FEUILLE moyenne, glabre et à peu près lisse super., garnie infer. d'un duvet lanugineux, compacte ; sinus peu ou point profonds ; denture un peu large, peu profonde, brusquement mucronée. GRAPPE à peine

moyenne, peu serrée, ailée, sur un pédoncule
court, assez fort. GRAIN globuleux, sur des pédicelles un peu longs, assez forts ; chair un peu molle,
bien sucrée, peu relevée ; peau un peu mince, peu
résistante, d'un rouge foncé passant au noir un
peu pruiné à la MATURITÉ de 2ᵉ époque tardive.

Oseri du Tarn. [C. O.] BOURGEONNEMENT d'un
roux clair, peu duveteux, légèrement nuancé de rose.
FEUILLE moyenne, glabre et à peu près lisse super.,
garnie infer., surtout sur les nervures, d'un duvet
pileux, court et raide ; sinus supérieurs et secondaires très profonds et fermés, celui du pétiole
fermé ; denture large, longue, obtuse et courtement mucronée. GRAPPE moyenne, cylindro-
conique, un peu lâche, pédoncule un peu long et
grêle. GRAIN moyen, presque globuleux ou sphéro-
ellipsoïde, sur des pédicelles courts et assez forts ;
chair molle, un peu pâteuse, assez sucrée, peu
relevée ; peau un peu épaisse, résistante, d'un
beau jaune doré passant parfois au rose à la MATU-
RITÉ de 2ᵉ époque.

Othello. Amérique. [I. B. et M.] BOURGEON-
NEMENT bien duveteux, blanchâtre, teinté de rouge
à l'extrémité des folioles. FEUILLE grande, presque
plane, glabre et presque lisse super., garnie
infer. d'un duvet floconneux ; sinus supérieurs

marqués par une dépression, les secondaires nuls, celui du pétiole fermé ; denture peu large, peu profonde, assez aiguë, finement acuminée. GRAPPE sur-moyenne ou grosse, cylindro-conique, souvent ailée, portée par un pédoncule fort et court. GRAIN sur-moyen, à peu près globuleux, sur des pédicelles moyens, un peu verruqueux ; chair un peu pulpeuse, peu fondante, peu sucrée, à saveur un peu foxée ; peau épaisse, bien résistante, d'un noir violacé bien pruiné à la MATURITÉ de 2e époque.

Ondenc. Haute-Garonne. [D'I. de M.] FEUILLE moyenne, glabre et presque lisse super., garnie infer. d'un duvet aranéeux ; sinus supérieurs assez profonds, les secondaires marqués ; denture un peu profonde, aiguë, finement acuminée. GRAPPE moyenne, courtement cylindro-conique, un peu serrée, sur un pédoncule long, un peu grêle. GRAIN sous-moyen, globuleux, un peu serré ; chair un peu molle, bien juteuse et sucrée ; peau un peu mince, assez résistante, d'un jaune doré à la MATURITÉ de 2e époque.

Pagadebito. Pouilles. [C. de R.] BOURGEONNEMENT duveté blanc, légèrement teinté jaune sur l'extrémité des folioles. FEUILLE sur-moyenne, plane, un peu luisante super., garnie infer. d'un duvet pileux, velouté ; sinus supérieurs profonds et étroits, les secondaires marqués, celui du pétiole étroitement ouvert; denture peu large, peu profonde, aiguë et finement acuminée. GRAPPE surmoyenne, cylindro-conique, sur un pédoncule assez fort. GRAIN sous-moyen, presque globuleux, sur des pédicelles assez longs, un peu grêles ; chair ferme, assez sucrée, un peu acidulée, à saveur simple ; peau assez épaisse, résistante, d'un noir foncé pruiné à la MATURITÉ de 3ᵉ époque.

Palominos. Espagne. Voir *Listan*.

Pamala. Sardaigne. [B. M.] FEUILLE grande, un peu tourmentée, glabre et légèrement bullée super., garnie infer. d'un duvet lanugineux ; sinus supérieurs profonds, ordinairement fermés, les secondaires bien marqués, le plus souvent ouverts. GRAPPE grosse, cylindro-conique, rameuse, un peu sujette à la coulure ; pédoncule fort. GRAIN sur-moyen, ellipsoïde, sur des pédicelles assez longs, un peu grêles ; chair ferme, un peu juteuse, sucrée et agréablement relevée ; peau épaisse, résistante, passant du blanc verdâtre au jaune doré à la MATURITÉ de 3ᵉ époque.

Panea. Nice[1]. [N.] BOURGEONNEMENT blan-

---

1 Nous avons décrit sur place toutes les variétés de raisins des vignobles de Nice et envoyé de là toutes celles qui ont été chromolithographiées dans le vignoble.

châtre, un peu duveteux. FEUILLE moyenne, lisse
et brillante super., sans duvet apparent infer.;
sinus supérieurs bien marqués, sinus secondaires
un peu profonds, celui du pétiole un peu ouvert;
denture un peu profonde et un peu aiguë. GRAPPE
sur-moyenne, cylindro-conique, rameuse et un
peu lâche; pédoncule un peu grêle, court et
ligneux. GRAIN sur-moyen, sujet au millerand,
à peu près globuleux, sur des pédicelles grêles,
assez longs; chair ferme, assez sucrée, astringente; peau épaisse, bien résistante, d'un beau
noir légèrement pruiné à la MATURITÉ de 3ᵉ époque.

Panse jaune. Provence. Villelaure (Vaucluse).
[N.] FEUILLE très grande, un peu tourmentée,
lisse super., avec un duvet aranéeux infer.;
sinus supérieurs profonds, fermés, les secondaires
bien marqués, celui du pétiole fermé; denture
large, un peu profonde, brusquement mucronée.
GRAPPE grosse, cylindro-conique, allongée, rameuse, sur un pédoncule un peu grêle et long.
GRAIN légèrement ellipsoïde ou sphéro-ellipsoïde,
sur des pédicelles grêles; chair un peu ferme,
assez juteuse, sucrée, à saveur simple; peau un
peu épaisse, bien résistante, d'un blanc jaunâtre
un peu doré à la MATURITÉ de 3ᵉ époque tardive.
— Nous laissons à cette variété le nom sous lequel

nous l'avons trouvée à Villelaure (Vaucluse), en faisant remarquer qu'elle n'a pas absolument les caractères qui spécialisent les *Panse*, le grain olivoïde ou longuement ellipsoïde.

Panse musquée. Provence. Voir *Muscat d'Alexandrie.*

Panse noire. Il serait plus juste d'appliquer le nom de *Panse noire* à l'*Olivette noire* de M. H. Bouschet que de lui laisser celui d'*Olivette* dont elle n'a pas les caractères.

Panse précoce. Provence. [A. P.] Voir *Sicilien.*

Panse précoce musquée. Provence. [A. P.] Bourgeonnement très légèrement duveteux, blanchâtre. Feuille grande ou très grande, glabre et un peu bullée super., un peu parsemée infer. d'un duvet lanugineux, surtout sur les nervures ; sinus supérieurs bien marqués, les secondaires à peu près nuls, celui du pétiole fermé ; denture un peu large, obtusée et courtement acuminée. Grappe sur-moyenne, cylindro-conique, rameuse, sur une rafle lâche et grêle partant d'un pédoncule long et un peu grêle. Grain gros, ellipsoïde, sur des pédicelles assez longs, un peu grêles ; chair ferme, croquante, sucrée, légèrement

relevée par une saveur musquée qui n'est per-
ceptible qu'à l'extrême maturité ; peau épaisse,
résistante, passant du blanc de cire un peu verdâtre au jaune clair à la MATURITÉ de 2ᵉ époque
tardive.

Pareux noir. [Dʳ H.] Reproduit absolument
tous les caractères du *Plant Durif*.

Paquier noir. [Semis naturel propagé par
M. Paquier-Desvignes, de Saint-Lager (Rhône),
vers 1870.] BOURGEONNEMENT duveteux, légèrement teinté de rose sur des folioles blanchâtres.
FEUILLE moyenne, glabre et à peu près lisse
super., garnie infer. d'un duvet aranéeux, fin
et compacte ; sinus supérieurs profonds, le plus
souvent fermés, sinus secondaires marqués, sinus
pétiolaire presque fermé ; denture assez large,
un peu aiguë, finement acuminée. GRAPPE sur-
moyenne, cylindro-conique, le plus souvent ailée,
assez serrée, sur un pédoncule assez fort, de
moyenne longueur. GRAIN sur-moyen, légèrement
ellipsoïde, sur des pédicelles un peu courts et
assez forts ; chair assez ferme, juteuse, sucrée,
à saveur simple ; peau épaisse, résistante, d'un
rouge noirâtre pruiné à la MATURITÉ de 2ᵉ époque.

Paradisa de Bologne. [C. B.] BOURGEON-

NEMENT duveteux, verdâtre, teinté de rose sur le
pourtour des folioles. FEUILLE grande, plus large
que longue, glabre super., lanugineuse et molle
infer. ; sinus supérieurs profonds, celui du pétiole
le plus souvent ouvert ; denture large, assez profonde, aiguë et finement acuminée. GRAPPE
moyenne, longuement cylindro-conique, un peu
rameuse, lâche, sur un pédoncule long, assez fort.
GRAIN moyen, ellipsoïde, sur des pédicelles assez
longs, un peu forts, teintés de rouge ; chair ferme,
sucrée, à saveur simple, bien relevée ; peau assez
fine, bien résistante, d'un blanc verdâtre qui
passe au jaune doré avec reflet rose à la MATURITÉ
de 3ᵉ époque hâtive.

Parpeuri ou **Parporio**. Piémont. Saluces.
[C. de R.] BOURGEONNEMENT peu ou point duveteux. FEUILLE presque aussi large que longue,
glabre ou à peu près glabre sur les deux faces ;
sinus supérieurs profonds et étroits, celui du
pétiole peu ouvert ; denture un peu profonde,
assez aiguë. GRAPPE moyenne ou sur-moyenne,
cylindro-conique, un peu ailée, serrée. GRAIN
moyen, globuleux et un peu déprimé au point
pistillaire ; chair un peu molle, sucrée, à jus
teinturier ; peau assez épaisse, résistante, d'un
noir foncé pruiné à la MATURITÉ de 1ʳᵉ époque.

Parvereau ou **Provereau**. Isère. [N.]
BOURGEONNEMENT rougeâtre, fortement duveté,
passant au rouge grenat. FEUILLE sur-moyenne,
glabre et grossièrement bullée super., un peu
tourmentée, garnie infer. d'un duvet aranéeux,
assez compacte ; sinus supérieurs profonds et
étroits, sinus secondaires bien marqués, celui
du pétiole fermé ; denture assez large, un peu
profonde, légèrement obtusée, courtement acuminée. GRAPPE grosse, cylindro-conique, ailée,
assez serrée, sur un pédoncule court et fort. GRAIN
moyen, globuleux, sur des pédicelles un peu
longs, assez forts ; chair un peu ferme, juteuse,
assez sucrée, astringente ; peau un peu épaisse,
assez résistante, un peu astringente, d'un beau
noir pruiné à la MATURITÉ de 2ᵉ époque tardive.

Pascal blanc. Provence. Villelaure, Vaucluse. [N.] FEUILLE sur-moyenne, presque plane,
à peu près lisse et glabre super., garnie infer.
d'un duvet lanugineux, court et compacte ;
sinus profonds, les supérieurs presque fermés,
les secondaires ouverts, sinus pétiolaire presque
fermé avec un vide élargi à sa base ; denture peu
profonde, obtuse. GRAPPE moyenne, courtement
cylindro-conique, ailée, sur un pédicelle grêle
et un peu long. GRAIN sous-moyen, sphéro-

ellipsoïde, un peu serré, sur des pédicelles un peu courts et grêles ; chair un peu ferme, juteuse, sucrée, un peu astringente ; peau un peu épaisse, résistante, d'un vert jaunâtre plus ou moins foncé à la MATURITÉ de 3ᵉ époque.

Pascal noir. Provence. [A. P.] BOURGEON-NEMENT duveteux, blanchâtre, teinté de rose. FEUILLE sur-moyenne, un peu tourmentée, lisse et glabre super., garnie infer. d'un fin duvet aranéeux, parfois floconneux ; sinus supérieurs peu profonds et étroits, celui du pétiole ordinairement fermé ; denture large, peu profonde, obtusément acuminée. GRAPPE moyenne ou sous-moyenne, un peu rameuse, peu serrée, cylindro-conique, sur un pédoncule assez long, un peu grêle. GRAIN moyen ou sur-moyen, à peu près globuleux, sur des pédicelles un peu longs, assez forts ; chair molle, juteuse, assez sucrée, à saveur simple ; peau épaisse, bien résistante, d'un noir foncé pruiné à la MATURITÉ de 2ᵉ époque tardive.

Passa bianca. [B. M.] FEUILLE grande, presque aussi large que longue, glabre et presque lisse super., garnie infer. d'un duvet aranéeux, devenant pileux sur les nervures ; sinus supérieurs profonds, fermés avec un vide à la base, sinus secondaires très marqués, sinus pétiolaire presque

18

fermé; denture assez profonde, finement acuminée.
GRAPPE grande, cylindro-conique, ailée, rameuse,
sur un pédoncule un peu court, peu résistant.
GRAIN gros, sphéro-ellipsoïde, sur des pédicelles
assez longs et peu forts ; chair ferme, bien sucrée,
agréablement relevée, à saveur simple ; peau
fine, bien résistante, passant du blanc verdâtre
au jaune doré à la MATURITÉ de 3ᵉ époque hâtive.

Passaretta bianca. Italie. Piémont. [C. de
R.] Voir *Corinthe blanc*.

Passaretta nera. Italie. Voir *Corinthe noir*.

Passaretta rosata. Italie. [C. de R.] Voir
Corinthe rose.

Passerille. Ardèche. Voir *Boudalès*.

Passerille à gros grains. Var. [H. B.]
BOURGEONNEMENT d'un roux clair, passant au vert
blanchâtre, très duveteux, un peu rosé sur le
revers des folioles. FEUILE moyenne, glabre, et à
peu près lisse super., garnie infer. d'un léger
duvet pileux ; sinus supérieur et secondaire assez
profond, celui du pétiole ouvert ; denture assez
longue, étroite et aiguë. GRAPPE moyenne ou sur-
moyenne, lâche, sujette à la coulure, souvent formée par un pédoncule bifurqué. GRAIN gros,
ellipsoïde, sur des pédicelles assez longs et assez

forts; chair ferme, juteuse, bien sucrée, agréablement relevée; peau mince, bien résistante, d'un
noir rougeâtre pruiné à la MATURITÉ de 3ᵉ époque
hâtive. — Cette variété se rapproche beaucoup du
Boudalès, mais avec un grain plus gros sur une
grappe moins volumineuse. Cette variété a péri
dans nos collections; nous serions heureux de la
retrouver.

Passerille blanche. Drôme. [A. R.] BOUR-
GEONNEMENT duveteux, d'un blanc jaunâtre, passant
au vert clair sur les jeunes feuilles. FEUILLE grande,
glabre et presque lisse super., garnie infer. d'un
duvet aranéeux assez épais, sinus pétiolaire étroitement ouvert; denture large, assez profonde,
obtuse, courtement mucronée. GRAPPE grosse ou
très grosse, cylindro-conique, ailée, un peu lâche,
sur un pédoncule long, assez fort. GRAIN gros,
olivoïde, sur des pédicelles assez longs, assez
forts, un peu verruqueux; chair ferme, juteuse et
bien sucrée; peau épaisse, bien résistante, d'un
beau jaune doré à la MATURITÉ de 2ᵉ époque tardive.

Passolara ou **Insoliina bianca** de Syracuse.
[B. M.] Voir *Insolia bianca*.

Patara Andasaouli. Caucase. [B. de L.]
Voir *Didi Andasaouli*.

Paugayen. Vallée de la Drôme. Saillans. [A. R.] Bourgeonnement duveteux, blanchâtre, un peu rosé. Feuille sur-moyenne, glabre et lisse super., garnie infer. d'un duvet floconneux blanchâtre; sinus supérieurs profonds, les secondaires à peine marqués, celui du pétiole un peu ouvert; denture profonde, aiguë, obtusément acuminée. Grappe sur-moyenne, cylindro-conique, ailée, assez serrée, sur un pédoncule assez long, un peu grêle. Grain sur-moyen, ellipsoïde, sur des pédicelles grêles et un peu courts; chair ferme, assez juteuse, un peu astringente; peau épaisse, bien résistante, d'un noir foncé pruiné à la Maturité de 2ᵉ époque.

Pauline. Amérique. [L. L.] Bourgeonnement très duveteux, passant du roux au blanc un peu verdâtre, teinté de lie de vin sur le revers et le pourtour des folioles. Feuille grande, épaisse, presque orbiculaire, souvent tourmentée par l'anthracnose déformante; sinus peu profonds; denture peu profonde et étroitement acuminée. Grappe moyenne ou sous-moyenne, cylindro-conique, un peu ailée. Grain sous-moyen, globuleux, sur des pédicelles assez forts; chair un peu ferme, peu juteuse, à saveur étrange, peu agréable; peau assez mince, d'un rose grisâtre à la Maturité de

2ᵉ époque tardive. — Variété sans mérite, aujour-
d'hui abandonnée.

Paxton. Amérique. [J. P. B.] Bourgeonnement roussâtre, passant au rose violacé bien
prononcé sur le rebord des folioles. Feuille sur-
moyenne ou grande, glabre et finement bullée
super., garnie infer. d'un duvet lanugineux court
et compacte; sinus supérieurs assez profonds, les
secondaires marqués, celui du pétiole ouvert; denture presque nulle ou insensiblement marquée par
de légères dépressions et par des mucrons très fins
et très courts. Grappe sous-moyenne, cylindrique
ou cylindro-conique, un peu serrée. Grain moyen
ou sous-moyen, globuleux; chair pulpeuse, assez
sucrée, à saveur foxée; peau assez épaisse, bien
résistante, d'un noir foncé pruiné à la Maturité
de 1ʳᵉ époque tardive.

Pecoui touar. Provence. Var. [A. P.]
Bourgeonnement d'un vert jaunâtre, ou vert
brillant, peu duveteux. Feuille moyenne, d'un
vert clair, glabre et lisse super., garnie infer.
d'un duvet pileux; sinus supérieurs profonds, fermés, les secondaires bien marqués, sinus pétiolaire presque fermé; denture large, un peu obtuse,
courtement accuminée. Grappe sur-moyenne ou
grosse, cylindro-conique, rameuse, peu serrée, sur

un pédoncule long, assez fort. GRAIN sur-moyen,
un peu ellipsoïde, sur des pédicelles assez longs
et grêles; chair bien juteuse, bien sucrée, assez
relevée, saveur simple; peau mince, résistante,
passant du blanc verdâtre au jaune doré à la
maturité de 3ᵉ époque.

Pelaverga. Piémont. [C. de R.] BOURGEON-
NEMENT lanugineux, d'un blanc jaunâtre. FEUILLE
grande, un peu rugueuse et glabre super., garnie
infer. d'un duvet cotonneux; sinus supérieurs profonds et ouverts, celui du pétiole presque fermé.
GRAPPE sur-moyenne, cylindro-conique, ailée, un
peu serrée, sur un pédoncule court. GRAIN gros,
sub-globuleux, sur des pédicelles un peu courts,
assez forts; chair ferme, assez juteuse, bien relevée; peau assez fine, bien résistante, passant du
rose foncé au noir bleuâtre pruiné à la MATURITÉ de
3ᵉ époque.

Pelosina bianca. Asti. [M. I.] BOURGEONNE-
MENT duveteux, d'un vert clair. FEUILLE moyenne,
glabre super., bien duveteuse infer.; sinus supérieurs profonds, celui du pétiole un peu entr'ouvert. GRAPPE moyenne, cylindro-conique, régu-
lière, assez serrée. GRAIN globuleux, sur des pédicelles un peu courts et forts; chair assez ferme,
juteuse, à saveur âpre; peau un peu mince, pas-

sant du blanc verdâtre mat au jaune clair doré à
la Maturité de 2ᵉ époque tardive.

Pelossard. Bas-Bugey. Ain. [N.] Bourgeonnement peu duveteux, d'un vert clair un peu
teinté de jaune. Feuille moyenne, glabre et brillante super., légèrement parsemée infer. d'un
duvet aranéeux; sinus supérieurs étroits, un peu
profonds, sinus secondaires presque nuls, celui
du pétiole ouvert; denture assez large, peu profonde, un peu obtusée. Grappe moyenne ou sur-
moyenne, cylindro-conique, peu serrée, sur un
pédoncule long, assez fort. Grain sur-moyen, globuleux, sur des pédicelles assez longs, un peu
forts; chair un peu ferme, un peu juteuse, bien
sucrée et relevée; peau épaisse, résistante, passant du rouge foncé au rouge noirâtre à la Maturité de 2ᵉ époque un peu tardive.

Peloursin ou **Pelorsin**. Isère. [N.] Bourgeonnement peu ou point duveteux, d'un blanc
verdâtre. Feuille moyenne, d'un vert intense, lisse, glabre et luisante super., complètement glabre infer.; sinus supérieurs profonds,
les secondaires bien marqués, sinus pétiolaire
ouvert; denture aiguë, peu profonde. Grappe
grosse, cylindro-conique, serrée, sur un pédoncule
fort et un peu court. Grain moyen ou sur-moyen,

globuleux, sur des pédicelles un peu courts; chair molle, un peu sucrée, peu relevée; peau assez mince, peu résistante, d'un noir foncé pruiné à la MATURITÉ de 3e époque. — Synonymes : *Dureza, Duret, Gros Plant, Salet, Mauvais noir, Gros noirin, Pourrot*, etc.

Peloursin gris. Ce cépage ne diffère du précédent que par la couleur gris rose de son raisin.

Perdonet blanc. [Semis de Moreau-Robert, 1852. — D. H.] Raisin à beaux grains globuleux, d'un blanc jaunâtre à la MATURITÉ de 3e époque.

Périgord. Dordogne. Voir *Mérille* ou *Côt*.

Périgord. Cher. Voir *Malbeck* ou *Côt*.

Perle blanche. Voir *Bicane*.

Perle impériale. Angers. [Semis de Moreau-Robert, 1858.] Cette variété ne diffère pas de la *Bicane*.

Perrier noir. Savoie. [N.] BOURGEONNEMENT peu duveteux, blanchâtre, teinté de rouge sur le revers des folioles. FEUILLE moyenne, mince, glabre et lisse sur les deux faces; sinus supérieurs bien marqués, les secondaires presque nuls, celui du pétiole ouvert; denture peu profonde, large, un peu obtuse, courtement acumi-

née. GRAPPE grosse ou sur-moyenne, cylindro-
conique, rameuse, sur un pédoncule assez long,
un peu grêle. GRAIN gros, ellipsoïde, sur des pédicelles assez longs et un peu grêles ; chair ferme,
bien sucrée, agréablement relevée ; peau assez
épaisse, bien résistante, d'un beau noir pruiné à
la MATURITÉ de 1re époque un peu tardive. —
Variété inédite que nous avons découverte chez
notre collègue le baron Perrier et que nous lui
avons dédiée.

Persagne. Lyonnais. Voir *Mondeuse*.

Persan. Savoie. [P. T.] BOURGEONNEMENT très
duveteux, d'un gris roux passant au vert jaunâtre.
FEUILLE sur-moyenne, lisse et glabre super., parsemée infer., surtout sur les nervures, d'un duvet
aranéeux ; sinus supérieurs bien marqués, étroits,
les secondaires nuls, celui du pétiole largement
ouvert ; denture peu profonde, aiguë, mais obtusée. GRAPPE cylindro-conique, un peu compacte,
sur un pédoncule un peu court et assez fort. GRAIN
moyen, olivoïde, sur des pédicelles forts, assez
longs ; chair un peu molle, juteuse, astringente,
peu serrée, à saveur simple ; peau fine, résistante,
d'un beau noir légèrement pruiné à la MATURITÉ
de 2e époque un peu tardive. — Synonymes :

Etraire, Batarde, Guzelle, Bégu, Petit Becquet, Cul de poule, Pousse de chèvre, etc.

Persia. Voir *Raisin noir de Jérusalem.*

Petit Baclan. Voir *Baclan.*

Petit Blanchou. Ardèche. [N.] Bourgeonnement un peu duveteux, blanchâtre. Feuille
sous-moyenne, glabre et à peu près lisse super.,
finement garnie infer. d'un duvet aranéeux; sinus
supérieurs assez profonds, étroits, les secondaires
peu marqués, celui du pétiole plus ou moins
ouvert; denture un peu profonde, assez aiguë,
finement acuminée. Grappe sous-moyenne, peu
serrée, cylindro-conique, sur un pédoncule un
peu court et grêle. Grain moyen, ellipsoïde, sur
des pédicelles assez longs et grêles; chair un peu
ferme, sucrée, agréable, assez relevée; peau fine,
assez résistante, passant du blanc verdâtre au
jaune clair à la Maturité de 2ᵉ époque.

Petit Bouschet. [H. B.] Bourgeonnement bien
duveté, d'un gris roussâtre teinté de rouge violacé. Feuille moyenne, glabre super., un peu
garnie infer. d'un duvet aranéeux; denture peu
profonde, courtement aiguë. La feuille se teinte
de rouge sanguin au moment où le raisin entre
en maturité. Grappe grosse ou sur-moyenne,

cylindro-conique, rameuse, un peu lâche, sur un
pédoncule assez fort, un peu court. GRAIN sur-
moyen, à peu près globuleux ou sub-globuleux,
sur des pédicelles un peu longs et grêles; chair
molle, juteuse, à jus rouge bien foncé, avec pinceau d'un rouge brillant; peau épaisse, peu résistante, d'un noir violacé à la MATURITÉ de 1re
époque tardive.

Petit Danezy. Allier. [C. O.] Voir *Danezy*.

Petit épicier. Poitou. [C. O.] BOURGEONNE-
MENT duveteux, blanchâtre. FEUILLE grande, un
peu boursouflée, glabre super., parsemée infer.
d'un duvet aranéeux; sinus supérieurs peu marqués, celui du pétiole un peu ouvert; denture peu
profonde, un peu obtuse. GRAPPE moyenne, cylindro-conique, un peu ailée. GRAIN moyen, à peu
près globuleux, peu serré; chair un peu molle,
juteuse, assez sucrée, un peu relevée; peau un
peu mince, peu résistante, d'un beau noir pruiné
à la MATURITÉ de 2e époque.

Petit Goix ou **Chamoisin**. Aisne. FEUILLE
sous-moyenne, glabre et à peu près lisse super.,
garnie infer., sur les nervures, d'un duvet pileux;
sinus supérieurs profonds et fermés, les secondaires marqués, celui du pétiole ouvert; denture

assez large, un peu obtuse. Grappe sous-moyenne
ou petite, cylindro-conique, courte, sur un pédoncule un peu long, assez fort. Grain sous-moyen,
globuleux ou sub-globuleux, sur des pédicelles
assez longs, un peu grêles ; chair un peu ferme,
assez sucrée, un peu relevée ; peau assez fine, assez
résistante, d'un noir foncé un peu pruiné à la
Maturité de 2ᵉ époque.

Petit Mansenc. Ne diffère pas du *Gros Mansenc* ou *Mansenc.* Voir *Mansenc rouge.*

Petit piquat ou **Picat.** Corrèze. Voir
Mérille.

Petit pied rouge. Lot-et-Garonne. Voir *Côt*
ou *Malbeck.*

Petit Ribier ou **Rivier.** Ardèche. Aubenas.
[N.] Bourgeonnement duveteux blanchâtre teinté
de rose. Feuille moyenne, glabre et presque lisse
super., garnie infer. d'un duvet floconneux sur
les nervures, lanugineux sur le parenchyme ;
sinus supérieurs profonds, plus ou moins fermés,
les secondaires un peu marqués, celui du pétiole
toujours ouvert ; denture assez large, assez aiguë.
Grappe moyenne, cylindro-conique, assez compacte, sur un pédoncule un peu long, de
moyenne force. Grain moyen, globuleux, sur des

pédicelles grêles, assez longs ; chair assez ferme, sucrée, un peu astringente, à saveur simple ; peau un peu mince, assez résistante, d'un noir rougeâtre à la Maturité de 2ᵉ époque. — Synonymes : *Petit Rivier*, *Petit Rouvier*, *Rouvier*, *Rivière*, etc.

Petit Verrot. Yonne. [D. D.] Voir *Pineau noir*.

Pétracine. Moselle. Voir *Riesling*.

Peverella bianca. Vénétie. [C. B.] Bourgeonnement hâtif, duveteux et blanchâtre. Feuille moyenne, glabre et presque lisse super., garnie infer. d'un duvet pileux ; sinus supérieurs et secondaires peu profonds, celui du pétiole fermé. Grappe longuement cylindro-conique, assez compacte, sur un pédoncule court et fort. Grain moyen, globuleux, sur des pédicelles courts ; chair un peu molle, sucrée, assez relevée ; peau mince, assez résistante, passant du blanc verdâtre au jaune doré à la Maturité de 3ᵉ époque. Défeuillaison tardive.

Picardan blanc. Languedoc. [H. B.] Bourgeonnement duveteux, passant du roux grisâtre au blanc teinté de rose sur le revers des folioles. Feuille moyenne, glabre et un peu bullée super., garnie infer. d'un duvet lanugineux assez compacte; sinus supérieurs assez profonds, fermés, les secondaires marqués, celui du pétiole presque fermé; denture assez profonde et aiguë. Grappe moyenne ou sous-moyenne, cylindro-conique, un peu ailée, sur un pédoncule assez long, un peu grêle. Grain moyen, ellipsoïde, sur des pédicelles assez longs et grêles; chair ferme bien sucrée, relevée, à saveur simple; peau ferme, résistante, passant du blanc verdâtre au jaune doré à la Maturité de 3e époque.

Piccolito bianco. Frioul. [M. I.] Feuille moyenne ou sous-moyenne, glabre et presque lisse super., garnie infer. d'un duvet lanugineux; sinus supérieurs assez profonds, celui du pétiole presque fermé. Grappe sous-moyenne ou petite, sur un pédicelle un peu court et un peu grêle. Grain petit, sphéro-ellipsoïde, peu serré; chair juteuse, sucrée, agréable; peau un peu mince, d'un blanc jaunâtre, passant au jaune ambré à bonne exposition à la Maturité de 2e époque.

Picpoule gris. Languedoc. Cette variété ne diffère de la suivante que par la couleur grise de son raisin.

Picpoule noir. Languedoc. [H. B. — D'l. de M.] Bourgeonnement duveteux, blanchâtre. Feuille

moyenne, finement bullée, glabre super., légèrement garnie infer. d'un duvet court et pileux;
sinus supérieurs et secondaires profonds, sinus
pétiolaire étroitement ouvert, denture assez profonde, bien aiguë, brusquement acuminée.
GRAPPE moyenne ou un peu sur-moyenne, cylindro-conique, ailée, sur un pédoncule assez fort,
de moyenne longueur; chair juteuse, bien sucrée,
relevée, à saveur simple ; peau mince, peu résistante, d'un beau noir pruiné à la MATURITÉ de 3ᵉ
époque.

Pied rond. Lot-et-Garonne. [D'I. de M.] Nous
paraît être le *Mauzac*.

Pied rouge. Lot-et-Garonne. [D'I. de M.]
Voir *Côt* ou *Malbeck*.

Pienc. Gers. [J. S.]. BOURGEONNEMENT un peu
duveteux, d'un blanc grisâtre teinté de rose.
FEUILLE sur-moyenne, à peu près lisse et glabre
super., garnie infer d'un duvet lanugineux assez
compacte; sinus supérieurs assez profonds et fermés, les secondaires peu ou points marqués, celui
du pétiole fermé; denture large, peu profonde,
courtement mucronée. GRAPPE moyenne ou sur-
moyenne, cylindro-conique, serrée, sur un pédoncule court et fort. GRAIN moyen ou sur-moyen, glo-

buleux, sur des pédicelles un peu courts et assez
forts; chair juteuse, assez sucrée, bien relevée par
une saveur spéciale; peau un peu épaisse, résistante, d'un beau noir pruiné à la Maturité de 3ᵉ
époque.

Pignerol blanc. Nice. [N.] Feuille sur-
moyenne ou grande, glabre et presque lisse super.
garnie infer. d'un duvet lanugineux assez épais,
parfois floconneux; sinus supérieurs profonds,
fermés, les secondaires marqués, celui du pétiole
fermé; denture un peu profonde, peu aiguë.
Grappe moyenne, cylindro-conique, un peu ailée,
un peu serrée, sur un pédoncule assez long, toujours grêle. Grain moyen, globuleux, sur des
pédicelles assez forts, un peu courts; chair assez
ferme, juteuse et serrée, bien relevée, à saveur
simple; peau un peu épaisse, résistante, passant
du blanc pruiné au jaune doré à la Maturité de 3ᵉ
époque.

Pignon du Médoc. Voir *Sauvignon noir*.

Pilan. Haute-Loire. [F. P.] Feuille moyenne
ou sur-moyenne, glabre et légèrement bullée
super., garnie infer. d'un duvet lanugineux; sinus
supérieurs profonds, celui du pétiole un peu
ouvert; denture peu profonde, un peu aiguë.

GRAPPE cylindro-conique, ailée, très serrée. GRAIN moyen, d'un noir foncé pruiné à la MATURITÉ de 3ᵉ époque.

Pineau blanc Chardonnay. Bourgogne. Mâconnais. [N.] BOURGEONNEMENT peu duveteux, assez précoce, d'un blanc grisâtre légèrement teinté de rose. FEUILLE moyenne ou sous-moyenne, glabre et presque lisse super., légèrement parsemée infer. d'un duvet aranéeux ; sinus supérieurs marqués, les secondaires nuls, celui du pétiole ouvert ; dents inégales, les plus larges obtuses, les plus étroites aiguës. GRAPPE petite, cylindro-conique, arrondie, courte, assez compacte, sur un pédoncule un peu court, assez fort. GRAIN petit, globuleux, sur des pédicelles un peu courts, de moyenne force ; chair assez ferme, juteuse, bien relevée, à saveur simple ; peau un peu mince, résistante, passant du vert clair au jaune un peu doré à la MATURITÉ qui est de la fin de la première époque, puis du commencement de la 2ᵉ. — Synonymes : *Noirien blanc, Chaudenet, Chardonet, Luisant, Plant de Tonnerre, Gamay blanc* par erreur, *Melon, Morillon blanc, Épinette, Auxerrois blanc*, etc., en France ; *Weiss Klewner, Weiss Edler, Weiss Silber*, etc., en Allemagne.

Pineau blanc musqué. Ce cépage ne diffère

19

du *Pineau blanc Chardonnay* que par la saveur musquée de son fruit.

Pineau blanc de la Loire. Touraine. [C. O.] Voir *Chenin blanc*.

Pineau blanc vrai. Bourgogne. Type blanc du *Pineau noir* qui ressemble en tous points à ce dernier, sauf la couleur de sa grappe qui est d'un blanc jaunâtre.

Pineau blanc précoce. Variété de *Pineau* qui mûrit dix à douze jours avant le *Pineau noir*.

Pineau cendré. Bourgogne. Synonyme de *Pineau gris*.

Pineau Crepey. Bourgogne. Diffère trop peu du *Pineau noir* pour qu'on en fasse une variété.

Pineau d'Aï. Est absolument le même cépage que le *Pineau noir*.

Pineau d'Aunis. Touraine. [C. O.] Voir *Chenin noir*.

Pineau de Pernant. Les vignerons bourguignons considèrent généralement ce cépage comme distinct du *Pineau noir*. Pour nous, ce n'est que le résultat d'une sélection par laquelle on a obtenu une grappe un peu plus ample, plus fournie et une fertilité plus constante.

Pineau d'Ischia. Catalogues divers. Voir *Ischia*.

Pineau grand Téoulier, par erreur. [J. B. de D.] Voir *Téoulier*. Le *Téoulier* n'a absolument aucun rapport avec les *Pineaux*.

Pineau gris. Bourgogne. [N.] Ce cépage n'est pas une variété proprement dite du *Pineau noir*, mais simplement une variation de couleur. Il a absolument les mêmes caractères que ce dernier et mûrit en même temps. Synonymes : *Beurot* ou *Burot*, *Auvernat gris*, *Malvoisie*, *Enfumé*, *Levraut*, etc., etc.

Pineau Meunier ou **Meunier**. Vignobles du Nord-Est. [N.] Bourgeonnement formé d'un duvet blanc, épais et compacte. Feuille moyenne, garnie à leur page supérieure d'un duvet finement tomenteux et aranéeux, duvet plus compacte et plus épais sur la face inférieure ; sinus presque nuls ; denture peu profonde, courtement aiguë. Défeuillaison hâtive comme chez tous les *Pineaux*. Grappe petite, le plus souvent cylindrique ou cylindrique arrondie, assez serrée, sur un pédoncule assez fort, de moyenne longueur. Grain petit ou sous-moyen, sphéro-ellipsoïde, sur des pédicelles un peu courts, assez forts ; chair juteuse, sucrée, à saveur simple ; peau épaisse, résistante, d'un noir foncé pruiné à la MATURITÉ de 1re époque. — Synonymes : *Carpinet* ou *Sarpinay*, *Goujean*, *Plant de Brie*, *Blanche feuille*, *Farnaise*, *Morillon Taconné*, *Pineau femelle* en France ; *Muller*, *Muller rebe*, *Muller traube*, *Fruhe blanc*, *Muller rebe*, *Blaue Potitschtraube* en Allemagne ; *Trézillon de Hongrie* en Alsace.

Pineau Mouret ou **Moure**. Bourgogne. [N.] Variation de couleur du *Pineau noir*. GRAIN d'un noir de suie ou de nègre, luisant, non pruiné.

Pineau noir. Bourgogne. [N.] BOURGEONNEMENT hâtif, duveteux, blanchâtre. FEUILLE moyenne, presque orbiculaire, sur les pieds fertiles ; sinus supérieurs presque nuls sur les plants bien sélectionnés, sinus pétiolaire ordinairement ouvert ; denture peu profonde, un peu obtuse. GRAPPE petite ou sous-moyenne, cylindrique ou cylindro-conique, sur un pédoncule un peu court, assez fort. GRAIN petit ou sous-moyen, sphérique ou sphéro-ellipsoïde (lorsque la grappe est tassée) ; chair juteuse, très sucrée, bien relevée, à saveur simple ; peau un peu épaisse, résistante, d'un noir foncé légèrement pruiné à la MATURITÉ de

1re époque. — Nous ne citerons que les principaux synonymes de ce cépage, parmi les cinquante qu'on lui donne dans divers vignobles : *Noirien, Morillon noir, Franc Pineau, Petit Verot, Auvernat, Savagnin, Plant doré, Petit Bourguignon*, etc., en France; *Schwarzer Klavner, Blauer Clavner, Schwarz Riesling, Blau Boden see traub, Arbst*, etc., en Allemagne; *Fekete Cilifant* en Hongrie, etc.

Pineau de Ribeauvillers. [C. O.] Voir *Pineau noir.*

Pineau Pomier. Semis d'Ischia qui reproduit à peu près identiquement ce dernier cépage.

Pineau rougin. Bourgogne. Variation de couleur du *Pineau noir;* elle tient le milieu pour la couleur entre le *Pineau noir* et le *Pineau gris.*

Pis de Chèvre blanc. Hongrie. [J. P.] Bourgeonnement duveteux, blanchâtre, teinté de rouge violacé sur le revers des folioles. Feuille sur-moyenne ou grande, glabre super., duveteuse infer. ; sinus supérieurs profonds, fermés, les secondaires marqués et étroits, sinus pétiolaire bien fermé ; denture très large, peu profonde, obtuse et courtement acuminée. Grappe sur-moyenne, cylindro-conique, lâche ou peu serrée,

sur un pédoncule un peu fort, assez long. GRAIN
sur-moyen ou gros, olivoïde, sur des pédicelles
longs et forts ; chair ferme, croquante, bien sucrée
et relevée ; peau ferme, épaisse, d'un vert mat
qui passe au jaune verdâtre à la MATURITÉ de
3ᵉ époque hâtive ou de fin de 2ᵉ. — Synonyme :
Ketsketsetsu blanc.

Pis de Chèvre rouge. Hongrie. [J. P.]
BOURGEONNEMENT jaunâtre, bien duveteux, avec
les folioles bordées de rose. FEUILLE sur-moyenne,
glabre et lisse super., garnie infer. d'un duvet
lanugineux ; sinus supérieurs et secondaires profonds, sinus pétiolaire étroit ou peu ouvert ; denture assez large, longue et finement acuminée.
GRAPPE sur-moyenne, cylindro-conique, un peu
allongée, peu serrée, sur un pédoncule de moyenne
longueur, assez fort. GRAIN moyen ou sur-moyen,
olivoïde, sur des pédicelles un peu longs et un
peu grêles ; chair un peu ferme, juteuse, bien
sucrée, agréable ; peau assez fine, un peu translucide, d'un beau rouge veiné de couleur plus
claire à la MATURITÉ de 1ʳᵉ époque. — Synonyme :
Veilchenblau Geiss Dutt en Allemagne.

**Pizzutedda de l'Etna et Pizzutello di
Roma**. Sont des synonymes de *Cornichon blanc.*

Plant Blanchet. Suisse, canton de Vaud. Voir *Chasselas*.

Plant des Altesses ou **Altesse**. Savoie. Voir *Maclon*.

Plant de Béraou. Lot. Variation du *Côt* ou *Malbeck*.

Plant de Bouze. Bourgogne. Voir *Gamay teinturier*.

Plant de Briant. Semis de hasard trouvé dans la petite commune de Briant, Brionnais (Saône-et-Loire). Feuille moyenne, glabre et un peu boursouflée super., garnie infer. d'un duvet floconneux ; sinus supérieurs profonds, les secondaires marqués, celui du pétiole ordinairement fermé ; denture assez large, obtuse et peu allongée. Grappe sous-moyenne, cylindro-conique, un peu ailée, sur un pédoncule mince et un peu court. Grain globuleux ou sub-globuleux, sur des pédicelles minces, assez longs ; chair juteuse, assez sucrée, un peu astringente ; peau assez épaisse, résistante, passant du blanc verdâtre au jaune clair à la Maturité de 3e époque hâtive.

Plant de Carlerin ou **Calerin**. Ain. Voir *Corbeau*.

Plant de Dame blanc. Lot-et-Garonne. [D'I. de M.] Voir *Folle blanche*.

Plant de Delhys. Afrique. [H. M.] Bourgeonnement duveteux, d'un blanc rosé. Feuille
complète grande ou très grande, glabre et lisse
super., lanugineuse infer.; sinus supérieurs profonds, les secondaires assez marqués, celui du
pétiole rétréci ou fermé; denture large, assez
profonde, un peu aiguë, brusquement mucronée.
Grappe grosse, large, rameuse, cylindro-conique,
sur un pédoncule fort et assez long. Grain gros,
ellipsoïde, parfois rond ou presque rond, déprimé,
sur des pédicelles longs et assez forts; chair un
peu ferme, juteuse, sucrée; peau un peu épaisse,
résistante, passant au jaune clair à la Maturité
de 3e époque. — Se rapproche beaucoup du
Mayorquen.

Plant de Gibert des pépiniéristes. Voir
Mérille.

Plant de la Biaune. Loire. Montbrison. Voir
Sirah.

Plant de Marseille. [A. P.] Voir *Mayorquen*.

Plant de Montmélian. Ain. Lyonnais. Voir
Corbeau.

Plant de Paris. Arbois. Jura. Voir *Frankenthal*.

Plant de Quercy ou **Quercy**. [D'I. de M.]

La vigne que nous avons reçue sous ce nom n'est pas autre chose que le *Côt* ou *Malbeck*.

Plant de Saint-Romain. Loire. Environs de Roanne. Voir *Gamay*.

Plant Durif. Bourgeonnement duveteux, presque glabre, d'un roux clair très légèrement teinté de rose sur le revers des folioles. Feuille moyenne, d'un vert intense, glabre sur les deux faces ; sinus supérieurs profonds, celui du pétiole ouvert ; denture assez large, un peu aiguë. Grappe moyenne, cylindro-conique, assez serrée. Grain moyen, globuleux, sur des pédicelles un peu courts ; chair un peu ferme, juteuse et sucrée ; peau un peu épaisse, assez résistante, d'un noir foncé peu ou point pruiné à la Maturité de fin de 1re époque. — Synonymes : *Nérin, Pineau de l'Ermitage*, etc.

Plant du saint Père ou **Plant de saint Pierre**. Jura. [C. R.] Bourgeonnement presque glabre. Feuille sur-moyenne ou grande, presque lisse super. et glabre sur les deux faces : sinus supérieurs bien marqués, les secondaires presque nuls, celui du pétiole très ouvert ; denture large, obtuse, grossièrement et courtement acuminée. Grappe grosse, cylindro-conique, un peu rameuse, lâche, sur un pédoncule long, assez fort. Grain gros, olivoïde, à peu près régulier, sur des pédicelles longs ou assez longs, un peu grêles ; chair bien ferme, croquante et bien sucrée ; peau épaisse, assez résistante, passant du blanc jaunâtre au jaune roux à la MATURITÉ de 2ᵉ époque.

Plant gentil. Alsace. Voir *Savagnin du Jura*.

Plant riche. Hérault. Voir *Aramon*.

Plant rouge d'Autriche. [De D.] Voir *Grec rouge*.

Pointu de la vallée de la Drôme. [A. R.] BOURGEONNEMENT peu ou point duveteux. FEUILLE moyenne, lisse et glabre super., sans duvet infer., sauf sur les nervures quelques flocons de duvet ; sinus supérieurs bien marqués, sinus secondaires presque nuls, sinus pétiolaire un peu ouvert ; denture assez profonde, un peu aiguë, brusquement mucronée. GRAPPE moyenne, un peu serrée, courtement cylindro-conique, sur un pédoncule un peu court, assez fort. GRAIN moyen, ellipsoïde, sur un pédoncule de moyenne longueur, un peu grêle ; chair ferme, juteuse, bien sucrée, à saveur simple ; peau assez épaisse, passant du rouge clair au noir pruiné à la MATURITÉ de 2ᵉ époque tardive.

Pointu de Vimines. Savoie. [P. T.] FEUILLE

sur-moyenne, glabre et lisse super., d'un vert
intense, légèrement floconneux infer. ; sinus
supérieurs assez profonds et étroits, sinus secondaires à peu près nuls, sinus pétiolaire bien
ouvert ; denture un peu étroite, aiguë, finement
acuminée. GRAPPE moyenne, cylindro-conique,
ailée, un peu serrée, sur un pédoncule un peu
fort. GRAIN moyen, ellipsoïde, finement lenticellé,
sur des pédicelles un peu grêles ; chair un peu
molle, assez sucrée, peu relevée ; peau assez fine,
d'un blanc verdâtre qui se teinte de jaune à la
MATURITÉ de fin de 2ᵉ époque.

Pomestra bianca. Syracuse. [B. M.] Voir
Bermestia bianca.

Porienat ou **Porientat**. Isère. Voir *Maclon*.

Portugieser Leroux. [J. B. de D.] Voir
Limberger.

Portugais bleu. Voir *Blauer Portugieser*.

Pougayen. Drôme. [A. R.] Voir *Paugayen*.

Pougnet. Ardèche. [N.] BOURGEONNEMENT
presque glabre, d'un vert jaunâtre. FEUILLE à
peine moyenne, glabre et lisse super., sans duvet
infer., sauf quelques poils à la naissance des
nervures ; sinus supérieurs profonds, étroits, les
secondaires bien marqués ou assez profonds ;

denture fine, peu profonde, peu aiguë. GRAPPE moyenne ou sous-moyenne, cylindro-conique, un peu serrée, sur un pédoncule un peu grêle et assez long. GRAIN moyen, ellipsoïde, sur des pédicelles assez longs, forts et verruqueux; chair un peu ferme, juteuse, sucrée, agréable; peau épaisse, bien résistante, d'un beau noir pruiné à la MATURITÉ de fin de 2ᵉ époque.

Poulsard blanc. Jura. [C. R.] Mêmes caractères que le *Poulsard rouge*, mais avec des raisins blancs.

Poulsart rouge musqué. Ne diffère du type rouge que par sa saveur musquée.

Poulsard rose. Ne diffère du suivant que par la couleur rose de sa grappe.

Poulsard rouge. Jura. [C. R.] BOURGEONNE-NEMT d'un vert clair, presque glabre. FEUILLE moyenne ou sous-moyenne, glabre sur les deux faces; sinus supérieurs profonds et ouverts, sinus secondaires assez profonds, étroits, celui du pétiole bien ouvert; denture longue et bien aiguë. GRAPPE moyenne, cylindro-conique, un peu lâche et rameuse, sur un pédoncule un peu court et grêle. GRAIN moyen, ellipsoïde, sur des pédicelles longs et grêles; chair bien juteuse, sucrée, bien relevée ; peau fine, bien résistante, passant du rouge clair au rouge brun foncé bleuâtre et pruiné à la Maturité de 2ᵉ époque hâtive.

Précoce de Hongrie. Voir *Ischia*.

Précoce de Kientsheim. [C. O.] Voir *Lignan*.

Précoce de Malingre. Voir *Malingre*.

Précoce de Saumur. Catalogues divers. Voir *Précoce musqué de Courtiller*.

Précoce Houdbine. [Semis de M. le docteur Houdbine.] Feuille sous-moyenne ou petite, glabre et presque lisse super., légèrement duveteuse infer. ; sinus supérieurs assez profonds, les secondaires bien marqués, celui du pétiole un peu ouvert. Grappe petite, cylindro-conique, arrondie, un peu serrée, sur un pédicelle assez long, un peu grêle. Grain sous-moyen, sphéro-ellipsoïde, sur des pédicelles un peu courts ; chair un peu molle, bien sucrée, assez relevée ; peau assez fine, passant du vert jaunâtre au jaune ambré à la Maturité de 1ʳᵉ époque.

Précoce Musqué de Courtiller. [C. O.] — Semis de M. Courtiller de Saumur. Bourgeonnement bien duveteux, blanchâtre. Feuille moyenne, aussi large que longue, glabre super.

et un peu duveteuse infer., surtout sur les nervures; sinus supérieurs profonds, les secondaires
marqués, celui du pétiole ouvert; denture un peu
large, assez longue, obtuse et courtement acuminée. GRAPPE petite, cylindrique, arrondie, sur
un pédoncule un peu court et un peu grêle.
GRAIN sous-moyen, globuleux, sur des pédicelles
un peu courts et assez forts; chair un peu ferme,
juteuse, à saveur musquée, assez fine; peau un
peu mince, sujette à se fendiller, passant du vert
jaunâtre au jaune doré à la MATURITÉ qui est précoce.

Pressens. Savoie. [P. T.] Voir *Persan*.

Prié blanc. Vallée d'Aoste. [C. de R.] Voir
Agostenga.

Primavis muscat. [A. P.] Voir *Muscat de
Jésus*.

Primitivo nero. Terre de Barri. Italie. [C.
de R.] La vigne que nous avons reçue sous ce
nom est absolument semblable au *Dolceto nero du
Piémont*.

Prince Albert des pépiniéristes. N'est
autre chose que le *Frankenthal*.

Professeur Planchon. [N.] BOURGEONNE-
MENT roussâtre, teinté de rose, passant à la teinte

jaunâtre. FEUILLE grande, presque plane, peu ou
point bullée, à peu près lisse super., garnie infer.
d'un duvet très court; sinus supérieurs profonds
et ouverts, les secondaires peu ou point marqués,
sinus pétiolaire ouvert; denture très courte, finement mucronée. GRAPPE petite, peu serrée, cylindrique ou cylindrique arrondie, sur un pédoncule
assez long et très grêle. GRAIN petit, globuleux,
sur des pédicelles courts, assez forts; chair un peu
ferme, pulpeuse, à saveur acide, désagréable,
n'ayant aucune valeur pour la vinification; peau
mince, bien résistante, d'un beau noir un peu
pruiné à la MATURITÉ de 2e époque hâtive. Recommandé seulement comme porte-greffe.

Provereau ou **Parvereau**. Drôme et Isère.
[N.] BOURGEONNEMENT bien duveteux, rougeâtre,
passant au rouge grenat. FEUILLE sur-moyenne,
glabre et grossièrement bullée super., garnie infer.
d'un duvet aranéeux; sinus supérieurs profonds et
étroits, les secondaires marqués, celui du pétiole
fermé; denture assez large, un peu profonde, un
peu obtusée et courtement acuminée. GRAPPE
grosse, cylindro-conique, ailée, assez serrée, sur
un pédoncule court et fort. GRAIN moyen, globuleux, sur des pédicelles assez longs, un peu grêles;
chair assez ferme, juteuse, assez sucrée, un peu

astringente ; peau épaisse, résistante, d'un noir foncé à la Maturité de 3ᵉ époque.

Prunellas noir. Lot-et-Garonne. [D'I. de M.] Voir *Boudalès*.

Pugliese rose. Ce nom, qui devrait signifier : *Raisin rose de la Pouille*, nous semble inexactement appliqué, attendu que sous ce nom nous cultivons le *Valteliner rose du Pó*, qui n'est pas du tout un cépage approprié au climat de l'Italie méridionale, mais bien une vigne du Nord. Nous ne trouvons, d'ailleurs, aucune mention de ce cépage dans la monographie de M. Perelli, sur les vignes de la *Pouille*.

Pulliat. Semis de M. Foëx, directeur de l'Ecole d'Agriculture de Montpellier, qui nous a fait l'honneur de nous le dédier. Cette variété n'a pas encore fructifié dans nos collections ; mais notre collègue, M. Couderc, qui la cultive depuis plusieurs années, nous l'a vantée comme très vigoureuse, très fertile, mais malheureusement de Maturité trop tardive pour nos régions du centre.

Pumestra ou **Poumestre**, des collections françaises, est synonyme de la *Pomestra bianca de Syracuse*.

Quagliano ou **Quajan**. Piémont. [C. de R.]

BOURGEONNEMENT d'un rouge clair, passant au vert brillant. FEUILLE moyenne, aussi large que longue, glabre et lisse super., légèrement garnie infer., surtout sur les nervures, d'un duvet pileux, raide; sinus supérieurs profonds, presque fermés, les secondaires bien marqués, ouverts, celui du pétiole fermé. GRAPPE sur-moyenne ou grosse, cylindro-conique, parfois ailée, un peu rameuse, peu serrée, sur un pédoncule moyen. GRAIN sur-moyen ou gros, sphéro-ellipsoïde, sur des pédicelles courts et forts; chair ferme, un peu pulpeuse, sucrée, relevée; peau un peu épaisse, résistante, d'un rouge noirâtre à la MATURITÉ de 3ᵉ époque.

Quercy. Charentes. [C. O.] Voir *Côt* ou *Malbeck*.

Queu fort. [D'I. de M.] Lot-et-Garonne. Voir *Mauzac*.

Quillard. Basses-Pyrénées. Voir *Jurançon*.

Raboso de Conegliano. [C. B.] Cette vigne, qui n'a pas encore fructifié dans nos collections, est, d'après M. le docteur Carpené de Conegliano, à qui nous la devons, un cépage, très robuste, très fertile; il aime les calcaires profonds. Le vin qu'il produit est riche en acide, en tannin, comme aussi en matière colorante. C'est un vin de coupage.

Raisaine. Ardèche. Aubenas. [N.] BOURGEON-
NEMENT blanchâtre, un peu duveteux. FEUILLE
moyenne, glabre et à peu près lisse super., sans duvet apparent infer. ; sinus supérieurs profonds et
fermés, les secondaires bien marqués, étroits, celui
du pétiole presque fermé ; denture, assez profonde,
aiguë, assez large. GRAPPE moyenne, un peu
cylindro-conique, ailée, assez serrée, sur des
jeunes souches, pédoncule un peu long, assez
fort. GRAIN globuleux, moyen, fortement attaché
à des pédicelles minces, un peu courts ; chair
ferme, juteuse, bien sucrée, à saveur simple, finement relevée ; peau assez épaisse, résistante,
d'un beau jaune pointillé de lenticelles à la MATU-
RITÉ de 2ᵉ époque hâtive. Excellent raisin de cuve
et de table.

Raisin de Calabre. [J. B. de D.] BOURGEON-
NEMENT d'un roux clair, un peu duveteux, passant
au vert jaunâtre brillant. FEUILLE grande ou assez
grande, glabre sur les deux faces ; sinus supérieurs
profonds, les secondaires bien marqués, sinus
pétiolaire fermé ou presque fermé ; denture large,
allongée, assez aiguë, mais courtement acuminée.
GRAPPE sur-moyenne, cylindro-conique, parfois

ailée, peu serrée, sur un pédoncule long, assez fort. GRAIN gros ou sur-moyen, globuleux, sur des pédicelles un peu courts et forts; chair bien ferme, assez juteuse, bien sucrée, et finement relevée par une légère saveur de muscat; peau épaisse, résistante, passant du vert pâle au jaune blanchâtre, puis au jaune ambré à la MATURITÉ de 2ᵉ époque tardive. — Synonyme : *Calabrais*.

Raisin de la Casbah. Afrique. [D. H.] Voir *Noir de Casbine*.

Raisin de la Palestine ou de la Terre promise. Voir *Eparse*.

Raisin de Kabylie blanc et de Mascara. [Dʳ Tripier.] BOURGEONNEMENT glabre ou presque glabre. FEUILLE sur-moyenne, lisse et glabre super., légèrement garnie infer. d'un duvet pileux, court et raide; sinus supérieurs profonds, étroits, les secondaires bien marqués, sinus pétiolaire presque fermé; denture un peu large, assez longue, un peu obtuse, courtement acuminée. GRAPPE moyenne, cylindro-conique, toujours un peu lâche, sur un pédoncule assez long, un peu grêle. GRAIN gros, olivoïde, sur des pédicelles assez longs et un peu grêles; chair très ferme, peu juteuse, bien sucrée, agréablement relevée; peau d'un blanc de cire, verdâtre, mûrissant à la

4ᵉ époque, sans passer au jaune doré. Il est mûr lorsqu'on le croit encore acide.

Raisin de Nikita. [J. B. de D.] Bourgeonnement d'un roux clair, presque glabre, passant au vert jaunâtre brillant. Feuille sur-moyenne, lisse et luisante super., glabre infer.; sinus supérieurs assez profonds, les secondaires marqués, celui du pétiole ouvert. Grappe sur-moyenne, cylindro-conique, un peu allongée, assez serrée. Grain sous-moyen, globuleux ou presque globuleux, d'un très beau blanc doré à la Maturité de 3ᵉ époque hâtive.

Raisin des Roses. Collection du Luxembourg. Voir *Portugais blanc*.

Raisin du Cap. [B. S.] Voir *Isabelle*.

Raisin du pauvre. [C. O.] Voir *Grec rouge*.

Raisin noir de Jérusalem. [H. B.] Bourgeonnement blanchâtre, fortement duveté, avec liseré rose sur le bord des folioles. Feuille grande, garnie infer. d'un duvet court; sinus supérieurs profonds, les secondaires marqués; denture large, profonde, obtuse. Grappe grande, lâche, rameuse, cylindro-conique, sur un pédoncule long, assez fort. Grain très gros, olivoïde, un peu incurvé, sur des pédicelles grêles; chair

assez ferme, juteuse, bien sucrée et relevée ; peau
mince, résistante, d'un noir violacé pruiné à la
Maturité de 3ᵉ époque. — Synonymes : *Persia,
Dorcaja.*

Raisin rouge musqué de Corfou. [C. B.]
Bourgeonnement duveteux, blanchâtre. Feuille
moyenne, glabre et presque lisse super., garnie
infer. d'un duvet aranéeux ; sinus supérieurs marqués, les secondaires presque nuls, sinus pétiolaire ouvert ; denture un peu aiguë, finement
acuminée. Grappe sur-moyenne, cylindro-conique,
un peu rameuse, peu serrée, sur un pédoncule
assez long, un peu grêle. Grain moyen, globuleux, sur des pédicelles assez longs et grêles ;
chair assez ferme, juteuse, bien sucrée, légèrement parfumée d'une fine saveur musquée, souvent
peu appréciable ; peau assez épaisse, résistante,
d'un beau rouge plus ou moins foncé et pruiné à
la Maturité, fin de 3ᵉ époque.

Rambola noir. Corfou. [C. B.] Feuille
grande ou très grande, presque orbiculaire, à peu
près lisse et glabre super., garnie infer. d'un
duvet lanugineux, compacte, pileux sur les nervures ; sinus supérieurs peu marqués, les secondaires nuls, celui du petiole fermé ou presque
fermé ; denture très large, obtuse et courtement

acuminée. GRAPPE sur-moyenne, cylindro-conique, sur un pédoncule assez fort et un peu court. GRAIN moyen, sphéro-ellipsoïde; chair bien juteuse, quoique ferme, acidulée et à saveur simple; peau épaisse, assez résistante, d'un rouge noirâtre à la MATURITÉ de 3e époque.

Rappatedda de Catane. [B. M.] FEUILLE moyenne, glabre et à peu près lisse super., garnie très légèrement infer. d'un duvet pileux, très court sur les nervures; sinus supérieurs assez profonds, les secondaires peu marqués, celui du pétiole un peu ouvert; denture un peu profonde, peu aiguë, finement acuminée. GRAPPE moyenne ou sous-moyenne, cylindro-conique, ailée, sur un pédoncule assez long et grêle. GRAIN moyen, ellipsoïde, sur des pédicelles grêles; chair un peu ferme, bien sucrée, agréable; peau fine, résistante, d'un vert blanchâtre passant au jaune doré à la MATURITÉ de 3e époque.

Razaki zolo. Hongrie. [J. P.] BOURGEONNEMENT duveteux, jaunâtre, passant au blanc faiblement teinté de rose sur le pourtour des folioles. FEUILLE moyenne, glabre super., garnie infer. d'un duvet lanugineux, assez compacte; sinus supérieurs profonds, ordinairement fermés, sinus secondaires marqués, celui du pétiole étroitement ouvert ; denture assez aiguë ou aiguë, finement acuminée. GRAPPE sur-moyenne, cylindro-conique, un peu lâche et rameuse, sur un pédoncule long, coudé, assez fort. GRAIN olivoïde ou longuement olivoïde, sur des pédicelles longs et grêles ; chair ferme, un peu fibreuse, assez sucrée, agréablement relevée ; peau un peu épaisse, résistante, d'un noir bleuâtre à la MATURITÉ de 2ᵉ époque. — Synonymes : *Razaki rother* en Allemagne, *Rumunya piros* en Hongrie.

Reby. Savoie. [P. T.] FEUILLE moyenne, glabre et à peu près lisse super., garnie infer. d'un duvet aranéeux ; sinus supérieurs bien profonds, étroits, les secondaires marqués, celui du pétiole fermé ; denture un peu étroite, assez profonde, courtement acuminée. GRAPPE sur-moyenne, peu serrée, cylindro-conique, sur un pédoncule long et grêle. GRAIN gros, ellipsoïde, sur des pédicelles assez longs et grêles ; chair ferme, bien sucrée, à saveur simple ; peau épaisse, bien résistante, d'un noir foncé bien pruiné à la MATURITÉ de 3ᵉ époque.

Redondal. Haute-Garonne. [C. O.] Voir *Grenache*.

Refosco. Vénétie. Frioul. Voir *Raboso*.

Regina bianca de Florence. [B. M.] Bourgeonnement glabre ou presque glabre. Feuille
moyenne, ordinairement tourmentée, glabre sur les
deux faces et bien lisse super.; sinus supérieurs profonds et fermés, les secondaires bien marqués,
étroits, sinus pétiolaire très ouvert; denture un
peu large, un peu longue, finement acuminée.
Grappe sur-moyenne, lâche, un peu rameuse,
cylindro-conique, longuement pédonculée. Grain
gros, olivoïde, sur des pédicelles un peu grêles;
chair ferme, un peu juteuse, sucrée, agréable;
peau fine, bien résistante, d'un blanc de cire un
peu pruiné se dorant légèrement à bonne position.
Maturité de 3e époque.

Regina delle Malvasie. Calabres. Sicile.
[B. M.] Bourgeonnement un peu duveteux, d'un
roux clair violacé passant au vert. Feuille
moyenne, glabre super., parfois un peu boursouflée, garnie infer., surtout sur les nervures,
d'un duvet pileux, un peu rude; sinus supérieurs
et secondaires profonds, sinus pétiolaire presque
fermé ou fermé; denture large, allongée, assez
aiguë. Grappe moyenne, un peu lâche, sur un
pédoncule assez fort, de moyenne longueur. Grain
moyen, olivoïde, sur des pédicelles assez forts;
chair assez ferme, sucrée, bien parfumée; peau

assez épaisse, bien résistante, d'un blanc jaunâtre à la Maturité de 4ᵉ époque.

Rentz. Amérique. [I. B. et M.] Bourgeonnement duveteux, roussâtre, passant au rose teinté de lie de vin. Feuille moyenne, glabre et finement bullée super., garnie infer. d'un duvet lanugineux, roussâtre, très court, assez compacte ; sinus supérieurs marqués, sinus secondaires nuls, sinus pétiolaire presque fermé ; denture presque nulle ou seulement mucronée. Grappe sous-moyenne, cylindro-conique, un peu serrée. Grain moyen, globuleux, sur des pédicelles courts ; chair pulpeuse et foxée ; peau épaisse, résistante, d'un noir de suie peu pruiné à la Maturité de 2ᵉ époque.

Reuschling ou **Rauschling blanc**. Alsace. [B. S.] Bourgeonnement duveteux, d'un vert jaunâtre. Feuille sur-moyenne, glabre et à peu près lisse super., garnie infer d'un duvet aranéeux ; sinus supérieurs bien marqués, celui du pétiole ordinairement fermé ; denture peu profonde, assez aiguë. Grappe sous-moyenne, cylindro-conique, sur un pédoncule assez fort. Grain moyen, globuleux ou sphéro-ellipsoïde ; chair un peu molle, assez sucrée, légèrement acidulée ; peau épaisse, un peu translucide, d'un vert jaunâtre à la Maturité de 2ᵉ époque. —

Notre description ne concorde pas avec celle que donne de cette variété M. H. Gœthe, et cependant nous sommes certain d'avoir bien signalé les caractères du *Rauschling* qui nous a été envoyé d'Alsace.

Revier. Isère. Anjou. [N.] Feuille moyenne, aussi large que longue, glabre super., aranéeuse infer. ; sinus supérieurs moyens, les secondaires nuls, celui du pétiole presque fermé ; denture assez large, un peu aiguë. Grappe moyenne, cylindro-conique, assez serrée, sur un pédoncule court et ligneux. Grain globuleux, sur des pédicelles un peu courts ; chair un peu molle, bien sucrée, relevée par une saveur de Sauvignon ; peau un peu mince, assez résistante, d'un noir pruiné à la Maturité de 2ᵉ époque. — Cette variété se rapproche du *Sauvignon noir*.

Revolat. Isère. Voir *Roussanne*.

Rèze. Valais. [De L.] Bourgeonnement peu ou point duveteux, d'un blanc jaunâtre. Feuille moyenne, d'un vert vif (qui caractérise cette variété), glabre et lisse super., très légèrement garnie sur les nervures inférieures d'un duvet pileux, court ; sinus supérieurs assez profonds, les secondaires marqués, sinus pétiolaire ouvert ;

denture assez longue, finement acuminée. GRAPPE
moyenne, cylindro-conique, peu serrée, un peu
ailée, sur un pédoncule assez long et grêle. GRAIN
moyen, globuleux, sur des pédicelles assez forts,
verruqueux ; chair un peu molle, juteuse, à
saveur simple, un peu relevée ; peau d'un blanc
jaunâtre, un peu doré à la MATURITÉ de 2ᵉ époque
hâtive.

Ribier. Maroc. [H. M.] BOURGEONNEMENT bien
couvert d'un duvet blanc teinté de rouge violacé,
sur le bord des folioles. FEUILLE grande, glabre
et à peu près lisse super., garnie infer. d'un
duvet ffoconneux ; sinus supérieurs profonds,
les secondaires marqués, celui du pétiole bien
fermé ; denture assez large, longue et aiguë.
GRAPPE sur-moyenne, un peu cylindro-conique,
rarement serrée ou un peu lâche, parfois rameuse,
sur un pédoncule assez fort, un peu court. GRAIN
très gros, olivoïde, sur des pédicelles longs et
forts ; chair ferme, croquante, bien sucrée et
relevée ; peau un peu épaisse, bien résistante,
passant au noir violacé à la MATURITÉ de 3ᵉ époque.

Rivier. Ardèche. [N.] FEUILLE moyenne, d'un
beau vert glabre et à peu près lisse super.,
duveteuse infer. ; sinus supérieurs profonds, les
secondaires marqués, celui du pétiole ouvert ;

denture profonde, aiguë. Grappe moyenne, cylindro-conique, assez serrée, sur un pédoncule assez
long, de moyenne force. Grain moyen, globuleux,
sur des pédicelles grêles, assez longs; chair assez
ferme, juteuse, sucrée, un peu astringente; peau
un peu mince, assez résistante, d'un noir rougeâtre à la Maturité qui arrive à la fin de la
2ᵉ époque. — Synonymes : *Petit Ribier*, *Ribier*,
Rouvier, *Petit Rouvier*.

Riesling gros. Alsace. [B. S.] Voir *Orleaner*.

Riesling blanc. Rhingau. [B. S.] Bourgeonnement duveteux, grisâtre, passant au rose violacé
sur le sommet des folioles. Feuille sur-moyenne,
un peu bullée et glabre super., garnie infer. sur
les nervures, bien saillantes, de poils longs couchés, un peu aranéeux; sinus supérieurs profonds
et fermés, les secondaires presque nuls, sinus
pétiolaire presque fermé; denture large, peu profonde, courtement acuminée. Grappe sous-
moyenne, cylindro-conique, compacte, sur un
pedoncule court et fort. Grain sous-moyen, sphérique ou sphéro-ellipsoïde, sur des pédicelles
courts, assez forts; chair un peu consistante, un
peu pulpeuse, sucrée, bien relevée, d'une saveur
propre assez prononcée; peau assez mince, résis-

tante, passant du vert clair au jaune clair verdâtre à la Maturité de 2ᵉ époque.

Riparia. Espèce américaine dont l'aire de
dispersion est très étendue, du Canada à l'Arkansas et au territoire Indien. Elle a été recherchée
comme porte-greffe, et la facilité que l'on a eue de
se la procurer, en grande quantité, en a fait le
sujet à greffer le plus répandu et le plus usité.
Le *Riparia* se présente à l'état sauvage sous
diverses nuances. Le *Riparia* blanc jaunâtre, le
gris, le rouge et chacune de ces nuances est
glabre ou duveteux. Cette espèce se distingue par
les caractères suivants : Bourgeonnement très
hâtif, presque glabre, d'un vert jaunâtre. Sarments très longs, grêles relativement à leur longueur, à mérithalles longs ou très longs. Fleur
très hâtive, à odeur très accusée et agréable.
Feuille cordiforme, sous-moyenne ou petite,
quelquefois grande sur les variétés bien sélectionnées, glabre sur les deux faces, sauf un duvet
pileux sur les nervures de quelques *formes* ou
variétés; sinus supérieurs presque nuls, sinus
pétiolaire très ouvert; denture profonde, très
aiguë, finement et longuement acuminée. Grappe
très petite, presque arrondie, portant des grains
petits ou très petits, globuleux; chair un peu pul-

peuse, à saveur spéciale, acide, peu agréable ; peau assez épaisse, très résistante, ordinairement noire à la Maturité qui est très hâtive.

Robin noir. Drôme. Lapeyrouse-Mornay. Vigne découverte et propagée par M. Robin, de Lapey rouse-Mornay. Bourgeonnement duveteux, d'un blanc verdâtre qui passe au vert jaunâtre avec une teinte rosée sur le pourtour des folioles. Feuille moyenne, d'un vert jaunâtre, glabre sur les deux faces, lisse et brillante sur la page supérieure ; sinus supérieurs marqués, les secondaires peu profonds, sinus pétiolaire ouvert ; denture assez profonde, un peu aiguë. Grappe sur-moyenne ou grosse, cylindro-conique, plus ou moins serrée, sur un pédoncule un peu long, assez fort. Grain moyen, sphéro-ellipsoïde, sur des pédicelles un peu grêles ; chair juteuse, sucrée, à saveur rappelant un peu celle du *Cabernet* ; peau assez épaisse, résistante, d'un noir foncé pruiné à la Maturité de 2° époque hâtive.

Rogettaz. Tarentaise. [B. P.] Feuille grande, glabre et presque lisse super., garnie infer. d'un duvet aranéeux léger ; sinus supérieurs profonds, un peu ouverts, les secondaires peu marqués, celui du pétiole un peu ouvert ; denture peu profonde, assez aiguë. Grappe grosse, rameuse, cylindro-conique. GRAIN moyen ou sur-moyen, sur des pédicelles assez longs et grêles; chair molle, acerbe, à saveur simple; peau mince, assez résistante, d'un rouge foncé pruiné à la MATURITÉ de 2ᵉ époque.

Rogin. Savoie. Aime. [B. P.] FEUILLE sur-moyenne, glabre et à peu près lisse super., légèrement garnie infer. sur les nervures d'un duvet floconneux; sinus supérieurs profonds, étroits, les secondaires marqués, celui du pétiole peu ouvert; denture assez profonde, un peu large, assez aiguë. GRAPPE sur-moyenne, lâche, rameuse, longuement cylindro-conique, sur un pédoncule long et grêle. GRAIN moyen ou sous-moyen, globuleux, sur des pédicelles assez longs; chair un peu ferme, juteuse, assez sucrée, à saveur simple; peau assez épaisse, résistante, d'un rose foncé à l'exposition du soleil, restant un peu verte, dans les parties à l'ombre. MATURITÉ de 2ᵉ époque tardive.

Rosaki et **Rozaki d'Egypte**. [J. R.] Sous ce nom, nous avons reçu une variété qui diffère du vrai *Rosaki d'Anatolie* ou du *Cap de Karabournou*, par un feuillage moins lisse, moins brillant, légèrement duveteux et surtout par des grains moins allongés et jamais incurvés.

Rosaki ou **Rozaki d'Anatolie** ou **Vigne de Karabournou**. [P. d'A.] Bourgeonnement glabre ou presque glabre, d'un vert clair, légèrement nuancé de jaune. Feuille grande, lisse et glabre sur les deux faces, avec quelques poils courts et raides sur les nervures infer. ; sinus profonds, celui du pétiole ordinairement ouvert; denture profonde, aiguë. Grappe sur-moyenne, un peu cylindro-conique, lâche et sujette à la coulure, sur un pédoncule long et mince. Grain gros, olivoïde ou olivoïde allongé, parfois un peu incurvé ; chair ferme, croquante, bien sucrée, agréablement relevée; peau assez fine, résistante, d'un beau jaune doré à la Maturité de 3ᵉ époque.

Rosalin blanc. [J. B. de D.] Bourgeonnement duveteux, teinté de grenat. Feuille moyenne, glabre et à peu près lisse super., garnie infer. d'un duvet lanugineux; sinus supérieurs profonds, les secondaires presque nuls, celui du pétiole ouvert. Grappe sur-moyenne, cylindro-conique, ailée, sur un pédoncule assez long, un peu grêle. Grain moyen, ellipsoïde, peu serré; chair molle, juteuse, sucrée peu relevée; peau assez épaisse, un peu résistante, d'un jaune un peu doré à la Maturité de 2ᵉ époque hâtive.

Rosa niedda. Sardaigne. [C. de R.] Bour-

GEONNEMENT glabre et verdâtre. FEUILLE sur-
moyenne, d'un vert tendre, un peu bullée super.,
glabre sur les deux faces; sinus supérieurs profonds, presque fermés, sinus secondaires bien
marqués, sinus pétiolaire fermé; denture peu
profonde, large, finement acuminée. GRAPPE
grosse, cylindro-conique, rameuse, un peu lâche,
parfois un peu serrée. GRAIN gros, ellipsoïde, un
peu déprimé au point pistillaire; chair ferme, un
peu croquante, bien sucrée, à saveur simple; peau
assez épaisse, bien résistante, passant du rose
foncé pruiné au rouge violacé très pruiné à la
MATURITÉ de 4e époque.

Rossese. Italie. Ligurie. [C. de R.] BOUR-
GEONNEMENT glabre ou presque glabre, verdâtre,
avec une teinte bronzée sur les folioles. FEUILLE
sous-moyenne, un peu tourmentée, d'un vert clair,
glabre sur les deux faces; sinus supérieurs bien
marqués, étroits et fermés, les secondaires moins
prononcés, sinus pétiolaire bien ouvert; denture
assez profonde, assez large, aiguë et finement
acuminée. GRAPPE moyenne ou sous-moyenne,
cylindro-conique, un peu lâche, sur un pédoncule
assez long et mince. GRAIN moyen, globuleux, sur
des pédicelles un peu grêles et assez longs; chair
assez ferme, juteuse, bien sucrée, agréablement

21

relevée; peau assez épaisse, bien résistante, passant du blanc jaunâtre au jaune teinté de rose, aux expositions chaudes, lors de la MATURITÉ de 2ᵉ époque.

Rosso di Egitto. Egypte. [C. de R.] Voir *Egitto rosso*.

Rothgipfler blanc. [J. P. — H. Gœ.] BOURGEONNEMENT duveteux, blanchâtre, teinté de rouge. FEUILLE moyenne, presque orbiculaire, bullée et glabre super., garnie infer. surtout sur les nervures, d'un duvet pileux; sinus supérieurs profonds et fermés, les secondaires un peu ouverts, sinus pétiolaire fermé ou presque fermé; denture peu profonde, un peu courte, finement acuminée. GRAPPE à peine moyenne, cylindro-conique, courte, serrée, sur un pédoncule court et fort. GRAIN sous-moyen, sphéro-ellipsoïde, sur des pédicelles un peu courts, assez forts; chair juteuse, sucrée, un peu relevée; peau assez épaisse, consistante, d'un blanc verdâtre qui passe au roux pointillé à la MATURITÉ de 2ᵉ époque hâtive.

Roth Silvaner. [J. B. de D.] Cette variété ne diffère du *Silvaner blanc* que par la couleur rouge clair grisâtre de sa grappe. C'est une variation de couleur de ce dernier.

Rouenbenc rouge. Ain. Montagnieu. [N.]
FEUILLE sous-moyenne, un peu mince, glabre et lisse
super., à peu près glabre infer.; sinus supérieurs
assez profonds, les secondaires marqués, celui du
pétiole ouvert; denture étroite, peu profonde,
brusquement et finement acuminée. GRAPPE
moyenne, cylindro-conique, un peu ailée, serrée, sur un pédoncule court, assez fort. GRAIN
moyen, globuleux ou sphéro-ellipsoïde, sur des
pédicelles assez longs, un peu forts, verruqueux;
chair un peu ferme, juteuse, sucrée, à saveur
simple, un peu astringente; peau épaisse, assez
résistante, d'un beau rouge clair pruiné à la
MATURITÉ de 2e époque.

Rougeard. Isère. [N.] BOURGEONNEMENT duveteux, teinté de rouge sur un fond blanchâtre.
FEUILLE moyenne, presque orbiculaire, légèrement bullée super., garnie infer. d'un duvet aranéeux; sinus supérieurs peu ou point marqués,
les secondaires nuls, celui du pétiole fermé ou
presque fermé; denture large, peu profonde et
très obtuse. GRAPPE moyenne, cylindro-conique,
peu serrée, sur un pédoncule assez long et grêle.
GRAIN moyen, sphéro-ellipsoïde, sur des pédicelles
assez longs et forts; chair un peu ferme, assez
juteuse, un peu sucrée, peu relevée; peau un peu

épaisse, résistante, d'un noir foncé un peu pruiné à la MATURITÉ de 2ᵉ époque.

Rouge de Zante. Grèce. [C. O.] BOURGEONNEMENT duveteux, d'un vert jaunâtre. FEUILLE moyenne, glabre et presque lisse super., fortement garnie infer. d'un duvet lanugineux; sinus supérieurs profonds, celui du pétiole ouvert. GRAPPE sur-moyenne ou grosse, cylindro-conique, ailée, sur un pédoncule long et fort. GRAIN gros, globuleux, sur des pédicelles un peu courts; chair un peu molle, sucrée, peu relevée; peau un peu fine, résistante, d'un rouge clair à la MATURITÉ de 3ᵉ époque.

Rouge très rouge de Kabylie. Mascara. FEUILLE moyenne, d'un vert foncé, glabre et lisse super., à peu près complètement glabre infer.; sinus supérieurs peu profonds, les secondaires marqués; celui du pétiole ouvert; denture profonde, assez large, aiguë, finement acuminée. GRAPPE grosse, longuement cylindro-conique, sur un pédoncule assez long, un peu grêle. GRAIN gros ou très gros, olivoïde, un peu déprimé à l'extrémité; chair ferme, un peu juteuse, bien sucrée et relevée; peau épaisse, résistante, d'un beau rouge un peu pruiné à la MATURITÉ de 4ᵉ époque tardive.

Roumieu. Bordelais. [R. M.] Voir *Cót* ou *Malbeck*.

Roussanne. Drôme. Ermitage. [N.] Bourgeonnement duveteux, d'un blanc jaunâtre, teinté
de rose sur les bords des folioles. Feuille grande,
un peu tourmentée, glabre super., un peu duvetée infer. ; sinus supérieurs et secondaires profonds, sinus pétiolaire ouvert ; denture assez large,
peu profonde, un peu obtuse, courtement acuminée. Grappe moyenne, cylindro-conique, un peu
serrée, sur un pédoncule assez fort, de moyenne
longueur. Grain moyen, à peu près globuleux,
sur un pédicelle assez fort, un peu court ; chair
assez ferme, bien juteuse, sucrée, bien relevée ;
peau assez épaisse, résistante, passant du blanc
verdâtre au jaune doré et roussâtre à la Maturité
de 2ᵉ époque tardive.

Roussaou. Ardèche. Aubenas. [N.] Bourgeonnement bien duveteux, blanchâtre. Feuille
moyenne, assez épaisse, un peu tourmentée, à peu
près glabre super., garnie infer. d'un duvet lanugineux compacte ; sinus supérieurs assez profonds,
étroits, sinus secondaires presque nuls, celui du
pétiole bien fermé ; denture large, courtement
acuminée. Grappe moyenne, courtement cylindro-
conique, un peu serrée, sur un pédoncule un peu

court, assez fort. GRAIN moyen, globuleux, sur un pédicelle un peu court, fort et verruqueux; chair un peu molle, bien juteuse, sucrée, assez relevée ; peau assez épaisse, résistante, débutant à la maturation par une légère teinte rosée qui passe au jaune doré à la MATURITÉ de 2ᵉ époque tardive.

Rousse ou **Roussette**. Lyonnais. [N.] BOURGEONNEMENT un peu duveteux, d'un roux clair, légèrement teinté de rose sur le revers des folioles. FEUILLE moyenne, un peu tourmentée, un peu bullée, sans duvet super., très finement garnie infer. d'un duvet pileux, court, sensible au toucher; sinus supérieurs profonds, fermés, les secondaires peu marqués, celui du pétiole presque fermé; denture peu profonde, assez aiguë, finement acuminée. GRAPPE moyenne, assez serrée, sur un pédoncule assez long, un peu grêle. GRAIN moyen, ellipsoïde, sur des pédicelles un peu grêles, assez longs; chair bien juteuse, sucrée, peu relevée, à saveur simple; peau épaisse, assez résistante, passant du blanc vert au jaune roussâtre à la MATURITÉ de 2ᵉ époque.

Roussette basse. Savoie. [P. T.] FEUILLE moyenne, presque orbiculaire, glabre et légèrement bullée super., à peu près glabre infer.; sinus supérieurs peu profonds, les secondaires

nuls, celui du pétiole fermé ou presque fermé ;
denture très peu profonde, presque égale, obtuse.
GRAPPE sous-moyenne ou moyenne, courtement
pyramidale, peu serrée, sur un pédoncule un peu
long, assez fort. GRAIN sur-moyen ou moyen,
sphéro-ellipsoïde, un peu ferme, juteux, à saveur
légèrement acerbe, bien relevée ; peau un peu
épaisse, résistante, d'un beau jaune un peu translucide à la MATURITÉ de 2ᵉ époque.

Roussette de Montagnieu. Ain. [N.]
FEUILLE moyenne ou sous-moyenne, d'un vert
un peu foncé, aussi large que longue, glabre
super., garnie infer. d'un duvet lanugineux ;
denture étroite, aiguë, un peu arrondie à son
extrémité ; sinus supérieurs peu marqués, les
secondaires à peu près nuls, sinus pétiolaire un
peu ouvert. GRAPPE petite ou à peine moyenne,
cylindro-conique, parfois un peu ailée, sur un
pédoncule assez fort, de moyenne longueur. GRAIN
petit ou sous-moyen, sphérique, sur des pédicelles un peu courts, assez forts ; chair un peu
molle, bien sucrée, assez relevée ; peau un peu
mince, assez résistante, passant du blanc verdâtre
au jaune plus ou moins roux à la MATURITÉ de 2ᵉ
époque un peu tardive.

Roussette haute. Savoie. [P. T.] Voir
Maclon.

Rouvier de Privas. Ardèche. [N.] Voir *Rivier*.

Rouvillac blanc. [J. B. de D.] Bourgeonnement presque glabre, d'un vert clair. Feuille d'un vert foncé, un peu boursouflée et glabre super., garnie infer. d'un duvet pileux, court. Grappe moyenne, cylindro-conique, un peu ailée, peu serrée, sur un pédoncule un peu long, assez fort. Grain moyen, globuleux, sur des pédicelles assez longs, un peu grêles; chair molle, bien juteuse, assez sucrée, peu relevée; peau mince, peu résistante, passant du blanc verdâtre au jaune un peu doré à la Maturité de 2ᵉ époque hâtive.

Royal del plant. Espagne. [H. B.] Bourgeonnement duveteux, grisâtre, teinté de violet sur les nervures et le revers des folioles. Feuille sur-moyenne, glabre et très légèrement bullée super., garnie infer. d'un duvet lanugineux, assez compacte; sinus supérieurs très profonds, fermés, les secondaires bien marqués, sinus pétiolaire fermé ou presque fermé; denture peu profonde, obtuse, courtement mucronée. Grappe sur-moyenne ou grosse, cylindro-conique, un peu rameuse, un peu lâche, sur un pédoncule assez long, un peu grêle. Grain sur-moyen, globuleux ou sub-globuleux, un peu déprimé, sur des pédicelles longs et grêles ; chair molle, juteuse, sucrée, peu relevée ; peau épaisse, assez résistante, d'un rouge foncé, obscurci par une pruine abondante à la Maturité de 3ᵉ époque.

Rufflac femelle ou **Rufflac**. Basses-Pyrénées. [Frc.] Bourgeonnement blanc duveteux, passant au vert jaunâtre. Feuille moyenne, glabre et un peu bullée super., un peu lanugineuse infer. ; sinus supérieurs profonds, presque fermés, les secondaires bien marqués, un peu ouverts, celui du pétiole étroit ou presque fermé ; denture un peu rameuse, courtement cylindro-conique. Grain moyen ou sur-moyen, globuleux, sur des pédicelles assez longs, un peu grêles ; chair un peu ferme, juteuse, sucrée, un peu astringente ; peau mince, assez résistante, d'un jaune clair à la Maturité de 2ᵉ époque.

Rufflac mâle. Hautes-Pyrénées. [Frc.] Ce cépage nous paraît être en tous points semblable aux précédents.

Rulander. Allemagne. Synonyme de *Pineau gris*. Ainsi appelé parce qu'il fut propagé beaucoup par un viticulteur du nom de Ruland.

Rulander d'Amérique. [J. P. B.] *Ce nom de Rulander a été appliqué à la Louisiana d'Amé-*

rique, sans doute parce que la grappe de cette dernière a beaucoup de ressemblance, par la forme et le coloris de la grappe, avec le Rulander allemand ou Pineau gris de Bourgogne. BOURGEONNEMENT duveteux, d'un roux qui passe au rose foncé, sur un fond gris. FEUILLE moyenne, un peu épaisse, presque orbiculaire, un peu tourmentée, d'un vert intense super., glaucescente et à peu près glabre infer. ; sinus supérieurs à peu près nuls, celui du pétiole fermé ; denture peu profonde, obtuse, courtement mucronée. GRAPPE petite, cylindro-conique, rarement ailée, un peu compacte, sur un pédoncule ordinairement court et un peu grêle ; chair assez ferme, un peu pulpeuse, assez sucrée, à saveur spéciale, assez prononcée ; peau fine, bien résistante, d'un rouge obscur, bien pruiné à la MATURITÉ de 2ᵉ époque tardive. — Synonymes : *Louisiana, Sainte-Geneviève, Red Elben, Amoureux.*

Rumamellas. Suisse. Canton de Neuchâtel. [De D.] Voir *Lignan.*

Rupestris. Amérique. [H. J.] Parmi les cépages qui nous sont venus d'Amérique, l'espèce *Rupestris* est une des plus intéressantes et des mieux caractérisées : on la recherche comme porte-greffe, et surtout comme sujet de croisement avec nos vignes d'Europe. Cette espèce se distingue par les caractères suivants : BOURGEON-NEMENT glabre ou presque glabre, un peu jaunâtre. FEUILLE petite, en forme de cœur élargi, glabre, lisse et un peu brillante super., sans duvet apparent infer., sauf quelques poils sur les nervures, toujours plus ou moins pliées en gouttières ; sinus supérieurs à peu près nuls ou à peine marqués, celui du pétiole très ouvert. GRAPPE petite ou très petite, courte et presque ronde, formée de baies petites, globuleuses, d'un noir bleuâtre ; chair assez ferme, un peu acerbe ; peau assez épaisse, bien résistante. MATURITÉ précoce.

Sabalkanskoï. [C. O.] Voir *Zabalkanski*.

Sacra nera ou **Sagra nera**. Italie. Bitonto di Bari. [C. de R.] BOURGEONNEMENT glabre et verdâtre, passant à la teinte rougeâtre sur les folioles entr'ouvertes. FEUILLE grande, plane, glabre et presque lisse super. ; sinus étroits et fermés ; denture assez profonde, un peu aiguë. GRAPPE sur-moyenne, un peu cylindro-conique, lâche ou peu serrée, sur un pédoncule assez long et fort. GRAIN sur-moyen ou gros, ellipsoïde, sur des pédicelles assez forts, teintés de rouge ; chair ferme, assez sucrée, relevée, à saveur simple ;

peau un peu épaisse, résistante, d'un noir rougeâtre, pruiné à la MATURITÉ de 3ᵉ époque.

Sageret. [D. H. — Semis de Moreau-Robert,
1846.] BOURGEONNEMENT fortement duveté, blanchâtre et teinté de rose sur le revers des folioles.
FEUILLE sur-moyenne, glabre et à peu près lisse
super., garnie infer. d'un duvet pileux sur les
nervures, aranéeux sur le parenchyme ; sinus
supérieurs profonds, fermés ou presque fermés,
les secondaires marqués, celui du pétiole ouvert ;
denture large, obtuse, courtement acuminée.
GRAPPE grosse, cylindro-conique, rameuse, lâche,
sur un pédoncule long et fort. GRAIN sur-moyen,
globuleux, sur des pédicelles un peu longs, assez
forts ; chair un peu ferme, bien juteuse, très
sucrée, à saveur simple ; peau épaisse, peu résistante, d'un blanc jaunâtre à la MATURITÉ de 2ᵉ
époque.

Saint-Antoine. Voir *San-Antoni*.

Sainte-Geneviève. Amérique. [J. P. B.]
Voir *Rulander d'Amérique*.

Sainte-Marie. Savoie. [P. T.] FEUILLE
moyenne ou sur-moyenne, aussi large que longue,
glabre et à peu près lisse super., garnie infer.
d'un duvet pileux, court ; sinus supérieurs pro-

fonds et étroits, les secondaires marqués, celui du
pétiole presque fermé ; denture peu profonde,
assez large, un peu obtuse, brusquement acuminée. GRAPPE moyenne, serrée, cylindro-conique,
sur un pédoncule court, assez fort. GRAIN sur-
moyen, à peu près globuleux, sur des pédicelles
longs et grêles ; chair assez ferme, un peu juteuse,
sucrée, à saveur simple ; peau épaisse, peu résistante, d'un blanc verdâtre à la MATURITÉ de 2ᵉ
époque hâtive.

Sainte-Marie de Vimines. Savoie. [P. T.]
FEUILLE moyenne, plus longue que large, glabre
et à peu près lisse super., glabre infer., sauf
un léger duvet pileux, court sur les nervures ;
sinus supérieurs profonds et étroits, les secondaires bien marqués, celui du pétiole très
ouvert ; denture profonde étroite, et aiguë.
GRAPPE moyenne, cylindro-conique, assez serrée,
sur un pédoncule assez long, un peu grêle. GRAIN
sous-moyen, globuleux, sur des pédicelles longs
et grêles ; chair un peu molle, juteuse, un peu
astringente ; peau épaisse, résistante, d'un jaune
clair à la MATURITÉ de 2ᵉ époque.

Saint-Jacques. [C. O.] BOURGEONNEMENT duveteux, d'un blanc verdâtre clair. FEUILLE moyenne,
un peu révolutée en dessous, glabre super.,

très lanugineuse infer.; sinus supérieurs peu profonds, celui du pétiole fermé ou presque fermé. Grappe petite, courtement cylindro-conique, sur un pédoncule assez long et assez fort. Grain petit, globuleux, peu serré, sur des pédicelles un peu courts; chair assez ferme, juteuse, sucrée, peu relevée; peau un peu épaisse, d'un noir foncé un peu pruiné à la Maturité de 1re époque.

Saint-Laurent noir. [J. B. de D.] Bourgeonnement duveteux, blanchâtre, sans teinte rosée. Feuille sur-moyenne, glabre et finement bullée super., garnie infer. d'un duvet floconneux, épars; sinus supérieurs peu ou point marqués, les secondaires nuls, sinus pétiolaire presque fermé; denture peu profonde, obtuse, insensiblement acuminée. Grappe moyenne, cylindroconique, un peu ailée, assez serrée, sur un pédoncule un peu long, assez fort. Grain moyen, sphéro-ellipsoïde, sur des pédicelles un peu longs, grêles; chair molle, juteuse, sucrée, à saveur simple; peau un peu épaisse, résistante, d'un noir foncé pruiné à la Maturité qui est précoce.

Saint-Louis. [D. H. — Semis de Moreau-Robert, 1851.] Variété de *Chasselas* inférieure comme qualité au *Chasselas doré*. Grappe longue, ailée. Grain moyen, globuleux, peu serré; chair un peu molle, sucrée, peu relevée. MATURITÉ de fin de première ou de 2ᵉ époque hâtive.

Saint-Paul. Nice. [N.] FEUILLE moyenne ou sous-moyenne, d'un vert foncé, à peu près lisse et glabre super., garnie infer. d'un épais duvet un peu floconneux ; sinus supérieurs bien profonds, les secondaires marqués, celui du pétiole fermé ; denture un peu profonde, peu large, assez aiguë. GRAPPE moyenne, cylindro-conique, un peu serrée, sur un pédoncule assez fort et assez long. GRAIN sur-moyen ou moyen, olivoïde, sur des pédicelles assez forts ; chair assez ferme, juteuse, bien sucrée et bien relevée ; peau épaisse, assez résistante, d'un beau noir pruiné à la MATURITÉ de 3ᵉ époque. — Cette vigne se rapproche beaucoup par tous ses caractères, sauf la couleur du fruit, de la *Clairette blanche*.

Saint-Pierre de l'Allier. [C. O.] BOURGEONNEMENT roussâtre, légèrement duveté. FEUILLE moyenne, glabre super., légèrement parsemée infer. d'un duvet aranéeux ; sinus supérieurs et secondaires peu ou point marqués ; denture profonde et très aiguë. GRAPPE moyenne ou sur-moyenne, longuement cylindro-conique, ailée. GRAIN moyen, sphéro-ellipsoïde, assez serré, sur des pédicelles un peu courts ; chair un peu molle, sucrée, légèrement acidulée ; peau un peu mince, peu résistante, d'un blanc verdâtre qui passe au jaune doré à la Maturité de 2ᵉ époque hâtive.

Saint-Rabier. [J. B.] Voir *Mérille*.

Saint-Sauveur. [Semis de M. Gaston Bazille obtenu, dans sa propriété de Saint-Sauveur, d'un pépin de Jacquez.] Feuille grande. et presque lisse super., très légèrement lanugineuse infer. et un peu pileuse sur les nervures ; sinus supérieurs profonds, le plus souvent fermés, les secondaires marqués et ouverts, celui du pétiole ouvert ; denture large, inégale. obtuse et insensiblement mucronée. Grappe sur-moyenne ou grande, cylindro-conique, allongée, assez serrée, sur un pédoncule long, un peu grêle. Grain sous-moyen, globuleux, sur des pédicelles longs et grêles ; chair un peu ferme, juteuse, bien sucrée, à saveur simple, peu relevée ; peau assez épaisse, bien résistante, d'un noir foncé pruiné à la Maturité de 1ʳᵉ époque.

Sakourdrchala. Caucase. [B. de L.] Voir *Dodrelabi*.

Salces gris. Pyrénées-Orientales. [C. O.] Voir *Gris de Salces*.

Salem. Amérique. [J. P. B.] Bourgeonnement

d'un roux rosé passant au vert teinté de rose sur le revers des folioles. FEUILLE grande, à peu près glabre et lisse super., finement duvetée infer. ; sinus supérieurs peu ou point marqués, celui du pétiole fermé ; denture peu profonde et obtuse. GRAPPE sur-moyenne, cylindro-conique, assez serrée, sur un pédoncule un peu long. GRAIN gros, globuleux ; chair pulpeuse, assez sucrée, à saveur foxée ; peau épaisse, bien résistante, d'un noir foncé bien pruiné à la MATURITÉ de 2e époque.

Salerne blanc. Nice. [N.] FEUILLE grande, presque plane, à peu près lisse et glabre super. avec duvet aranéeux infer. ; sinus supérieurs marqués, les secondaires nuls, celui du pétiole fermé ; denture large, peu profonde, obtuse. GRAPPE sur-moyenne, cylindro-conique, ailée, assez serrée, sur un pédoncule moyen. GRAIN gros, globuleux, sur des pédicelles assez forts, un peu courts ; chair assez ferme, juteuse, bien relevée ; peau fine, résistante, passant du blanc verdâtre au jaune doré à la MATURITÉ de 3e époque.

Salicette. [D. H. — Semis de Moreau-Robert, 1852.] BOURGEONNEMENT d'un roux clair, légèrement duveté, passant au grenat clair. FEUILLE moyenne, glabre et à peu près lisse super., sans duvet apparent infer. ; sinus supérieurs profonds,

22

les secondaires bien marqués, celui du pétiole
fermé. GRAPPE sur-moyenne ou grosse, ailée.
cylindro-conique, assez serrée, sur un pédoncule
assez long ou long, de moyenne force. GRAIN
moyen, globuleux, sur des pédicelles un peu
grêles; chair un peu molle, sucrée, peu relevée;
peau assez épaisse, résistante, d'un blanc jaunâtre à la MATURITÉ de 1re époque.

Saloche ou **Salloche**. Région du Sud-Ouest.
[D'I. de M.] BOURGEONNEMENT duveteux, blanchâtre. FEUILLE sous-moyenne, presque orbiculaire, glabre et lisse super., lanugineuse infer.,
pileuse sur les nervures; sinus supérieurs peu
marqués, les secondaires nuls, celui du pétiole
ouvert. GRAPPE moyenne, cylindro-conique, assez
serrée, sur un pédoncule court et fort. GRAIN
moyen ou un peu sous-moyen, sphéro-ellipsoïde,
sur des pédicelles courts, assez forts; chair assez
ferme, juteuse, sucrée, à saveur simple, bien
relevée; peau un peu épaisse, peu résistante,
passant du vert jaunâtre au jaune clair moyen
translucide à la MATURITÉ de 2e époque tardive.
— Synonyme : *Annonau*, d'après Dupré de Saint-
Maur.

San Antoni. Pyrénées-Orientales, [C. O.]
BOURGEONNEMENT peu duveteux, roussâtre. FEUILLE

sous-moyenne, glabre et à peu près lisse super. sans duvet apparent infer. ; sinus supérieurs profonds et fermés, les secondaires bien marqués, ouverts, sinus pétiolaire le plus souvent fermé ; denture large, un peu profonde, obtusée et courtement acuminée. GRAPPE sur-moyenne, un peu cylindro-conique, courtement compacte, sur un pédoncule court, assez fort. GRAIN gros ou très gros, ellipsoïde, sur des pédicelles assez courts et forts ; chair résistante, très croquante, bien sucrée, à saveur simple, assez relevée ; peau épaisse, très ferme et assez peu résistante à la pourriture, d'un noir bleuâtre à la MATURITÉ de 2ᵉ époque.

Sancinella bianca et **Sancinella nera.** « Ces deux variétés, nous écrivait M. le baron Mendola en nous les adressant, sont les raisins renommés pour la table dans les provinces méridionales napolitaines. » Elles ont péri dans nos collections avant de fructifier.

San Francisco nero et **San Francisco.** Provinces Napolitaines. [B. M.] BOURGEONNEMENT d'un roux clair, presque glabre. FEUILLE grande, glabre et à peu près lisse super., sans duvet apparent infer.; sinus supérieurs profonds, le plus souvent fermés, sinus secondaires bien

marqués, celui du pétiole le plus souvent ouvert ;
denture large, assez profonde, obtuse et courtement acuminée. GRAPPE grosse, cylindro-conique,
rameuse et un peu lâche, sur un pédoncule assez
fort, un peu court. GRAIN gros, olivoïde, sur des
pédicelles assez longs et forts ; chair ferme, bien
sucrée, agréablement relevée ; peau épaisse,
résistante, d'un beau noir violacé un peu pruiné
à la MATURITÉ de 4ᵉ époque.

**Sangiovani nero, San Gioveto, San
Giovese**. Toscane. [B. M.] Voir *Montepulciano*.

Santa Paula. Espagne. [D. Simon Roxas
Clemente.] Voir *Cornichon blanc*.

Saperavi. Caucase. [B. de L.] BOURGEONNE-
MENT bien duveté, blanchâtre, sur un fond un
peu jaune. FEUILLE moyenne, un peu boursouflée
et glabre super., garnie infer. d'un duvet lanugineux, assez épais ; sinus supérieurs profonds,
les secondaires marqués, celui du pétiole fermé ;
denture peu profonde, courtement aiguë et finement acuminée. GRAPPE moyenne ou un peu sous-
moyenne, cylindro-conique, peu serrée, sur un
pédoncule un peu long et un peu grêle ; chair
très ferme, assez sucrée, juteuse, à saveur simple,
un peu relevée ; peau fine, assez résistante, d'un

noir un peu foncé pruiné à la MATURITÉ de 2ᵉ
époque tardive.

Sar feher. Hongrie. [J. K.] BOURGEONNEMENT
duveteux, d'un roux clair, légèrement teinté de
rose sur les folioles. FEUILLE moyenne, glabre et
à peu près lisse super., garnie infer. d'un léger
duvet aranéeux ; sinus supérieurs profonds, fermés,
sinus secondaires marqués et assez larges, sinus
pétiolaire fermé ; denture peu profonde, un peu
aiguë, finement acuminée. GRAPPE moyenne,
courtement cylindro-conique, sur un pédoncule
assez long, un peu grêle. GRAIN moyen, globuleux,
sur des pédicelles un peu longs et assez forts ;
chair molle, juteuse, peu sucrée, à saveur de
Sauvignon ; peau un peu mince, assez résistante,
d'un beau jaune teinté à la MATURITÉ de 2ᵉ époque.

Sauvignon à gros grains. Corrèze. [C. O.]
Voir *Muscadelle*.

Sauvignon jaune. Bordelais. Pays de Sauternes. [M. d'A.] BOURGEONNEMENT duveteux, teinté
de rose sur le pourtour et la face inférieure des
folioles. FEUILLE sous-moyenne, presque orbiculaire, glabre et finement bullée super., garnie
infer. d'un duvet aranéeux ; sinus supérieurs peu
profonds, étroits ou fermés, les secondaires nuls

ou peu marqués, celui du pétiole ouvert ; denture large, obtuse, courtement acuminée. GRAPPE sous-moyenne, courtement cylindro-conique, un peu serrée, sur un pédoncule un peu court et grêle. GRAIN moyen, un peu ellipsoïde, sur des pédicelles un peu longs et un peu grêles ; chair assez ferme, bien juteuse, bien sucrée et relevée par une saveur spéciale bien parfumée ; peau assez épaisse, peu résistante, d'un blanc verdâtre qui se teinte de jaune à la MATURITÉ de 2ᵉ époque. — Synonymes : *Puinéchou, Surin, Fié, Blanc fumé, Douce blanche*, France ; *Feigen traub* (Raisin figue), *Weisser Muscat Sylvaner*, Allemagne.

Sauvignon noir. Gironde.

Sauvignon rose. Gironde. Ces deux *Sauvignons* ne diffèrent du *Sauvignon jaune* ou *blanc* que par la couleur noire ou rose. Ce sont de simples variations de couleur et non des variétés.

Savagnin jaune. Jura. [C. R.] BOURGEONNEMENT très duveteux, d'un blanc verdâtre teinté de rose sur le bord des folioles. FEUILLE sous-moyenne ou petite, presque orbiculaire, finement bullée, à peu près glabre super., garnie infer. d'un duvet aranéeux ; sinus supérieurs et secondaires presque nuls, sinus pétiolaire étroit ou fermé; denture courte, large, très courtement acuminée. GRAPPE petite, courtement cylindro-conique, un peu serrée, sur un pédoncule un peu court, assez fort. GRAIN petit ou sous-moyen, sphéro-ellipsoïde, sur des pédicelles courts, assez forts; chair ferme, bien juteuse, sucrée, à saveur simple, bien relevée; peau épaisse, résistante, passant du blanc verdâtre au jaune plus ou moins bronzé à la MATURITÉ de 2ᵉ époque. — Synonymes : *Naturé blanc*, *Blanc brun*, *Viclair*, *Bon blanc*, *Fromenté,* en France ; *Dreimanner*, *Tokayer*, *Fleeischweiner*, *Frankisch*, *Traminer*, *Christkindles traube* (Raisin de Noël), *Kleiner Traminer*, etc., en Allemagne, où sa culture est très étendue.

Savagnin rose. Jura, — Synonymes : *Naturé rose*, *Noble rose*, *Roth Edel*, *Rousselet gris rouge*, de l'Alsace; *Roth Traminer* des Allemands.

Savagnin vert. N'est qu'une nuance non persistante de couleur. Il ne doit pas être consi-déré comme une variation.

Savoyanche. Vallée de l'Isère. Voir *Mondeuse*.

Sba-el euljat (Doigt de la rénégate, de la

chrétienne mariée à un musulman). Afrique.
Algérie. Voir *Cornichon blanc*.

Schiradzouli blanc. Perse. [C. O.] Bourgeonnement presque glabre, d'un grenat clair.
Feuille grande, glabre sur les deux faces; sinus
supérieurs étroits, peu profonds, les secondaires
marqués ou un peu marqués, sinus pétiolaire
plus ou moins ouvert; denture assez étroite, un
peu aiguë, surtout dans la partie supérieure de la
feuille, un peu obtusée, courtement acuminée à la
partie inférieure. Grappe grosse ou sur-moyenne,
courtement cylindro-conique, parfois un peu tronquée, peu serrée, sur un pédoncule assez fort, de
moyenne longueur. Grain gros, de forme ellipsoïde irrégulière, un peu renflée à la base, amincie,
légèrement incurvée par l'extrémité qui est dépri-
mée au point pistillaire; pédicelles longs et forts;
chair assez tendre, juteuse, bien sucrée, agréablement relevée; peau un peu épaisse, ferme, d'un
blanc verdâtre qui passe au jaune doré, du côté
exposé au soleil, à la Maturité de 3e époque.

**Schiradzouli rose ou rouge des pépi-
niéristes.** Sous ce nom, nous avons reçu, de
diverses provenances, un raisin qui se rapproche
par la forme de ses grains du *Schiradzouli blanc*,
mais qui en diffère complètement par ses feuilles

bien duveteuses. Il nous a été impossible de lui trouver une autre dénomination. 4ᵉ époque de MATURITÉ.

Schiras noir. [Dᴿ H.] BOURGEONNEMENT bien duveteux, blanchâtre, avec une légère teinte rose violacée sur les extrémités des folioles. FEUILLE grande, glabre et un peu grossièrement bullée super., garnie infer. d'un duvet aranéeux; sinus supérieurs profonds, étroits ou fermés, les secondaires marqués ou peu profonds, celui du pétiole presque fermé; denture large, assez profonde, obtuse et courtement mucronée. GRAPPE sur-moyenne, très lâche, longuement cylindro-conique, rameuse, sur un pédoncule assez long et un peu grêle. GRAIN gros, olivoïde, régulier, sur des pédicelles assez forts et un peu longs; chair ferme, juteuse, bien sucrée, à saveur simple, bien relevée; peau assez épaisse, résistante, d'un noir violacé, bien pruiné à la MATURITÉ de première 2ᵉ époque.

Schiras rouge. [Dᴿ H.] Ne diffère pas du *Schiras noir*.

Schuyl Kill. Amérique. [A. L.] Synonyme d'*Isabelle*.

Sciacarello rosso di Corsica. Corse. [B.

M.] Le raisin que nous avons reçu, sous ce nom,
de notre correspondant sicilien, est un raisin à
grain sur-moyen, sphéro-ellipsoïde, d'un jaune
doré à la 2ᵉ époque de Maturité. C'est donc une
dénomination inexacte puisque le *Sciacarello* de
Corse est rouge. Nous regrettons d'autant plus
cette erreur, que M. le baron Mendola nous écrivait
en envoyant cette variété : Ah le joli raisin! grains
gros, rouges, tendres, appétissants et délicieux!...

Scuppernong. Amérique. Carolines. [J. P. B.]
Bourgeonnement duveteux, roussâtre, passant au
gris, puis au vert clair. Feuille très petite, cordiforme, arrondie, lisse et glabre sur les deux faces;
sinus supérieurs nuls ou peu apparents, celui du
pétiole ouvert ou bien ouvert; denture presque
égale, large et un peu profonde, un peu aiguë sur
les jeunes feuilles, plus ou moins obtuse sur les
feuilles adultes, peu ou point mucronée. Grappe
très petite, arrondie, composée de cinq à six
grains assez gros, peu serrés, globuleux, d'un
vert clair qui tourne au jaune à la Maturité de 5ᵉ
époque tardive. Ce cépage trop tardif, même pour
nos régions de France les plus chaudes, n'a d'ailleurs aucune valeur vinifère; c'est un des types
améliorés de l'espèce *Rotundifolia*.

Sébastopol violet. [Dʳ H.] Sous ce nom

inexact, nous avons reçu un beau cépage à raisin
blanc, à nous inconnu, et ainsi caractérisé : Bourgeonnement duveteux, passant du roux au blanc
teinté de rose. Feuille moyenne, glabre super.,
aranéeuse infer.; sinus supérieurs profonds, les
secondaires peu marqués, celui du pétiole presque
fermé; denture assez profonde, inégale, un peu
obtuse. Grappe grosse, rameuse, cylindro-conique.
Grain gros, courtement ellipsoïde; chair un peu
ferme, sucrée, peu relevée, à saveur simple; peau
mince, résistante, d'un beau jaune à la Maturité
de 2ᵉ époque.

Semidanu blanc. Sardaigne. [B. M.] Bourgeonnement duveteux, passant du roux clair au
vert jaunâtre sur les folioles. Feuille moyenne
ou sous-moyenne, glabre et à peu près lisse super.,
avec un très léger duvet pileux infer. sur les nervures; sinus supérieurs profonds, les secondaires
marqués, celui du pétiole fermé; denture assez
profonde, large et obtuse. Grappe grosse, cylindro-
conique, ailée et rameuse, un peu lâche, sur un
pédoncule long, assez fort. Grain moyen ou sur-
moyen, sphéro-ellipsoïde, sur pédicelles assez
longs et grêles. Chair un peu ferme, sucrée, un
peu relevée; peau un peu épaisse, résistante,

passant du blanc verdâtre au jaune doré à la
Maturité de 3e époque.

Sémillon. Gironde. Sauternes. [M. d'A.,
M. Vivé, régisseur du château Iquem.] Bourgeonnement très duveteux, d'un blanc violacé passant
au vert jaunâtre. Feuille sur-moyenne, glabre et
finement bullée super., garnie infer. d'un léger
duvet aranéeux; sinus supérieurs profonds et fermés, les secondaires marqués, celui du pétiole
ouvert; denture peu large, peu profonde, un peu
obtuse ou courtement aiguë, finement acuminée.
Grappe moyenne, cylindro-conique, un peu
rameuse, peu serrée, sur un pédoncule assez
long et un peu fort. Grain moyen ou sur-moyen,
sphéro-ellipsoïde, sur des pédicelles assez longs,
de moyenne force; chair un peu ferme, un peu
filandreuse, juteuse et bien sucrée, avec une fine
saveur de Sauvignon; peau épaisse, peu résistante
à la pourriture, passant du blanc verdâtre au
jaune doré, parfois un peu rosé à la Maturité de
2e époque.

Senasqua. Amérique. [J. P. B.] Bourgeonnement duveteux, d'un roux clair passant au gris
teinté de rose. Feuille moyenne ou sur-moyenne,
glabre et un peu bullée super., garnie infer. d'un
duvet aranéeux compacte, pileux sur les nervures;

sinus supérieurs profonds, les secondaires bien
marqués, celui du pétiole ouvert ; denture assez
large, assez longue, un peu aiguë, finement
mucronée. GRAPPE moyenne ou sous-moyenne,
cylindro-conique, peu serrée, sur un pédoncule
assez long, un peu grêle. GRAIN sur-moyen, globuleux, sur des pédicelles assez longs et forts ;
chair ferme, un peu pulpeuse, assez fortement
foxée ; peau peu épaisse, résistante, d'un noir
foncé pruiné à la MATURITÉ de 2ᵉ époque.

Sercial de Madère. [C. O.] BOURGEONNEMENT
duveteux, légèrement teinté de rose sur les folioles.
FEUILLE moyenne, glabre super. et à peu près
lisse, garnie infer. d'un duvet lanugineux ; sinus
supérieurs profonds, les secondaires bien marqués,
celui du pétiole ouvert. GRAPPE moyenne, cylindro-conique, ailée, un peu lâche. GRAIN moyen,
olivoïde, sur des pédicelles un peu longs et un peu
grêles ; chair un peu molle, sucrée, bien relevée ;
peau fine, assez résistante, passant du vert clair
au jaune un peu doré à la MATURITÉ de 3ᵉ époque.

Sérénèze. Isère. [N.] BOURGEONNEMENT tardif,
d'un grenat clair se rapprochant de celui du *Chasselas*. FEUILLE sur-moyenne, glabre sur les deux
faces, lisse, brillante et d'un vert clair sur la face
supérieure ; sinus supérieurs peu profonds, les

secondaires à peine marqués, celui du pétiole ouvert ; denture assez profonde, aiguë et finement acuminée. Grappe moyenne ou sur-moyenne, longuement cylindro-conique, un peu lâche, sur un pédoncule long, un peu grêle. Grain globuleux, moyen, sur des pédicelles un peu grêles, assez longs ; chair un peu molle, bien sucrée, un peu astringente ; peau un peu mince, résistante, d'un noir foncé pruiné à la Maturité de fin de 2e époque.

Sérine. Côte-Rôtie. [N.] Voir *Sirah de l'Ermitage.*

Servagnin blanc de Seyssel. Savoie et Ain. [P. T.] Feuille à peine moyenne, glabre et presque lisse super., peu ou point duveteuse infer. ; sinus supérieurs assez profonds, les secondaires à peine marqués, celui du pétiole ouvert ; denture un peu large, assez profonde, un peu aiguë, finement acuminée. Grappe moyenne, cylindro-conique, peu serrée, sur un pédoncule un peu court et grêle. Grain moyen ou sur-moyen, courtement ellipsoïde, sur pédicelles assez longs et grêles ; chair un peu ferme, juteuse, un peu astringente ; peau assez épaisse, résistante, d'un blanc jaunâtre à la Maturité de 2e époque hâtive.

Servagnin noir de Seyssel. Synonyme de *Pineau noir.*

Servanin. Isère. Les Avenières. [Dr Gau-
thier.] Bourgeonnement duveteux, d'un roux violacé qui passe au blanc teinté de rose sur le bord
et le revers des folioles. Feuille moyenne ou sur-
moyenne, glabre et à peu près lisse super., garnie
infer., surtout sur les nervures, d'un duvet pileux,
un peu raide ; sinus supérieurs peu ou point marqués, les secondaires à peu près nuls, sinus pétiolaire ouvert ; denture large, courtement aiguë,
finement acuminée. Grappe sur-moyenne ou
grosse, longuement cylindro-conique, un peu
ailée, sur un pédoncule court et fort. Grain sous-
moyen, ellipsoïde, sur pédicelles courts, assez
forts ; chair un peu ferme, juteuse, un peu
sucrée, astringente ; peau assez épaisse, résistante,
d'un beau noir pruiné à la Maturité de 2ᵉ époque
tardive.

Sicilien. Var. [A. P.] Bourgeonnement un peu
duveteux, d'un vert jaunâtre. Feuille moyenne,
glabre et lisse, super. avec duvet pileux, raide à la
face inférieure, surtout sur les nervures ; sinus
supérieurs profonds et fermés, sinus secondaires
bien marqués, sinus pétiolaire fermé ; denture
assez large, courtement aiguë et acuminée. Grappe
moyenne ou sur-moyenne, cylindro-conique, un
peu compacte, parfois ailée, sur un pédoncule de

moyenne force et longueur. GRAIN gros, ellipsoïde, sur des pédicelles forts, assez longs; chair un peu molle, bien juteuse, sucrée, peu relevée; peau un peu épaisse, ferme, résistante, passant du blanc verdâtre au jaune doré à la MATURITÉ de 1re époque.

Silvaner. Vallée du Rhin et du Haut-Danube. [J. B. de D.] BOURGEONNEMENT un peu duveteux, d'un blanc teinté de rose sur les bords et le revers des folioles. FEUILLE moyenne, presque orbiculaire, un peu épaisse, un peu tourmentée, glabre et légèrement bullée super., peu ou point duveteuse infer. ; sinus supérieurs un peu profonds, fermés, les secondaires nuls, celui du pétiole ouvert; denture très peu profonde, assez large, obtuse, très courtement mucronée. GRAPPE moyenne, courtement cylindro-conique, assez serrée, sur un pédoncule court, assez fort. GRAIN moyen, globuleux; chair juteuse, sucrée, à saveur simple, peu relevée; peau un peu épaisse, peu résistante, passant du vert clair au jaune plus ou moins doré à la MATURITÉ de 2e époque hâtive. — Synonymes : *Raisin d'Autriche, Salviner, Zierfandler, Fliagentraube, Rundblatt* (Feuille ronde), etc., etc., en Allemagne, *Gros Plant du Rhin, Gros Rhin, Grande Arvine*, etc., en Suisse.

Simoro. Lorraine. Voir *Noir de Lorraine*.

Sirah de l'Ermitage. Drôme. [N.] Bourgeonnement duveté, blanchâtre, avec une légère
bordure de rouge vineux sur le pourtour des
folioles. Feuille moyenne, d'un vert sombre,
glabre et lisse super., garnie infer. d'un duvet
aranéeux ; sinus supérieurs profonds, les secondaires bien marqués. sinus pétiolaire ouvert ;
denture large, un peu profonde, un peu obtuse et
courtement acuminée. Grappe sur-moyenne,
cylindro-conique, ailée, peu serrée, sur un pédoncule assez long, peu fort. Grain moyen, ellipsoïde, sur des pédicelles assez longs, un peu forts ;
chair un peu ferme, juteuse, sucrée, bien relevée ;
peau fine, assez résistante, passant au noir pruiné
à la Maturité de 2ᵉ époque. — Synonymes :
*Sérine, Petite Sirah, Candive, Hignin, Morsanne
noire, Sérène, Bióne, Plant de la Biaune*, etc.

Siramuse. Drôme. Vignobles de Saillans.
[A. R.] Bourgeonnement un peu duveteux, d'un
blanc jaunâtre. Feuille grande, lisse et glabre
super., garnie infer. d'un léger duvet floconneux ;
sinus supérieurs bien marqués, les secondaires à
peu près nuls, celui du pétiole fermé ou à peu
près ; denture peu profonde, courtement aiguë et
finement acuminée. Grappe sur-moyenne, un peu

cylindro-conique, sur un pédoncule assez long et de moyenne force. GRAIN moyen, globuleux, sur des pédicelles un peu longs, assez forts; chair ferme, juteuse, un peu astringente; peau assez épaisse, résistante, d'un noir foncé pruiné à la MATURITÉ de 2ᵉ époque tardive.

Siranié. Drôme. Romans. [M. Servans.] BOUR-GEONNEMENT duveteux, d'un blanc grisâtre. FEUILLE sur-moyenne, glabre et presque lisse super., garnie infer. d'un duvet aranéeux sur le paren-chyme, pileux, court sur les nervures; sinus supé-rieurs profonds ou assez profonds, un peu ouverts, sinus secondaires marqués, sinus pétiolaire un peu ouvert; denture peu profonde, obtuse, cour-tement mucronée. GRAPPE moyenne, cylindro-conique, parfois ailée, sur un pédoncule assez long et fort. GRAIN moyen, sphéro-ellipsoïde, sur pédicelles assez longs, un peu grêles; peau épaisse, résistante, d'un noir foncé pruiné à la MATURITÉ de 2ᵉ époque tardive; chair un peu ferme, juteuse, sucrée, un peu relevée.

Solferino. [Dʳ H. — Semis Moreau-Robert, 1859.] BOURGEONNEMENT duveteux, fortement teinté de rouge violacé, passant au grenat sur fond vert. FEUILLE moyenne, glabre et un peu bullée super., garnie infer. d'un duvet pileux, court, surtout

sur les nervures ; sinus supérieurs profonds,
étroits, les secondaires marqués, celui du pétiole
ouvert ; denture peu profonde, obtuse, courtement
mucronée. Grappe moyenne, cylindro-conique,
un peu lâche, sur un pédoncule assez long, un
peu grêle. Grain moyen, ellipsoïde, sur des pédicelles longs, un peu grêles ; chair un peu molle,
sucrée, peu relevée ; peau assez épaisse, résistante,
d'un beau jaune à la Maturité de 2ᵉ époque.

Solonis. Amérique. [L. Laliman.] Le *Solonis*
a été une des premières vignes résistantes, multi-
pliées en France pour le greffage de nos vignes
indigènes. Ce cépage y était connu avant l'inva-
sion phylloxérique, et reste toujours un des
plus recommandés, surtout pour les terres argileuses. On le reconnaît aux caractères suivants :
Bourgeonnement duveteux, un peu roux, passant
au gris foncé. Feuille sous-moyenne, légèrement
pourvue super. d'un duvet très court, sensible au
toucher, garnie infer., surtout sur les nervures,
d'un duvet pileux, court ; sinus supérieurs peu ou
point marqués, celui du pétiole ouvert ; lobes très
aigus, surtout le supérieur qui se termine en pointe
aiguë, toujours contournée ; denture finement
acuminée. Grappe très petite, courtement cylindro-
conique. Grain très petit, formé surtout de pépins

relativement gros, enveloppés dans une pulpe
d'une saveur acerbe et désagréable. Ces raisins,
immangeables comme ceux des *Riparia*, sont de
Maturité précoce.

Spana. Piémont. [C. de R.] Voir *Nebiolo*.

Spagnol blanc. Nice. [N.] Feuille grande,
glabre, brillante et à peu près lisse super.,
garnie infer. d'un duvet lanugineux; sinus supérieurs profonds, les secondaires marqués, celui
du pétiole un peu ouvert; denture assez large, un
peu profonde, obtuse et courtement acuminée.
Grappe grosse, cylindro-conique, ailée, sur un
pédoncule long, un peu grêle. Grain sur-moyen
ou gros, globuleux, sur des pédicelles assez longs
et grêles; chair ferme, sucrée, assez relevée; peau
épaisse, assez résistante, d'un beau jaune à la
Maturité de 3e époque.

Spat Malvasier. [C. O.] Bourgeonnement
duveteux, d'un roux légèrement violacé, passant
au vert brillant, jaunâtre et glabre. Feuille sur-
moyenne, glabre et lisse super., légèrement duveteuse infer.; sinus supérieurs assez profonds, les
secondaires marqués, celui du pétiole bien ouvert;
denture un peu large, obtuse et courtement acuminée. Grappe grosse, cylindro-conique, rameuse,

un peu lâche. GRAIN sur-moyen, ellipsoïde, sur des pédicelles longs et un peu grêles ; chair assez ferme, juteuse, assez sucrée, un peu relevée ; peau un peu épaisse, résistante, passant du blanc verdâtre au jaune un peu doré à la MATURITÉ de 3ᵉ époque.

Spiran blanc. Languedoc. [H. B.] BOURGEONNEMENT bien duveteux, blanchâtre. FEUILLE moyenne, glabre et à peu près lisse super., garnie infer. d'un duvet lanugineux, plus ou moins compacte ; sinus supérieurs profonds et fermés, les secondaires assez marqués, ouverts ; sinus pétiolaire presque fermé ; denture assez profonde, un peu aiguë, finement mucronée. GRAPPE moyenne, cylindro-conique, un peu serrée, sur un pédoncule assez long, un peu grêle. GRAIN moyen, ellipsoïde, sur des pédicelles verruqueux, un peu courts, assez forts ; chair molle, juteuse, un peu sucrée, légèrement relevée par une saveur de Sauvignon ; peau un peu fine, résistante, passant du vert clair au jaune un peu foncé à la MATURITÉ de 3ᵉ époque. — Ce *Spiran* n'a pas les mêmes caractères que le *Spiran gris* et le *Spiran noir*. Il doit sans doute porter un autre nom que nous n'avons pu découvrir.

Spiran gris. Languedoc. [H. B.] Le BOUR-

GEONNEMENT de ce *Spiran* est d'une nuance un peu plus claire que celle du suivant, et son GRAIN, au lieu d'être noir, passe au rose foncé, grisâtre à la MATURITÉ. Par tous les autres caractères, ces deux cépages se ressemblent.

Spiran noir. Languedoc. [H. B.] BOURGEON-NEMENT duveteux, d'un rouge violacé, passant au vert grenat teinté de rouge clair sur le pourtour et le revers des folioles. FEUILLE moyenne, glabre super., garnie infer., surtout sur les nervures, d'un léger duvet lanugineux; sinus supérieurs profonds, plus ou moins ouverts, les secondaires marqués, celui du pétiole presque fermé; denture profonde, assez large, courtement acuminée. GRAPPE moyenne ou sur-moyenne, cylindro-conique, un peu serrée, sur un pédoncule moyen. GRAIN sur-moyen, sphéro-ellipsoïde; chair juteuse, sucrée, bien relevée, agréable; peau fine, un peu translucide, d'un noir rougeâtre bien pruiné à la MATURITÉ de 3° époque.

Sulivan blanc. [D. H. — Semis Moreau-Robert, 1851.] BOURGEONNEMENT d'un roux clair qui passe au blanc duveteux, nuancé de rose violacé. FEUILLE sur-moyenne, glabre et à peu près lisse super., couverte à la page inférieure d'un duvet pileux, abondant; sinus supérieurs profonds, fermés, sinus secondaires bien marqués, celui du pétiole ouvert; denture assez large, un peu obtuse sur les lobes inférieurs, assez aiguë et finement acuminée sur le lobe supérieur. GRAPPE grosse, longuement cylindro-conique, peu serrée, sur un pédoncule long ou très long, un peu grêle. GRAIN sur-moyen, sphéro-ellipsoïde, sur des pédicelles longs et peu forts; chair tendre, juteuse, sucrée, peu relevée; peau mince, un peu translucide, passant du vert clair au jaune un peu foncé à la MATURITÉ de 2ᵉ époque hâtive.

Sultanieh. Anatolie. Smyrne. [P. d'A.] BOUR-GEONNEMENT passant du roux clair, un peu duveteux, au vert jaunâtre. FEUILLE sur-moyenne, glabre et presque lisse super., bien garnie infer. d'un duvet lanugineux. GRAPPE sur-moyenne, cylindro-conique, un peu lâche, sur un pédoncule un peu long, assez fort. GRAIN moyen ou sous-moyen, ellipsoïde, presque olivoïde, sans pépins, sur des pédicelles assez longs et assez forts; chair bien juteuse, bien sucrée, assez relevée; peau assez fine, bien résistante, d'un jaune doré à la MATURITÉ de 2ᵉ époque tardive. — Synonymes : *Sultan, Sultanina, Ezékerdeksiz des Turcs.*

Surin. Indre-et-Loire. [C. O.] Voir *Sauvignon jaune.*

Tachat. Jura. [C. R.] Voir *Teinturier du Cher*.

Tadone bianco. Piémont. [C. de R.] Cette variété, nous écrit M. de Rovasenda, n'a aucune valeur ; elle n'a pas les mêmes caractères que la variété noire.

Tadone nero. Piémont. Vallée du Tanaro. [C. de R.] Bourgeonnement un peu duveteux, blanchâtre. Feuille grande, presque plane et glabre super., avec le lobe supérieur se terminant en pointe aiguë, un peu duveteuse infer. ; sinus supérieurs assez profonds, étroits, sinus pétiolaire fermé ; denture assez profonde et aiguë. Grappe grosse, cylindro-conique, un peu rameuse, assez serrée, ailée. Grain moyen ou sur-moyen, chair ferme, bien sucrée, juteuse, assez relevée ; peau un peu épaisse, assez résistante, d'un noir foncé pruiné à la Maturité de 2e époque tardive. — Vigne très estimée pour le vin dans la région où elle se cultive.

Talb their (Œil de l'oiseau). Algérie. Cette variété n'a pas fructifié dans nos collections.

Tallardier. Hautes-Alpes. Voir *Molard*.

Taloche. [D. H.] Feuille moyenne, glabre et à peu près lisse super., presque glabre infer. ;

sinus supérieurs un peu profonds, les secondaires marqués, celui du pétiole ouvert ; denture peu profonde, peu aiguë, finement acuminée. GRAPPE moyenne, cylindro-conique, un peu serrée, sur un pédoncule un peu court et un peu grêle. GRAIN sur-moyen, courtement ellipsoïde, sur un pédicelle assez long, un peu grêle ; chair un peu molle, bien sucrée ; peau un peu fine, assez résistante, passant du blanc verdâtre au jaune doré à la MATURITÉ de 2e époque.

Tannat noir femelle. Hautes-Pyrénées. [Frc.] Ce cépage ne nous paraît pas différer du *Tannat noir mâle*.

Tannat noir mâle. Hautes-Pyrénées. [Frc.] BOURGEONNEMENT duveteux, blanchâtre, passant au vert jaune plus ou moins foncé. FEUILLE moyenne, glabre super., un peu révolutée et garnie infer. sur les nervures d'un duvet pileux, court, assez compacte ; sinus supérieurs marqués, les secondaires presque nuls, celui du pétiole étroit ; denture peu profonde, assez large, finement acuminée. GRAPPE sur-moyenne, cylindro-conique, assez serrée, sur un pédoncule assez court, de moyenne force. GRAIN moyen, globuleux, sur pédicelle court et assez fort ; chair un peu ferme, juteuse, un peu astringente, assez sucrée, à saveur simple ; peau épaisse, résistante, d'un noir foncé pruiné à la MATURITÉ de 2e époque.

Tarnay coulant. Bordelais. [D'A.] BOUR-GEONNEMENT un peu duveteux, passant du roux au grenat clair un peu teinté de rose sur les bords. FEUILLE moyenne, un peu tourmentée et bour-soufllée, glabre super., parsemée infer. d'un duvet aranéeux ; sinus supérieurs profonds ou bien profonds, les secondaires bien marqués, sinus pétiolaire étroit. GRAPPE petite, cylindro-conique, peu serrée. GRAIN moyen, globuleux, sur des pédi-celles assez longs, assez forts ; chair juteuse, sucrée, assez relevée ; peau assez épaisse, résis-tante, d'un noir foncé pruiné à la MATURITÉ de 2e époque tardive.

Tav Tsitela (Tête rouge). Caucase. [B. de L.] BOURGEONNEMENT duveteux, d'un blanc jaunâtre teinté de rose sur le pourtour des folioles ; flo-raison très hâtive, comme chez les Riparias. FEUILLE moyenne, glabre et à peu près lisse super., garnie infer. d'un duvet lanugineux ; sinus supérieurs profonds, les secondaires un peu marqués, celui du pétiole ouvert. GRAPPE moyenne, longuement cylindro-conique, un peu serrée, sur un pédoncule assez long, un peu fort. GRAIN moyen, ellipsoïde, sur un pédicelle assez

fort, verruqueux ; chair un peu ferme, juteuse ;
peau épaisse, assez peu résistante, passant au
vert jaunâtre à la Maturité de 3ᵉ époque.

Taylor ou **Bullit**. Amérique. [J. P. B.] Bourgeonnement peu duveteux, roussâtre, teinté de
rose. Feuille moyenne, glabre sur les deux faces ;
sinus supérieurs peu profonds ou seulement
marqués, sinus secondaires à peu près nuls, sinus
pétiolaire bien ouvert ; denture large, longue,
aiguë. Grappe très petite, très sujette à la coulure,
cylindrique, arrondie. Grain petit ou très petit,
globuleux ; chair légèrement pulpeuse, à saveur
spéciale peu agréable ; peau assez ferme, bien
résistante, d'un beau jaune passant parfois au
rose à la Maturité de 1ʳᵉ époque. — Variété
d'abord très prônée, puis abandonnée bien à tort
comme producteur direct. Dans certains terrains,
les argilo-siliceux par exemple, elle réussit fort
bien.

Tchitilouri. Caucase. [B. de L.] Bourgeonnement duveté, blanc sur un fond vert jaunâtre.
Feuille moyenne, glabre et plane super., garnie
infer. d'un duvet aranéeux ; sinus supérieurs bien
marqués, les secondaires presque nuls, celui du
pétiole presque fermé. Grappe sur-moyenne ,
cylindro-conique, ailée, sur un pédoncule fort,

assez long. GRAIN moyen, ellipsoïde, sur pédicelle assez fort et verruqueux; chair assez ferme, juteuse, un peu sucrée; peau assez mince, résistante, d'un vert jaunâtre à la MATURITÉ de 3ᵉ époque.

Teinturier du Cher ou **Teinturier femelle.** [N.] Cette variété diffère du *Teinturier mâle* par sa feuille d'un vert foncé qui ne tourne au rouge qu'au moment de la MATURITÉ et par son jus d'un rouge vif bien moins foncé que celui de ce dernier. Le *Teinturier*, sans être fertile et vigoureux, l'est plus que le *Teinturier mâle*. Ces *Teinturiers* sont aujourd'hui abandonnés un peu partout depuis que M. Bouschet de Bernard a obtenu ses hybrides à jus rouge.

Teinturier mâle ou **Teinturier à bois rouge.** [C. O.] BOURGEONNEMENT bien duveteux, passant du blanc au rouge violacé foncé. FEUILLE sous-moyenne ou petite, d'un rouge sombre dès son premier épanouissement, presque lisse super., garnie infer. d'un léger duvet filamenteux; sinus supérieurs profonds, les secondaires bien marqués, sinus pétiolaire presque fermé, denture peu profonde, assez aiguë. GRAPPE petite, courtement cylindrique, sur un pédoncule court, assez fort. GRAIN petit, à peu près globuleux, sur pédicelle

court et grêle; chair ferme, un peu pulpeuse,
d'un rouge sanguin très foncé, peu sucrée, peu
relevée; peau épaisse, bien résistante, riche en
matière colorante, d'un noir intense légèrement
pruiné à la Maturité de 1ʳᵉ époque. — Le *Teinturier mâle* est caractérisé par la couleur rouge
foncé de son jus et par la moëlle rouge du sarment.

Ténéron de Vaucluse. [N.] Bourgeonnement bien duveté, blanchâtre. Feuille grande,
tourmentée, bullée, à peu près glabre super.,
garnie infer. d'un duvet floconneux; sinus supérieurs profonds, les secondaires bien marqués,
celui du pétiole fermé; denture large, obtuse,
courtement acuminée. Grappe grosse, cylindro-
conique, rameuse, ailée, un peu lâche, sur un
pédoncule long, assez fort. Grain gros, olivoïde,
sur pédicelle grêle et long; chair ferme, assez
juteuse, un peu sucrée, peu relevée; peau épaisse,
opaque, assez résistante, passant du blanc verdâtre au jaune un peu doré à la Maturité de
3ᵉ époque tardive.

Ténéron rouge de Vaucluse. [N.] Bourgeonnement presque glabre, d'un vert jaunâtre.
Feuille grande ou très grande, presque plane,
lisse et glabre super., sans duvet infer.; sinus
supérieurs marqués, les secondaires presque nuls,

celui du pétiole fermé ou presque fermé ; denture très large, profonde, un peu obtuse. GRAPPE très grosse ou grosse, cylindro-conique, rameuse, sur un pédoncule long et grêle. GRAIN gros ou très gros, de forme ovoïde, allongé, déprimé au point pistillaire ; pédicelle assez long, un peu fort ; chair ferme, un peu juteuse, sucrée ; peau assez mince, bien résistante, d'un rouge un peu violacé à la MATURITÉ de 4e époque. — Cette variété, que nous avons décrite sur place à Villelaure (Vaucluse) avec le *Ténéron de Cadenet*, n'a aucun rapport avec ce dernier. Le *Ténéron rouge* se rapproche beaucoup de la variété vendue par les pépiniéristes sous le nom de *Gros Glacier* ou *Glacier rouge*.

Téoulier. Hautes et Basses-Alpes. [N.] BOURGEONNEMENT très duveteux, passant du roux clair au blanc teinté de rose. FEUILLE moyenne, tourmentée, parfois parsemée de filaments duveteux super., garnie infer. d'un duvet aranéeux, pileux sur les nervures ; sinus supérieurs bien profonds, celui du pétiole étroit ; denture assez profonde, large, courtement acuminée. GRAPPE moyenne, cylindro-conique, un peu serrée, sur un pédoncule un peu grêle, assez long. GRAIN moyen, sphéro-ellipsoïde, sur pédicelle assez long, un peu grêle ;

chair ferme, assez juteuse, sucrée, à saveur
simple; peau épaisse, résistante, d'un beau noir
pruiné à la Maturité de 2° époque tardive.

Terrano nero. Lombardie et Vénétie. [C. de
R.] Bourgeonnement duveteux, blanchâtre, avec
une bordure rose sur le pourtour des folioles. —
Cette variété, nous écrit M. de Rovasenda, est
bonne pour la vinification.

Terret gris ou **Terret bourret**. Languedoc. [H. B.] Bourgeonnement duveteux, d'un
blanc grisâtre, passant au vert clair. Feuille
moyenne, glabre et à peu près lisse super., garnie
infer. d'un duvet pileux, court, assez compacte;
sinus supérieurs profonds, étroits, les secondaires
peu marqués, sinus pétiolaire toujours fermé;
denture assez large, assez aiguë, finement mucronée. Grappe grosse, cylindro-conique, sur un
pédoncule fort, de moyenne longueur. Grain sur-
moyen ou gros, sphéro-ellipsoïde, sur pédicelle
assez fort, un peu court; chair ferme, bien
juteuse, sucrée, agréablement relevée, à saveur
simple; peau épaisse, résistante, d'un rose plus ou
moins foncé à la Maturité de 3° époque un peu
tardive. — Le *Terret gris* varie de couleur et
l'on trouve souvent sur le même cep des raisins
gris ou roses, des raisins noirs et des raisins

blancs, ce qui démontre, d'une façon bien évidente, que le *Terret noir* et le *Terret blanc* ne forment avec le *Terret gris* ou *Bourret* qu'un seul et même cépage. La forme grise ou rose est de beaucoup la plus cultivée dans le Languedoc. On estime les *Terret* comme raisins à vin et comme raisins de table.

Thal Burger. Alsace. [B. S.] Bourgeonnement duveteux, blanchâtre, passant au jaune verdâtre. Feuille sur-moyenne, bullée et glabre super., garnie infer. d'un duvet lanugineux ; sinus supérieurs peu profonds, les secondaires à peu près nuls, sinus pétiolaire le plus souvent fermé ; denture peu profonde, peu aiguë. Grappe moyenne, un peu cylindro-conique, sur un pédoncule un peu court. Grain moyen, globuleux ; chair un peu molle, bien juteuse, assez sucrée ; peau un peu mince, peu résistante, passant du blanc verdâtre au jaune un peu doré à la Maturité de 2ᵉ époque.

Tibourin blanc. Var. [A. P.] Cette variété ne diffère de la suivante que par la couleur blanche de ses grappes.

Tibourin noir. Var. [A. P.] Bourgeonnement d'un roux très clair, passant au blanc bien duveteux, puis au vert jaunâtre brillant. Feuille sur-moyenne, glabre et à peu près lisse super., garnie infer. d'un duvet lanugineux ; sinus supérieurs très profonds, bien ouverts, les secondaires profonds et ouverts, celui du pétiole largement ouvert ; denture étroite et aiguë. GRAPPE moyenne, cylindro-conique, un peu rameuse, sujette à la coulure, peu serrée ou lâche, sur un pédoncule assez long, un peu grêle. GRAIN moyen, presque globuleux ; chair ferme, sucrée et relevée ; peau mince, résistante, d'un noir rougeâtre pruiné à la MATURITÉ de 3e époque. Le *Tibourin* est estimé dans le Var comme raisin de table. — Synonymes : *Antibourin, Tiboulin*.

Tinta da Minha. Portugal. [C. de R.] BOURGEONNEMENT tomenteux, blanchâtre, un peu teinté de rose. FEUILLE moyenne ou sur-moyenne, tourmentée, presque lisse super., tomenteuse et rugueuse infer. ; sinus supérieurs peu profonds, sinus secondaires à peu près nuls, sinus pétiolaire bien fermé ; denture assez profonde, un peu obtuse. GRAPPE moyenne, cylindro-conique, un peu serrée, sur un pédoncule un peu court, assez fort. GRAIN moyen ou sur-moyen, légèrement ovoïde, sur pédicelle un peu fort, assez court ; chair ferme, croquante, bien sucrée et relevée ;

peau assez mince, résistante, d'un noir bien pruiné
à la MATURITÉ de 3ᵉ époque.

Tiru biancu ou **Tiro bianco**. Etna. [B. M.]
BOURGEONNEMENT duveté, blanchâtre. FEUILLE
moyenne, tourmentée, glabre et bullée super.,
garnie infer. d'un duvet pileux, assez compacte;
sinus supérieurs profonds, fermés ou étroits, les
secondaires bien marqués, celui du pétiole toujours
fermé; denture large, obtuse, finement acuminée.
GRAPPE moyenne assez serrée, cylindro-conique,
sur un pédoncule assez court, un peu grêle. GRAIN
moyen, sphéro-ellipsoïde, déprimé au point pistillaire, sur un pédicelle un peu court, un peu grêle;
chair ferme, sucrée, assez juteuse; peau épaisse,
résistante, d'un blanc jaunâtre un peu pruiné à la
MATURITÉ de 2ᵉ époque tardive.

Tita Vachina. Sardaigne. [B. M.] BOURGEON-
NEMENT d'un roux très clair, passant au vert brillant jaunâtre. FEUILLE sur-moyenne ou grande,
glabre sur les deux faces; sinus supérieurs assez
profonds, les secondaires marqués, celui du pétiole
un peu ouvert; denture peu profonde, obtuse,
courtement acuminée. GRAPPE sur-moyenne, cylindro-conique, un peu rameuse, un peu lâche, sur
pédoncule assez long, un peu grêle. GRAIN gros,
ellipsoïde; chair ferme, croquante, un peu pul-

peuse, sucrée et relevée ; peau épaisse, résistante, passant du blanc de cire au jaune doré à la Maturité de 4e époque.

Touriga. Portugal. [C. de V. M.] Bourgeonnement duveteux, blanchâtre, teinté de rouge sur le bord des folioles. Feuille grande, presque plane et lisse super., un peu duveteuse infer. ; sinus profonds laissant un vide arrondi à leur base ; denture assez profonde, aiguë. Grappe moyenne, cylindro-conique, sur un pédoncule long, un peu gros. Grain moyen, ellipsoïde, sur pédicelle long, un peu fort et verruqueux ; chair un peu molle, juteuse, sucrée, un peu relevée ; peau mince, assez résistante, d'un noir foncé à la Maturité de 2e époque. — La vigne *Touriga* est une des plus estimées et des plus cultivées dans la vallée du Douro pour la vinification.

Tournerin. Isère. Latour-du-Pin. Voir *Mondeuse*.

Toussan. Lot-et-Garonne. [D'l. de M.] Bourgeonnement duveteux, blanchâtre. Feuille grande, glabre et presque lisse super., parsemée infer. d'un duvet aranéeux peu compacte ; sinus supérieurs et secondaires bien marqués, sinus pétiolaire bien ouvert ; denture fine, peu profonde, finement acuminée. Grappe grosse, cylindro-conique, ailée, assez serrée, sur un pédoncule assez fort. Grain moyen, globuleux, sur pédicelle un peu long et grêle ; chair bien juteuse, sucrée, à saveur simple ; peau un peu mince, assez résistante, d'un beau noir pruiné à la Maturité de 3ᵉ époque.

Traminer. Alsace et Allemagne. Voir *Savagnin du Jura*.

Tramontaner. Alsace. [B. S.] Variété de *Chasselas rose* qui se rapproche beaucoup de ce dernier, mais qui en diffère cependant par la teinte plus foncée de sa grappe et surtout par ses feuilles qui se teintent d'un rouge clair à l'époque de la Maturité.

Trebbiano de Toscane. [B. M. — C. de R.] Bourgeonnement très duveteux, passant au blanc légèrement rosé. Feuille sous-moyenne, presque lisse, glabre super., garnie infer. d'un duvet lanugineux ; sinus supérieurs peu ou point marqués, les secondaires peu apparents, sinus pétiolaire étroit ou fermé ; denture fine, inégale, peu profonde, assez aiguë. Grappe sur-moyenne, un peu cylindro-conique, ailée, assez serrée, sur un pédoncule long, un peu grêle. Grain sous-moyen, à peu près globuleux, sur pédicelle grêle, assez long; chair juteuse, un peu acerbe, peu sucrée, assez relevée; peau épaisse, résistante, d'un beau jaune à la Maturité de 3e époque tardive. — Synonymes : *Ugni blanc*, de Provence, *Roussan*, de Nice. — Cette variété, qui est très estimée en Italie comme raisin à vin et comme raisin de conserve, mûrit mal dans le centre de la France ; son fruit y reste toujours acide et peu agréable.

Tressalier. Allier. [C. O.] Bourgeonnement duveteux, blanchâtre, un peu teinté de rose. Feuille sous-moyenne, un peu bullée, presque plane, glabre super., garnie infer. d'un duvet aranéeux; sinus supérieurs un peu marqués, les secondaires nuls, celui du pétiole ouvert; denture un peu large, assez aiguë. Grappe moyenne, cylindro-conique, un peu serrée, sur un pédoncule assez fort, de moyenne longueur. Grain moyen, globuleux, sur des pédicelles longs, assez forts et verruqueux; chair assez ferme, un peu filandreuse, assez sucrée, un peu relevée; peau assez fine, assez résistante, passant du blanc verdâtre au jaune doré parfois teinté de rose à la Maturité de 2e époque hâtive.

Tressot. Yonne. [D. D.] Bourgeonnement duveteux, teinté de grenat. Feuille sur-moyenne ou grande, tourmentée, bullée, glabre super., garnie infer. d'un duvet pileux, court et rude; sinus supérieurs profonds, les secondaires bien marqués, celui du pétiole un peu ouvert; denture large, assez aiguë, finement acuminée. GRAPPE sur-moyenne, cylindro-conique, ailée, peu serrée, sur un pédoncule assez long. GRAIN moyen, globuleux; chair bien juteuse, sucrée; un peu astringente; peau un peu mince, assez résistante, d'un noir violacé pruiné à la MATURITÉ de 2° époque.

Tressot panaché. [H. M.] BOURGEONNEMENT un peu duveteux, d'un blanc jaunâtre, passant au vert lisse brillant sur la jeune feuille. FEUILLE sur-moyenne, glabre super., garnie infer. d'un duvet pileux sur les nervures, aranéeux sur le parenchyme; sinus supérieurs profonds, les secondaires bien marqués, celui du pétiole ordinairement fermé; denture assez large, peu profonde, un peu aiguë, finement mucronée. GRAPPE moyenne, un peu longuement cylindro-conique, un peu lâche, sur un pédoncule assez long, un peu grêle. GRAIN moyen, globuleux, très variable de couleur, tan-tôt blanc, tantôt noir, tantôt moitié blanc et noir. Il arrive aussi que sur le même cep on trouve des grappes complètement blanches ou complètement noires. MATURITÉ de 2° époque.

Trézillon de Hongrie. [B. S.] Alsace. Voir *Meunier*.

Triga bianca. Sardaigne. [B. M.] Bourgeonnement presque glabre, d'un vert clair. Feuille
sur-moyenne, un peu tourmentée, glabre et à peu
près lisse super., sans duvet infer. ; sinus supérieurs assez profonds, le plus souvent fermés,
sinus secondaires marqués, celui du pétiole étroit
ou fermé ; denture large, peu profonde, obtuse et
grossièrement mucronée. Grappe grosse, cylindro-
conique, rameuse, un peu lâche, sur un pédoncule fort. Grain gros ou très gros, olivoïde,
déprimé au point d'attache, sur pédicelle long, un
peu grêle ; chair ferme, juteuse, assez sucrée ;
peau fine, résistante, d'un blanc légèrement jaunâtre qui passe au jaune doré à la Maturité complète de 4ᵉ époque.

Trinchiera. Nice. [N.] Feuille moyenne,
glabre et à peu près lisse super., bien garnie
infer. d'un duvet lanugineux ; sinus supérieurs
bien marqués, les secondaires presque nuls, sinus
pétiolaire un peu ouvert ; denture un peu large,
assez aiguë. Grappe grosse ou sur-moyenne, cylindro-conique, un peu rameuse, bien ailée, sur un
pédoncule fort. Grain sur-moyen, globuleux ou
presque globuleux, sur pédicelle un peu court et
assez grêle ; chair un peu ferme, juteuse, un peu
astringente ; peau un peu épaisse, bien résistante,

d'un noir foncé bien pruiné à la Maturité de 3ᵉ époque.

Trippa di bo bianca. Vallée du Tanaro. Asti. [M. I.] Bourgeonnement légèrement duveteux ou presque glabre, d'un blanc verdâtre. Feuille moyenne ou sur-moyenne, presque orbiculaire, glabre et presque lisse super., très légèrement duveteuse infer.; sinus supérieurs bien marqués, celui du pétiole ordinairement ouvert. Grappe grosse, rameuse, cylindro-conique, sur un pédoncule long, assez fort. Grain gros, ellipsoïde, sur pédicelle court, assez fort; chair ferme, assez juteuse, sucrée, agréable; peau assez épaisse, résistante, d'un blanc d'albâtre qui passe au jaune clair à la Maturité de 4ᵉ époque. Ce raisin, de belle apparence, se cultive surtout comme raisin de table et de conserve aux environs d'Asti. La *Trippa rossiccia* et la *Trippa nera* ne diffèrent de la *Trippa di bo bianca* que par la couleur de leur grappe.

Triumph. Amérique. [I. B. et M.] Bourgeonnement duveteux, d'un roux clair, bordé d'un liseré rose sur le pourtour des folioles. Feuille sur-moyenne, un peu bullée, à peu près orbiculaire, glabre super., garnie infer. d'un duvet lanugineux, compacte; sinus supérieurs peu ou point marqués, celui du pétiole le plus souvent fermé ; denture courte, peu aiguë. GRAPPE sur-moyenne ou grosse, assez serrée, longuement cylindro-conique, sur un pédoncule fort et assez long. GRAIN moyen, globuleux ou à peu près globuleux, sur pédicelle court, un peu verruqueux ; chair un peu pulpeuse, assez sucrée, bien foxée ; peau épaisse, assez résistante, d'un blanc verdâtre qui passe au jaune un peu doré à la MATURITÉ de 3e époque.

Trollinger. Allemagne. Voir *Frankenthal*.

Trousseau. Jura. [C. R.] BOURGEONNEMENT tomenteux, teinté de pourpre. FEUILLE moyenne, presque orbiculaire, rugueuse et un peu bullée super., garnie infer. d'un duvet aranéeux ; sinus supérieurs peu profonds ; sinus secondaires à peine marqués, sinus pétiolaire fermé ; denture large, peu profonde, obtuse, courtement acuminée. GRAPPE moyenne, cylindro-conique, assez compacte, sur un pédoncule court et fort. GRAIN moyen, courtement ellipsoïde, sur un pédicelle court, assez fort ; chair un peu ferme, juteuse, bien sucrée, à saveur simple ; peau épaisse, assez peu résistante, d'un noir violacé pruiné à la MATURITÉ de première 2e époque.

Tunis blanc. **Tunis bianco**. Sardaigne.

[B. M.] Bourgeonnement duveteux, blanchâtre.
Feuille sur-moyenne, légèrement garnie super.
d'un léger duvet pileux, court, sensible au toucher, mais presque imperceptible, bien garnie
infer. d'un duvet pileux, bien compacte; sinus
supérieurs bien profonds, fermés, les secondaires
bien marqués, peu ouverts, celui du pétiole le plus
souvent fermé; denture assez profonde, un peu
large, obtuse et courtement mucronée. Grappe
moyenne, cylindro-conique, rameuse, un peu
lâche, sur un pédoncule très long et grêle. Grain
moyen, courtement ellipsoïde, sur un pédicelle
assez long, un peu grêle; chair ferme, juteuse,
assez sucrée, à saveur simple; peau assez épaisse,
résistante, d'un blanc verdâtre, passant au jaune à
la Maturité de 3e époque tardive.

Tzeker de Ksiz des Turcs. Smyrne. Voir
Sultanieh.

Ugni blanc. Provence. Voir *Trebbiano* de
Toscane. Contrairement à ce que nous avons
affirmé dans le Vignoble, le *Trebbiano* de Toscane
ou de Florence est bien synonyme de l'*Ugni blanc*
de Provence, *Rossan* de Nice.

Ugni noir. Provence. [A. P.] Voir *Aramon*.

Ulliade blanc. Synonymes : *Gallet, Picardan, Aragnan blanc*.

Ulliade à gros grains. Var. [H. B.] Voir
Passerille à gros grains.

Ulliade noir. Languedoc. [H. H.] (*Ulliade
vrai* et non *Boudalès*.) Bourgeonnement très
duveteux, blanchâtre, passant à la teinte vert
grenat. Feuille moyenne, glabre et presque plane
super., parsemée infer. d'un duvet aranéeux;
sinus supérieurs assez profonds, les secondaires
marqués, celui du pétiole un peu ouvert; denture
un peu large, assez profonde, un peu aiguë.
Grappe moyenne ou un peu sur-moyenne, peu
serrée, cylindro-conique, sur un pédoncule long,
assez fort. Grain sur-moyen, courtement ellipsoïde; chair molle, juteuse, peu sucrée, peu
relevée; peau un peu épaisse, peu résistante,
d'un beau noir légèrement pruiné à la Maturité
de 2e époque.

Union Village. Amérique. [J. P. B.] Feuille
grande ou très grande, glabre et presque lisse
super., garnie infer. d'un duvet court, assez
compacte; sinus supérieurs marqués, les secondaires à peu près nuls, celui du pétiole un peu
ouvert; denture courte, fine et aiguë. Grappe
moyenne, un peu cylindro-conique, serrée. Grain
gros, globuleux ou à peu près globuleux; chair
pulpeuse, foxée, assez sucrée; peau épaisse, bien

résistante, d'un noir foncé pruiné à la MATURITÉ
de 2ᵉ époque. — Synonymes : *Ontario, Shaker*.
— Variété aujourd'hui abandonnée.

Uva di San Pietro. Piémont. [C. de R.]
BOURGEONNEMENT d'un vert clair, presque glabre.
FEUILLE moyenne, tourmentée, glabre et presque
lisse super., sans duvet apparent infer. ; sinus
supérieurs assez profonds, les secondaires marqués, celui du pétiole bien fermé ; denture un
peu large, assez aiguë. GRAPPE sur-moyenne,
cylindro-conique, ailée, un peu lâche, sur un
pédoncule assez long. GRAIN sur-moyen ou gros,
sphéro-ellipsoïde ; chair ferme, assez juteuse,
sucrée, peu relevée ; peau épaisse, résistante,
d'un blanc jaunâtre à la MATURITÉ de 3ᵉ époque.
Raisin de table.

Uva gaira rossa. [B. M.] BOURGEONNEMENT
glabre, d'un vert clair. FEUILLE moyenne ou sur-
moyenne, glabre et lisse super., sans duvet infer. ;
sinus supérieurs profonds, les secondaires bien
marqués, celui du pétiole fermé ; denture assez
large, obtuse, courtement mucronée. GRAPPE
grosse, rameuse, cylindro-conique, un peu lâche,
pédoncule assez long et grêle. GRAIN gros, ellipsoïde ; chair très ferme, croquante, un peu astrin-

gente ; peau épaisse, résistante, d'un beau **rouge** pruiné à la Maturité de 3ᵉ époque.

Uva gentile nera. Naples. [B. M.] Feuille moyenne ou sous-moyenne, glabre et à peu près lisse super., imperceptiblement garnie infer., sur les nervures, d'un duvet pileux, très court et rude ; sinus supérieurs profonds, les secondaires bien marqués, celui du pétiole bien ouvert ; denture un peu profonde, assez aiguë. Grappe sous-moyenne, cylindro-conique, un peu ailée, sur un pédoncule un peu long et grêle. Grain sous-moyen, ellipsoïde, sur pédicelle un peu long et grêle ; chair un peu ferme, juteuse et sucrée ; peau d'un noir pruiné à la Maturité de 3ᵉ époque.

Uva Moscatello. Sicile. [B. M.] Sous ce nom, nous avons reconnu le *Muscat de Frontignan* ou *Muscat jaune commun*.

Uva pane. Naples. [B. M.] Bourgeonnement d'un roux clair passant au blanc un peu duveteux. Feuille moyenne, glabre et à peu près lisse super., sans duvet infer. ; sinus supérieurs profonds, sinus secondaires bien marqués, sinus pétiolaire ouvert ; denture assez large, brusquement et obtusément acuminée. Grappe sur-moyenne, rameuse, cylindro-conique. Grain moyen, globuleux ; chair assez ferme, juteuse et sucrée, à saveur simple ; peau un peu épaisse, résistante, d'un noir pruiné à la Maturité de 2ᵉ époque tardive.

Uva parese. Abruzzes. [B. M.] Bourgeonnement roussâtre, teinté de rose sur le pourtour des folioles. Feuille moyenne, glabre et légèrement bullée super., garnie infer., sur les nervures, d'un duvet pileux, rude ; sinus supérieurs profonds, les secondaires marqués ; denture assez profonde, aiguë. Grappe moyenne, cylindro-conique, un peu compacte. Grain sous-moyen, courtement ellipsoïde ; chair un peu molle, juteuse et sucrée ; peau un peu épaisse, d'un jaune doré à la Maturité de 3ᵉ époque.

Uva prugna. Basilicate. [B. M.] Bourgeonnement à peu près glabre, d'un jaune verdâtre passant au vert foncé brillant. Feuille moyenne, glabre et à peu près lisse super., sans duvet apparent infer. ; sinus supérieurs assez profonds, les secondaires marqués, celui du pétiole toujours très ouvert ; denture large, obtuse et grossièrement mucronée. Grappe moyenne ou sur-moyenne, cylindro-conique, peu serrée, pédoncule assez long, un peu grêle. Grain gros, courtement ellipsoïde, sur pédicelle long et grêle ;

chair ferme, sucrée, agréablement relevée; **peau**
épaisse, résistante, d'un beau jaune pruiné à la
Maturité de 2e époque. — Très bon et beau
raisin de table de moyenne fertilité.

Uva rara. Haut-Piémont. Novarais. [C. de
R.] Bourgeonnement très duveteux, blanchâtre,.
légèrement teinté de rose sur le bord des folioles.
Feuille moyenne, convexe et à peu près lisse
super., garnie infer. d'un duvet mou; sinus
supérieurs assez profonds, les secondaires plus
ou moins marqués, celui du pétiole ordinairement
ouvert; denture profonde, assez aiguë. Grappe
sur-moyenne, un peu lâche ou lâche, rameuse,
sur pédoncule assez long et assez fort. Grain
moyen ou sur-moyen, globuleux, sur pédicelle
assez fort; chair un peu ferme, sucrée, agréable,
à saveur simple; peau épaisse, assez résistante,
d'un noir bleuâtre pruiné à la Maturité de
3e époque.

Uva regina bianca. [B. M.] Voir *Regina*
bianca.

Uva regina. Hongrie. [J. P.] Voir *Chasselas*
rose royal.

Uva santa. Sardaigne. [B. M.] Bourgeonnement duveteux, blanchâtre, un peu rosé sur le

bord des folioles. Feuille moyenne, glabre et lisse super., sans duvet apparent infer.; sinus supérieurs un peu profonds, les secondaires à peine marqués, sinus pétiolaire un peu ouvert; denture large, profonde, finement acuminée. Grappe grosse, cylindro-conique, un peu lâche, sur pédoncule assez long, fort et ligneux. Grain gros, ellipsoïde, sur pédicelle assez long, un peu grêle; chair ferme, croquante, bien sucrée, à saveur simple; peau épaisse, bien résistante, d'un beau noir pruiné à la Maturité de 3ᵉ époque.

Uva santa Sofia. [B. M.] Bourgeonnement peu duveteux, d'un roux clair passant au jaune verdâtre. Feuille moyenne, d'un vert foncé, glabre et à peu près lisse super., parsemée infer. d'un léger duvet floconneux; sinus supérieurs très profonds, les secondaires bien marqués, celui du pétiole toujours bien ouvert; denture large, très longue, obtusément acuminée. Grappe moyenne, cylindro-conique, assez longue, sur pédoncule long et grêle. Grain moyen, globuleux; chair assez ferme, sucrée, à saveur simple; peau un peu épaisse, résistante, d'un noir un peu violacé à la Maturité de 3ᵉ époque.

Valais noir. Jura. [C. R.] Bourgeonnement duveteux, grisâtre. Feuille moyenne, d'un vert pâle, glabre super., légèrement aranéeuse infer., pileuse sur les nervures ; sinus supérieurs profonds, sinus secondaires bien marqués, sinus pétiolaire ouvert ; denture assez large, peu profonde et obtusée. GRAPPE moyenne, cylindroconique, peu serrée, sur pédoncule peu long et un peu grêle. GRAIN moyen, globuleux, sur un pédicelle long et un peu grêle ; chair un peu consistante, juteuse, assez sucrée, un peu astringente ; peau assez épaisse, résistante, passant du rouge clair au noir pruiné à la MATURITÉ de 2e époque hâtive.

Valentino. Piémont. [C. de R.] BOURGEONNEMENT duveteux, d'un blanc verdâtre. FEUILLE moyenne, plane, un peu duveteuse infer. ; sinus presque nuls ; denture un peu étroite, aiguë. GRAPPE grosse, longuement cylindro-conique, un peu serrée, sur un pédoncule assez long. GRAIN gros ou assez gros, courtement ellipsoïde ; chair un peu molle, bien juteuse, sucrée, peu relevée ; peau mince, passant du rouge foncé au noir pruiné à la MATURITÉ de 3e époque.

Valteliner tardif ou **Valtelin rouge**. Allemagne. [J. K.] FEUILLE moyenne, à peu près lisse et glabre super., un peu duveteuse infer. ; sinus supérieurs profonds, les secondaires bien

marqués, celui du pétiole étroit. GRAPPE moyenne,
cylindro-conique, un peu serrée. GRAIN moyen
ou sous-moyen, sphéro-ellipsoïde; chair un peu
molle, bien juteuse et sucrée; peau assez épaisse,
bien résistante, d'un rose clair tirant sur le
jaune à la MATURITÉ de 2ᵉ époque.

Van der Laan. Obtenue de semis, en
Hollande, par le receveur Van der Laan. (Pomo-
logie, J. H. Knoop, 1775.) [C. O.] BOURGEON-
NEMENT duveteux, d'un roux clair passant au blanc
un peu teinté de rose. FEUILLE grande, glabre
et à peu près lisse super., portant à la page
inférieure un duvet disposé par petits flocons;
sinus supérieurs peu profonds, sinus secondaires
peu marqués, sinus pétiolaire étroit; denture
large, allongée, finement acuminée. GRAPPE grosse,
un peu cylindro-conique, peu serrée, sur pédoncule assez court et grêle. GRAIN gros ou sur-
moyen, courtement ellipsoïde, sur des pédicelles
longs et un peu grêles; chair un peu molle,
juteuse et sucrée, mais peu relevée; peau épaisse,
assez résistante, passant du vert clair au vert
jaunâtre à la MATURITÉ qui est presque précoce
ou de toute 1ʳᵉ époque. — Très beau raisin de
table qui laisse un peu à désirer comme qualité.

Varenne blanc. Aisne. [Bahin Pierre.]

Feuille moyenne ou sous-moyenne, presque orbiculaire, glabre et lisse super., presque sans duvet infer. ; sinus supérieurs peu ou point marqués, les secondaires nuls, celui du pétiole un peu ouvert ; denture peu profonde, un peu obtuse. Grappe petite, courtement cylindro-conique, sur pédoncule un peu long et un peu grêle. Grain sous-moyen, globuleux ; chair molle, juteuse, sucrée, assez relevée ; peau mince, peu résistante, passant du vert clair au jaune un peu foncé à la Maturité de 2e époque.

Varenne noir. Meuse. [C. O.] Voir *Gamay d'Orléans*.

Varlentin. Nice. [N.] Feuille grande, presque plane et à peu près lisse super., garnie infer., sur les nervures, d'un duvet pileux ; sinus supérieurs profonds, les secondaires peu marqués, celui du pétiole ouvert ; denture large, assez profonde, un peu obtuse. Grappe grosse ou très grosse, cylindro-conique, rameuse, assez serrée, sur un pédoncule assez fort, un peu long. Grain gros, globuleux, sur pédicelle un peu court et fort ; chair assez ferme, juteuse, assez sucrée, peu relevée ; peau un peu épaisse, assez résistante, passant du vert clair au jaune verdâtre à la Maturité de 3e époque.

Venturiez de Nice. [H. B.] Bourgeonnement bien duveteux, d'un blanc roussâtre. Feuille grande, un peu tourmentée et un peu bullée ; sinus supérieurs profonds, les secondaires bien marqués ; denture un peu large, assez aiguë. Grappe grosse, cylindro-conique, rameuse, un peu lâche. Grain gros, olivoïde, sur pédicelle fort, assez long ; chair ferme, un peu juteuse ; peau épaisse, assez résistante, d'un jaune plus ou moins foncé à la Maturité de 3ᵉ époque tardive.

Verdat. Plant de Chamelet. Rhône. Canton du Bois-d'Oingt. [M. Desmours.] Feuille sous-moyenne, un peu bullée et glabre super., garnie infer. d'un duvet pileux, court ; sinus supérieurs assez profonds, les secondaires bien marqués, celui du pétiole très ouvert ; denture profonde, assez large, finement acuminée. Grappe moyenne, cylindro-conique, pédicelle un peu court, assez fort. Grain moyen, courtement ellipsoïde ; pédicelles courts, assez gros ; chair ferme, sucrée, bien relevée ; peau épaisse, bien résistante, d'un blanc jaunâtre à la Maturité de 1ʳᵉ époque un peu tardive.

Verdelho de Madère. [C. O.] Bourgeonnement un peu duveteux, teinté de violet. Feuille sur-moyenne, presque orbiculaire, glabre et lisse super., presque glabre infer., sauf un léger duvet sur les nervures ; sinus supérieurs peu marqués, les secondaires nuls, celui du pétiole un peu ouvert ; denture peu profonde, peu large, un peu aiguë. GRAPPE sous-moyenne ou moyenne, cylindro-conique, un peu rameuse, sur un pédoncule long et grêle. GRAIN sous-moyen ou moyen, ellipsoïde, sur des pédicelles longs et grêles ; chair molle, bien sucrée, à saveur bien relevée ; peau fine, translucide, peu résistante, passant du vert herbacé au vert clair doré bien pruiné à la MATURITÉ de 2ᵉ époque.

Verdesse ou **Verdesse musquée**. Grésivaudan. Isère. [N.] BOURGEONNEMENT duveteux, roussâtre, teinté de rouge violacé. FEUILLE moyenne ou sous-moyenne, glabre et à peu près lisse super., un peu garnie infer. d'un duvet court et fin ; sinus supérieurs profonds, les secondaires bien marqués, celui du pétiole bien ouvert ; denture large, assez profonde, un peu aiguë. GRAPPE moyenne ou sous-moyenne, un peu cylindro-conique, peu serrée, sur un pédoncule assez long et fort. GRAIN moyen ou sous-moyen, ellipsoïde, sur des pédicelles assez longs, assez forts ; chair un peu ferme, bien juteuse, bien sucrée, bien relevée, mais non musquée, comme semble l'indiquer un de ses synonymes; peau épaisse, résistante, d'un blanc verdâtre qui se teinte d'un jaune roussâtre à la MATURITÉ de 2ᵉ époque.

Verdet Chalosse. Lot-et-Garonne. [D'I. de M.] BOURGEONNEMENT presque glabre, d'un roux clair passant au grenat. FEUILLE sous-moyenne, glabre et à peu près lisse super., légèrement duveteuse infer.; sinus supérieurs profonds, les secondaires marqués, celui du pétiole étroit. GRAPPE moyenne, cylindro-conique, ailée, serrée. GRAIN moyen, globuleux, sur pédicelle court, assez fort; chair un peu molle, assez sucrée, un peu acidulée; peau un peu mince, peu résistante, d'un vert un peu teinté de jaune à la MATURITÉ de 3ᵉ époque un peu hâtive.

Verdiso. Vénétie. [C. de R.] FEUILLE sur-moyenne, presque plane, glabre et à peu près lisse super., peu ou point duvetée infer.; sinus supérieurs peu marqués ou presque nuls, celui du pétiole ouvert; denture peuprofonde, assez aiguë, courtement acuminée. GRAPPE sur-moyenne, ou grosse, cylindro-conique, un peu ailée, sur un pédoncule court et grêle. GRAIN gros ou sur-moyen, sphéro-ellipsoïde, sur des pédicelles courts et grêles; chair assez ferme, juteuse, un peu sucrée, légèrement astringente, relevée par une légère saveur de Sauvignan ; peau épaisse, résistante, d'un blanc verdâtre qui passe au jaune clair à la Maturité de 2ᵉ époque tardive.

Verdot. Bordelais. [M. d'A.] Bourgeonnement roussâtre, passant au blanc très duveteux. Feuille moyenne, bullée et glabre super., garnie infer. d'un duvet lanugineux ; sinus supérieurs assez profonds, les secondaires plus ou moins marqués, celui du pétiole fermé ou presque fermé ; denture peu profonde, un peu étroite, assez aiguë. Grappe sous-moyenne, cylindro-conique, un peu ailée, peu serrée, sur pédoncule long et grêle. Grain sous-moyen, globuleux, sur pédicelles assez longs et grêles ; chair un peu ferme, juteuse, à saveur simple, un peu relevée ; peau un peu épaisse, résistante, d'un beau noir pruiné à la Maturité de 3ᵉ époque.

Vermentino. Bourgeonnement bien couvert d'un duvet blanc. Feuille grande, un peu canaliculée ou en gouttière, glabre super., bien garnie infer. d'un duvet lanugineux, bien compacte, pileux sur les nervures ; sinus inférieurs et supérieurs profonds, le plus souvent fermés, sinus pétiolaire ouvert ; denture large, longue, peu aiguë, parfois obtusée. Défeuillaison très tardive, signe caractéristique de cette variété. Grappe sur-moyenne, un peu cylindro-conique, un peu lâche, sur un pédoncule long, assez fort. Grain sur-moyen, courtement ellipsoïde, sur pédicelle assez long et assez fort; chair ferme, un peu juteuse, agréablement relevée; peau épaisse, bien résis-tante, d'un beau jaune doré à la Maturité de 3e époque tardive. — Ce raisin est estimé pour la vinification et surtout pour la table. — Synonyme : *Malvoisie à gros grains.*

Vermiglio. Piémont. Environs de Novi et de Voghera. [C. de R.] Bourgeonnement duve-teux, blanchâtre. Feuille moyenne, tourmentée, glabre et un peu rugueuse super., légèrement garnie infer. d'un duvet très court; sinus supé-rieurs profonds, les secondaires bien marqués. Grappe moyenne, cylindro-conique, un peu lâche. Grain moyen, ellipsoïde, sur un pédoncule assez long, de moyenne force; chair assez ferme, juteuse et sucrée, à saveur simple; peau assez fine, un peu translucide, bien résistante, d'un rouge violacé bleuâtre à la Maturité de 2e époque tardive.

Vernaccia. Italie et Sardaigne. [C. de R.] Bourgeonnement d'un roux verdâtre, duveteux. Feuille moyenne, d'un vert foncé, glabre et lisse super., légèrement duvetée infer., sur les nervures; sinus supérieurs profonds, les secondaires bien marqués, celui du pétiole presque fermé; denture un peu étroite, longue et aiguë. GRAPPE moyenne ou sur-moyenne, cylindro-conique, parfois ailée, peu serrée, sur un pédoncule assez long, de moyenne force. GRAIN moyen ou sous-moyen, globuleux ou légèrement ellipsoïde, sur pédicelle court et fort; chair un peu ferme, juteuse et sucrée, bien relevée; peau épaisse, assez résistante, d'un blanc verdâtre qui passe au jaune bien doré à la MATURITÉ de 2ᵉ époque. — Le raisin *Vernaccia* est surtout recherché pour la vinification.

Vernaire. Isère. Voir *Péloursin*.

Vernay noir. Isère. Canton d'Heyrieu. [N.] BOURGEONNEMENT d'un blanc grisâtre, duveteux, passant au grenat clair sur le pourtour des folioles. FEUILLE moyenne, glabre et presque lisse super., garnie infer. d'un léger duvet aranéeux; sinus supérieurs profonds, les secondaires un peu marqués, celui du pétiole fermé ou presque fermé; denture de moyenne largeur, assez profonde, un peu aiguë, obtusément acuminée. GRAPPE moyenne, un peu cylindro-conique, un peu ailée, sur pédoncule assez long et assez fort. GRAIN moyen, courtement ellipsoïde, bien attaché à un

pédicelle de force et longueur moyennes; chair
ferme, bien juteuse, sucrée, à saveur simple;
peau un peu épaisse, peu résistante, d'un noir
foncé à la Maturité de 2ᵉ époque.

Verot. Yonne. [D. D.] Voir *Tressot*.

Vert Chenu. Isère. Voir *Corbel*.

Vert précoce de Madère. Voir *Agostenga*.

Vert rouge. Savoie. [P. T.] Feuille moyenne,
toujours tourmentée, un peu bullée, à peu près
glabre super., un peu revolutée infer., avec un
léger duvet lanugineux, pileux sur les nervures;
sinus supérieurs profonds, les secondaires bien
marqués; denture profonde, assez aiguë, finement
acuminée. Grappe moyenne, un peu rameuse,
cylindro-conique, sur un pédoncule assez long et
grêle. Grain moyen, globuleux, sur pédicelle de
moyenne longueur et très grêle; chair peu ferme,
juteuse, bien sucrée, agréablement relevée; peau
assez épaisse, résistante, d'un beau noir pruiné à
la Maturité de 2ᵉ époque tardive.

Vespolino. Piémont. [C. de R.] Bourgeonnement duveteux, bordé de rose sur un fond
blanc. Feuille moyenne, d'un vert glauque,
glabre super., garnie infer. d'un duvet blanchâtre, mou; sinus supérieurs profonds, fermés,

sinus secondaires bien marqués, sinus pétiolaire
assez ouvert; denture large, assez profonde, assez
finement acuminée. Grappe sur-moyenne, longuement et un peu étroitement cylindro-conique,
peu serrée, sur pédoncule un peu long, assez fort.
Grain moyen, ellipsoïde, sur pédicelle assez long,
un peu grêle : chair douce, sucrée, assez relevée,
à saveur simple; peau assez fine, résistante, d'un
noir bleuâtre à la Maturité de 2e époque.

Vialla. [Semis de M. Durieu de Maisonneuve,
directeur du Jardin Botanique de Bordeaux.]
Bourgeonnement un peu duveteux, blanchâtre,
légèrement teinté de rose sur le bord des folioles.
Feuille sur-moyenne ou grande, presque plane,
glabre et d'un vert foncé super., légèrement garnie infer., sur les nervures des feuilles jeunes,
d'un duvet pileux qui disparaît insensiblement
sur les feuilles adultes ; sinus supérieurs marqués
par une dépression, les secondaires nuls, celui du
pétiole étroit ou presque fermé ; denture peu profonde, obtuse, finement acuminée. Grappe petite,
courtement cylindro-conique, très sujette à la coulure, peu serrée ou lâche, sur un pédoncule un
peu court et grêle. Grain moyen ou sous-moyen,
globuleux, sur pédicelle un peu court, assez fort;
chair pulpeuse, sucrée, à saveur foxée, assez pro-

noncée ; peau épaisse, résistante, d'un noir foncé pruiné à la MATURITÉ fin de 1re époque. — Le *Vialla* qui vient d'être décrit est bien celui qui a été multiplié en grand par M. Robin. La variété, connue sous le nom de *Clinton Vialla*, et qui a été obtenue par M. Laliman, reproduit à très peu de chose près le Clinton et n'a pas été propagée. Voir pour de plus amples renseignements le *Vignoble*, tome 3, p. 125.

Viestitza. Ile de Corfou. [C. B.] BOURGEONNEMENT très duveteux, blanchâtre. FEUILLE sur-moyenne, glabre et légèrement bullée super., garnie infer. d'un duvet aranéeux, compacte ; sinus supérieurs bien marqués, les secondaires presque nuls, celui du pétiole fermé ; denture profonde, large, assez aiguë, mais obtusée et grossièrement mucronée. GRAPPE sur-moyenne, cylindro-conique, parfois légèrement ailée, bien serrée ou serrée, sur un pédoncule fort, assez long. GRAIN moyen, sphérique ou sphéro-ellipsoïde, sur pédicelle un peu court et un peu grêle ; chair assez ferme, juteuse, sucrée, à saveur simple ; peau un peu mince, peu résistante, d'un beau jaune doré à la MATURITÉ de 2e époque hâtive. — Cette variété serait une bonne acquisition pour nos vignobles du Centre comme vigne à vin.

Vigne de Karabournou ou **Vigne du Cap Karabournou**. Anatolie. [C. O.] Voir *Rozaki* ou *Rosaki*.

Vigne de Yeddo. Japon. [B. M.] Bourgeonnement presque glabre, un peu teinté de grenat. Feuille grande ou très grande, glabre, lisse, un peu luisante super., sans duvet infer.; sinus supérieurs profonds, les secondaires bien marqués, celui du pétiole un peu ouvert; denture large, peu profonde, un peu obtuse. Grappe sur-moyenne, longuement et étroitement cylindro-conique, sur pédoncule assez long, un peu fort. Grain sur-moyen, sphéro-ellipsoïde, sur pédicelles assez forts; chair ferme, assez sucrée, peu relevée; peau assez épaisse, résistante, d'un rose foncé pruiné à la Maturité de 3ᵉ époque. — Synonymes : *Koskiou* ou *Kofou, Raisin de Yamanachi*.

Vigne de Wood. Jardin botanique de Lyon. Feuille sur-moyenne, un peu tourmentée, glabre super., sans duvet bien apparent infer.; sinus supérieurs profonds, les secondaires bien marqués. Grappe grosse, un peu serrée, cylindro-conique, sur un pédoncule un peu long, assez fort. Grain sur-moyen, globuleux ou sphéro-ellipsoïde; chair un peu molle, sucrée, peu relevée; peau assez

résistante d'un noir pruiné à la MATURITÉ de 3⁰
époque.

Vigne de Zoala. [D. H.] BOURGEONNEMENT
presque glabre. FEUILLE grande, lisse et glabre
super., sans duvet apparent infer. ; sinus supérieurs profonds, les secondaires marqués, celui du
pétiole un peu ouvert. GRAPPE sur-moyenne,
cylindro-conique, un peu courte, un peu lâche.
GRAIN moyen, globuleux ou à peu près globuleux ;
chair ferme, juteuse, assez sucrée, à saveur
simple ; peau assez ferme, d'un noir pruiné à la
MATURITÉ de 3ᵉ époque.

Vilder ou **Wilder**. Amérique. [I. B. et M.]
BOURGEONNEMENT duveteux, blanchâtre, teinté d'un
rose violacé sur le bord des folioles. FEUILLE
grande, presque lisse et glabre super., bien garnie
infer. d'un duvet cotonneux, assez compacte ;
sinus supérieurs assez profonds, les secondaires
peu marqués. GRAPPE moyenne, cylindro-conique,
assez serrée. GRAIN sur-moyen, globuleux, sur un
pédicelle court, assez fort ; chair bien pulpeuse,
assez sucrée, bien foxée ; peau épaisse, résistante,
d'un noir violacé pruiné à la MATURITÉ de 2ᵉ
époque. — Variété aujourd'hui abandonnée.

Viognier. Rhône. Côte-Rotie. [N.] BOURGEON-

NEMENT un peu duveteux, passant du roux nuancé
de gris au blanc verdâtre. FEUILLE moyenne, d'un
vert clair, glabre et lisse super., légèrement duvetée infer. sur les nervures; sinus supérieurs profonds, les secondaires bien marqués, celui du
pétiole toujours bien ouvert; denture peu large,
peu profonde, assez aiguë. GRAPPE moyenne,
cylindro-conique, un peu allongée, parfois ailée,
assez serrée, sur pédoncule assez long, un peu
grêle. GRAIN moyen, globuleux, sur pédicelle assez
long, un peu grêle; chair molle, bien juteuse,
fine et bien relevée, à saveur simple; peau fine,
résistante, d'un beau jaune doré à la MATURITÉ de
2ᵉ époque.

Virdisi. Etna. [B. M.] BOURGEONNEMENT duveteux, d'un roux clair passant au vert brillant.
FEUILLE moyenne, glabre et presque lisse super.,
garnie infer. d'un duvet pileux court; sinus supérieurs profonds, les secondaires marqués, celui du
pétiole ouvert ou un peu ouvert; denture large,
bien obtuse, courtement mucronée. GRAPPE grosse,
ailée, presque cylindro-conique, un peu serrée,
sur pédoncule fort, assez long. GRAIN moyen,
sphérique ou sphéro-ellipsoïde, sur pédicelle
court ou très court; chair juteuse, un peu sucrée,
assez relevée; peau un peu épaisse, assez résis-

tante, passant du vert clair au jaune doré à la Maturité de 3ᵉ époque.

Visparu. Sicile. [B. M.] Bourgeonnement peu duveteux, d'un roux rosé passant au vert clair. Feuille sous-moyenne, glabre sur les deux faces et à peu près lisse; sinus supérieurs assez profonds, les secondaires marqués, celui du pétiole ouvert; denture assez profonde, un peu étroite, assez aiguë, finement mucronée. Grappe surmoyenne, cylindro-conique, un peu rameuse, pédoncule long, un peu grêle. Grain gros, courtement ellipsoïde, sur pédicelles assez longs, un peu grêles; chair ferme, un peu juteuse, finement musquée; peau un peu épaisse, assez résistante, d'un beau noir peu pruiné à la Maturité de 3ᵉ époque.

Vitis Champini (Vigne Champin). Sous ce nom, on cultive quelques formes de *Rupestris* à feuilles plus larges, à sarments moins buissonnants que ceux du *Rupestris type*. Ces améliorations du *Rupestris commun*, auxquelles M. Planchon a fait porter le nom d'un de nos grands viticulteurs, sont aujourd'hui fort recherchées, et avec raison, comme porte-greffes.

Vitis Solonis. Amérique. M. Planchon. Voir *Solonis*.

Vitraille. Bordelais. [C. O.] Voir *Merlot*.

Vlacos. Ile de Corfou. [C. B.] Bourgeonnement duveteux, blanchâtre. Feuille moyenne, à
peu près lisse et glabre super., garnie infer. d'un
duvet lanugineux; sinus supérieurs profonds, les
secondaires marqués, celui du pétiole presque
fermé; denture assez longue, un peu aiguë, finement acuminée. Grappe grande, longuement
cylindro-conique, un peu lâche, mais non ailée,
sur pédoncule assez long et fort. Grain sur-moyen,
légèrement ovoïde, un peu déprimé au point
d'attache sur le pédicelle, sur pédicelle assez long
et assez fort; chair ferme, assez sucrée, à saveur
simple; peau épaisse, résistante, d'un rouge clair
peu pruiné à la Maturité de 4ᵉ époque.

Vorlington. Amérique. [C. O.] Voir *York's
Madeira*.

Warren. Amérique. [I. B. et M.] Voir *Herbemont*.

Weiss des Allemands. La variété que nous
avons reçue sous ce nom représente tous les caractères du *Pineau blanc*.

Weiss Logler. [J. B. de D.] Bourgeonnement
d'un roux clair passant au blanc très duveteux
blanchâtre. Feuille moyenne, glabre et presque

lisse super., garnie infer. d'un duvet aranéeux, assez compacte ; sinus supérieurs marqués, les secondaires presque nuls. Grappe moyenne, cylindro-conique, un peu ailée, un peu serrée. Grain moyen, globuleux, sur pédicelle un peu court, assez fort ; chair un peu molle, juteuse, assez sucrée, à saveur simple ; peau un peu mince, passant du blanc verdâtre au jaune un peu doré à la Maturité de 2ᵉ époque.

Weiss Tokaïer. Autriche. [J. B. de D.] Bourgeonnement duveteux blanchâtre. Feuille moyenne, à peu près lisse et glabre super., garnie infer. d'un duvet lanugineux ; sinus supérieurs peu marqués, les secondaires nuls, celui du pétiole ouvert. Grappe sous-moyenne ou petite, courtement cylindro-conique, assez serrée, sur un pédoncule assez fort, un peu court. Grain moyen, globuleux ; chair assez ferme, juteuse, sucrée, bien relevée ; peau un peu mince, bien résistante, d'un jaune clair à la Maturité de 2ᵉ époque.

Ximenès Zubon. Espagne. [C. O.] Bourgeonnement presque glabre, d'un vert jaunâtre, luisant. Feuille grande, lisse super., glabre sur les deux faces ; sinus supérieurs profonds, celui du pétiole presque fermé. Grappe grosse, cylindroconique, ailée, peu serrée, sur un pédoncule assez

long, fort. GRAIN sur-moyen, courtement ellipsoïde; chair un peu ferme, assez juteuse, sucrée
et relevée, peau un peu épaisse, résistante, d'un
jaune doré à la MATURITÉ de 3ᵉ époque. Le *Ximenès Zubon* se rapproche beaucoup du *Pedro Ximenès* qui produit les vins fameux de *Xérès*.

York's Clara. Amérique. [H. M.] BOURGEON-
NEMENT d'un vert jaunâtre duveteux avec liseré
rose sur le pourtour de la feuille naissante. FEUILLE
grande, glabre et presque lisse super., bien garnie
infer. d'un duvet lanugineux compacte; sinus
supérieurs peu prononcés, celui du pétiole ouvert;
denture étroite, peu profonde, finement acuminée.
GRAPPE moyenne, cylindro-conique, légèrement
ailée, sur pédoncule long, un peu grêle. GRAIN
moyen, globuleux, sur pédicelle un peu court,
assez fort; chair ferme, pulpeuse, assez sucrée,
à saveur foxée très prononcée; peau épaisse, bien
résistante, d'un rose foncé bien pruiné à la MATU-
RITÉ de 2ᵉ époque.

York's Madeira. Amérique. [C. O.] BOUR-
GEONNEMENT duveteux, d'un rouge violacé passant
au vert clair. FEUILLE moyenne, presque orbiculaire, glabre et presque lisse super., garnie infer.
d'un duvet lanugineux compacte; sinus supérieurs et secondaires presque nuls, sinus pétiolaire

un peu ouvert; denture très courte, obtuse, brusquement et finement acuminée. Grappe petite, courtement cylindro-conique, sur pédoncule un peu grêle, assez long. Grain sous-moyen ou petit, globuleux, sur pédicelles assez longs, un peu grêles; chair un peu ferme, pulpeuse, assez sucrée, à saveur foxée très prononcée; peau épaisse, bien résistante, riche en matière colorante, d'un noir foncé pruiné à la Maturité de 1re époque. Le *York* est très bon porte-greffe, mais de reprise assez difficile.

Zabalkanski. Crimée. Afrique. [C. O.] Bourgeonnement glabre ou presque glabre, d'un vert clair. Feuille très grande, entièrement glabre sur les deux faces; sinus supérieurs étroits et profonds, sinus secondaires marqués ou peu profonds, sinus pétiolaire bien ouvert; denture large, peu profonde, aiguë, à l'extrémité des lobes, obtuse à la base et courtement acuminée. Grappe très grosse, cylindro-conique, allongée, rameuse, lâche, sur un pédoncule long et fort. Grain très gros, olivoïde, un peu incurvé, sur pédicelle très long et très grêle; chair très ferme, croquante, peu juteuse, assez sucrée, agréable, sous les climats chauds; peau épaisse, ferme, un peu translucide, d'un rouge clair sanguin à la Maturité de 4e époque.

Zante blanc. [J. B. de D.] Voir *Blanc de Zante*.

Zante noir. Ile de Zante. [C. O.] BOURGEONNEMENT duveteux, d'un vert clair. FEUILLE grande ou sur-moyenne, glabre et presque lisse super., garnie infer. d'un duvet lanugineux ; sinus bien marqués, celui du pétiole ouvert. GRAPPE moyenne, assez serrée, un peu cylindro-conique, sur pédoncule un peu long, assez fort. GRAIN moyen, courtement ellipsoïde, sur pédicelle assez long, un peu grêle ; chair molle, assez sucrée, juteuse, à saveur simple ; peau assez épaisse, peu résistante, d'un noir foncé pruiné à la MATURITÉ de 3ᵉ époque.

Zante rouge. Ile de Zante. [C. O.] BOURGEONNEMENT duveteux, d'un vert jaunâtre. FEUILLE moyenne, un peu révolutée en dessous, glabre et lisse super., garnie infer. d'un duvet lanugineux, snr un pétiole pourvu de poils courts et rudes ; sinus bien marqués. GRAPPE sur-moyenne, cylindro-conique, peu serrée, sur pédoncule long et fort. GRAIN sur-moyen ou gros, sur pédicelle assez fort, un peu long ; chair assez ferme, juteuse et sucrée ; peau un peu épaisse, peu résistante, d'un rouge clair à la MATURITÉ de 3ᵉ époque.

Zekroula Khabistoni. Caucase. [B. de L.]

BOURGEONNEMENT d'un roux clair passant au vert
brillant. FEUILLE sur-moyenne, glabre super.,
garnie infer. d'un duvet aranéeux, souvent réuni
par flocons; sinus supérieurs profonds, les secondaires marqués, celui du pétiole peu ouvert.
GRAPPE moyenne, un peu cylindro-conique, peu
serrée, sur un pédoncule assez long et assez fort.
GRAIN moyen ou sous-moyen, ellipsoïde, sur pédicelle assez long et assez fort; chair un peu ferme,
juteuse, assez sucrée, un peu relevée; peau assez
fine, résistante, d'un blanc jaunâtre qui se dore un
peu à la MATURITÉ de 2e époque. — Cette variété,
bien fertile, serait très bien appropriée à nos
vignobles du Centre.

Zerone noir. Isère. [N.] BOURGEONNEMENT
duveteux, teinté de rose violacé. FEUILLE moyenne
ou sur-moyenne, glabre et légèrement boursouflée
super., parsemée infer., surtout sur les nervures,
d'un léger duvet floconneux; sinus supérieurs
bien profonds, les secondaires bien marqués, celui
du pétiole un peu ouvert; denture très inégale,
profonde, aiguë, finement acuminée. GRAPPE
moyenne, un peu cylindro-conique, parfois ailée,
sur pédoncule assez long, un peu grêle. GRAIN
moyen, globuleux, sur pédicelle assez long et
assez fort; chair ferme, juteuse, un peu acidulée,

assez sucrée; peau ferme, résistante, d'un rouge noirâtre à la Maturité de 3ᵉ époque.

Zimericu. Sicile. [B. M.] Variété de *Corinthe noir*.

Zitzentzen. [J. B. de D.] Voir *Pis de chèvre rouge*.

Zizet el aroussa (Sein de la mariée). Kabylie. Cette variété n'a pas encore fructifié dans nos collections.

———— •

Les descriptions un peu succinctes et écourtées qui précèdent n'ont pas du tout la prétention de se présenter comme un traité sur les cépages : leur titre, plus modeste, indique clairement que nous avons voulu nous borner à donner tout simplement les caractères les plus saillants, les plus distinctifs des variétés de vignes cultivées dans nos collections, en indiquant l'époque de maturité de chacune d'elles.

Avec l'aide de cette petite monographie, le viticulteur sera à même de choisir les cépages qui peuvent le mieux convenir au climat, au sol et au milieu où il se trouve; il pourra vérifier, au moment de la maturité du raisin, l'exactitude des variétés de son vignoble, en étudiant avec soin les caractères particuliers que présente la première végétation de la vigne ou BOURGEONNEMENT, la conformation spéciale des FEUILLES, les dispositions particulières des GRAPPES et enfin les formes si variées des grains ainsi que les nombreuses nuances qu'il trouvera dans leur pellicule, dans leur chair dont la consis-tance et la saveur sont si différentes. Cette petite étude ne peut être autre chose qu'un petit guide, un *vade mecum* du planteur de vigne et du collectionneur.

Au point de vue cultural et scientifique, ces courtes descriptions sont évidemment très insuffisantes et laissent exister une lacune très considérable qu'il faudrait combler par l'historique, parfois très intéressant, de beaucoup de variétés, par des indications précises sur les aptitudes spéciales de toutes les variétés décrites, sur le sol, le climat, la taille, la direction qui conviennent plus particulièrement à chacune d'elles, et sur les produits spéciaux qu'elles peuvent donner.

Nous espérons sous peu pouvoir publier cette *Ampélographie générale* dont les matériaux les plus importants sont prêts, mais il ne nous sera possible de les coordonner qu'après avoir reçu bien des renseignements qui nous manquent encore, surtout sur les cépages étrangers.

Nous aimons à croire que nos DESCRIPTIONS et SYNONYMIES fourniront à beaucoup de nos correspondants, auxquels nous devons de précieuses variétés de vignes, l'occasion de nous signaler les erreurs, les inexactitudes que nous avons pu commettre. Nous saisissons l'occasion de faire un nouvel appel à leur obligeance pour qu'ils veuillent bien nous faire connaître tous les cépages de valeur que nous avons omis et nous en donner une description et un historique aussi complets que possible. Ce sera toujours pour nous un devoir d'indiquer l'origine de tous les renseignements qui nous seront fournis : ce nous sera une grande satisfaction et un honneur de citer leurs auteurs.

Qu'ils nous permettent de les remercier d'avance des documents qu'ils voudront bien nous fournir pour nous aider à mener à bien l'entreprise d'une *Ampélographie générale*.

La collaboration de tous les viticulteurs n'est pas de trop pour arriver à établir la synonymie des cépages et à débrouiller le chaos de la nomenclature ampélographique, cause de nombreuses erreurs et de trop fréquentes déceptions.

L'étude des vignes est aujourd'hui à l'ordre du jour dans tous les grands vignobles de l'Italie, de l'Autriche, de la Hongrie, du Portugal, et partout où l'on est d'avis que, pour bien appliquer le principe fondamental de la viticulture : *La bonne appropriation du cépage au sol que l'on cultive*, il est indispensable de bien connaître toutes les bonnes

variétés de vignes et les conditions de sol et
de climat qui leur conviennent.

La France n'est pas en arrière dans ces
recherches : nous en comprenons plus que
jamais la haute utilité. La destruction de nos
vignes par le phylloxera nous a amené,
par la nécessité de reconstituer nos vignobles
sur des bases durables, à étudier non seulement les cépages d'Europe, mais aussi les
variétés résistantes d'Amérique que nous expé-
rimentons, depuis quinze ans et plus, comme
porte-greffes et comme producteurs directs.
Nous pouvons même dire, sans rien exagé-
rer, que cette étude des cépages américains
est l'œuvre, à peu près exclusive, des viticulteurs français.

Il résulte toutefois de l'expérience acquise,
que nous sommes loin encore de posséder,
dans ce que nous cultivons actuellement,
des vignes ayant toutes les qualités désirables, soit au point de vue de la production
directe, soit au point de vue de leur parfaite
adaptation avec nos variétés françaises aux-

quelles nous les unissons par la greffe, soit enfin au point de vue de leur appropriation à bien des sols où nos variétés indigènes prospéraient jadis, et sur lesquels les nouvelles venues dépérissent. Nous en sommes arrivés aujourd'hui à reconnaître que, pour résoudre le problème de la reconstitution de nos vignobles par le greffage de nos vignes indigènes d'abord et ensuite par des producteurs directs nous donnant des fruits à peu près aussi bons que ceux de nos vignes natives, il faudra, de toute nécessité, avoir recours à des croisements bien étudiés, pour avoir, sur un même sujet, toutes les qualités que possèdent nos bonnes vignes d'Europe et la résistance absolue qui caractérise certaines vignes d'Amérique.

Ce travail difficile et de longue haleine est déjà commencé, grâce à l'initiative de plusieurs semeurs qui, depuis bien des années, s'occupent de l'hybridation de nos vignes indigènes avec les cépages américains qui leur ont paru les plus aptes à reproduire les qualités que l'on recherche. Les résultats obtenus semblent prouver que ces studieux chercheurs sont sur la bonne voie et que, sous peu, nous aurons, si nous ne les avons pas déjà, des porte-greffes d'une résistance absolue au phylloxera et d'une appropriation parfaite à nos argiles blanches, à nos calcaires dépourvus d'éléments ferrugineux, à nos terrains crétacés, sur lesquels les porte-greffes les plus recommandés dépérissent.

Pour les producteurs directs, on n'est pas encore arrivé à obtenir toutes les qualités désirables, toutefois les premiers gains obtenus donnent le meilleur espoir pour l'avenir. C'est une affaire de temps et de patience.

Dans nos descriptions, nous aurions pu, déjà, faire figurer plusieurs hybrides (producteurs directs) de M. Couderc, d'Aubenas : le Cognac, le Gamay Couderc, l'Hybride Couderc, le Bourrisquou × Rupestris, etc., puis les Aramon-Rupestris n° 1 et n° 2, de M. Ganzin, quelques hybrides (porte-greffes) de MM. de Grasset et Millardet, tout autant de variétés qui sont déjà connues des amateurs de nouveautés. Mais, malgré toute la confiance que nous avons dans ces vignes qui nous sont présentées par des semeurs on ne peut plus autorisés, nous préférons les décrire seulement après avoir bien étudié leur valeur.

Nous les apprécierons d'abord dans la *Vigne Américaine,* où toutes les bonnes nouveautés sont toujours signalées avec le plus grand soin, et lorsque paraîtra notre Ampélographie générale, nous espérons présenter alors des Hybrides d'une haute valeur comme porte-greffes et comme producteurs directs. Ce sera le commencement de la viticulture nouvelle qui est appelée à résoudre la crise phylloxérique, cause de tant de malheurs et de tant de ruines.

Mâcon, imp. Protat frères.

CHEZ LES MÊMES ÉDITEURS

Bush et fils et **Meissner**. Catalogue illustré et descriptif des Vignes américaines, par MM. Bush et fils et Meissner. Deuxième édition française, avec 149 figures intercalées dans le texte, 3 planches en chromolithographie; traduite sur la troisième édition anglaise, par Louis Bazille, vice-président de la Société d'Horticulture et d'Histoire naturelle de l'Hérault, revue et annotée par J.-E. Planchon, professeur à la Faculté de Médecine de Montpellier. Montpellier, 1885, 1 vol. grand in-8° jésus de 234 pages; prix 8 fr. Franco . . . . 8 fr. 75.

Despetis (Dr). Traité pratique de la culture des Vignes américaines, par le Dr Despetis. 2e édition, revue, corrigée et augmentée. Montpellier, 1887, 1 vol. de 300 pages environ; prix 3 fr. 50. Franco poste . . . . 4 fr.

Foëx (G.). Manuel pratique de Viticulture pour la reconstitution des vignobles méridionaux. Vignes américaines, submersion, plantation dans les sables, par Gustave Foëx, Directeur et Professeur de Viticulture à l'Ecole nationale d'Agriculture de Montpellier, avec 90 figures dans le texte; quatrième édition revue et considérablement augmentée. *Montpellier, 1887, 1 vol. in-12*; prix 3 fr. 50. Franco poste . . . . 4 fr.

— Cours complet de Viticulture; par G. Foëx, Directeur et Professeur de Viticulture à l'Ecole nationale d'Agriculture, avec 4 cartes en chromo hors texte et 440 figures dans le texte. Deuxième édition revue, corrigée et considérablement augmentée. Montpellier, 1888, 1 vol. in-8° de 970 pages; prix 16 fr. Franco poste . . . . 17 fr. 50.

Foëx (G.) et **Pierre Viala**. Le Mildiou ou Peronospora de la Vigne; par Gustave Foëx, Directeur et Professeur de Viticulture, et Pierre Viala, Répétiteur de Viticulture à l'Ecole nationale d'Agriculture. Montpellier, 1885, 1 vol. in-12 avec 4 planches, dont une en chromolithographie; prix 2 fr. Franco poste 2 fr. 20

Rovasenda. Essai d'une Ampélographie universelle, par le comte de Rovasenda; traduite, annotée et augmentée par le Dr F. Cazalis et M. Foëx, Directeur et Professeur, et Pierre Viala, Professeur de Viticulture à l'Ecole nationale d'Agriculture de Montpellier. Deuxième édition augmentée, avec une planche en couleur. Montpellier, 1887, 1 vol. in-4°, prix 7 fr. Franco poste . . . . 7 fr. 75

Sahut (Félix). Les Vignes américaines, leur greffage et leur taille; par Félix Sahut, vice-président de la Société d'horticulture et d'histoire naturelle de l'Hérault, avec 80 figures dans le texte. Troisième édition, revue et considérablement augmentée. Montpellier, 1887, 1 vol. in-12 de 800 pages environ; prix 6 fr. Franco poste . . . . 6 fr. 90

Viala (P.). Les Hybrides Bouschet, essai d'une monographie des vignes à jus rouge; par P. Viala, répétiteur de Viticulture à l'Ecole nationale d'Agriculture de Montpellier, avec cinq planches en chromolithographie. Montpellier, 1886, 1 vol. grand in-8° raisin; prix 7 fr. Franco . . . . 7 fr. 60

Viala (Pierre). Les maladies de la Vigne : Peronospora, Oïdium, Anthracnose, Cottis, Pourridié, Cladosporium, Black Rot, etc.; par Pierre Viala, Professeur de Viticulture à l'Ecole d'Agriculture de Montpellier, avec 5 pl. en chromo et 200 figures dans le texte. Deuxième édition revue, corrigée et considérablement augmentée. Montpellier, 1887, 1 vol. in-8°; prix 9 fr. Franco . . . . 9 fr. 75

Viala (Pierre) et **Ravaz**. Le Black Rot et le Coniothyrium Diplodiella; par M. P. Viala, Professeur de Viticulture, et L. Ravaz, Répétiteur. Deuxième édition revue et considérablement augmentée, avec une planche en chromolithographie et 15 figures dans le texte. Montpellier, 1888, 1 vol. in-18; prix 3 fr. Franco poste . . . . 3 fr. 25

(En préparation pour paraître en 1888) :

Cazalis (F.). Traité pratique de l'art de faire le vin, par le Dr Frédéric Cazalis, 1 vol. in-8° de 500 pages environ, avec un grand nombre de fig. dans le texte.

MACON, IMP. TYP. ET LITH. PROTAT FRÈRES

www.ingramcontent.com/pod-product-compliance
Lightning Source LLC
Chambersburg PA
CBHW060536220326
41599CB00022B/3522